Jürgen Althaus · Hans Peter Ries · Karl-Heinz Schnieder · Ralf Großbölting
Praxishandbuch Tierarztrecht

Jürgen Althaus · Hans Peter Ries · Karl-Heinz Schnieder · Ralf Großbölting

Praxishandbuch Tierarztrecht

schlütersche

Bibliografische Information der Deutschen Bibliothek
Die Deutsche Bibliothek verzeichnet diese Publikation in der Deutschen Nationalbibliografie; detaillierte bibliografische Daten sind im Internet über http://dnb.ddb.de abrufbar.

ISBN 3-89993-020-7

Autoren

Rechtsanwalt Jürgen Althaus
Rechtsanwalt Hans Peter Ries
Rechtsanwalt Dr. Karl-Heinz Schnieder
Rechtsanwalt Ralf Großbölting
kwm – kanzlei für wirtschaft und medizin, Münster · Berlin · Hamburg,
www.kwm-rechtsanwaelte.de

Unter Mitarbeit von

Rechtsanwalt Martin Voß
Rechtsanwalt Johannes Jaklin
Rechtsanwältin Sabine Warnebier
Rechtsanwalt Dr. Max Middendorf
Rechtsanwalt Björn Papendorf
kwm – kanzlei für wirtschaft und medizin, Münster · Berlin · Hamburg,
www.kwm-rechtsanwaelte.de

Satz: Die Feder GmbH, Konzeption vor dem Druck, Wetzlar
Druck und Bindung: Druckhaus »Thomas Müntzer«, Bad Langensalza

Inhalt

Abkürzungsverzeichnis ... IX
Glossar ... X
Geleitwort ... XIV
Vorwort ... XV

1 Einleitung und Bestandsaufnahme ... 1

2 Tierärztliche Approbation ... 7
2.1 Erteilung der Approbation und Antrag ... 7
2.2 Widerruf der Approbation ... 8
2.3 Ruhen der Approbation ... 9

3 Niederlassung ... 11
3.1 Vorüberlegungen ... 11
3.1.1 Praxisneugründung oder Praxisübernahme? ... 11
3.1.2 Einzelpraxis oder Kooperation? ... 12
3.1.3 Standortwahl ... 13
3.1.4 Praxisfinanzierung ... 13
3.2 Formalitäten ... 13
3.2.1 Standesrechtliche Formalitäten ... 13
3.2.2 Berufsrechtliche Anzeigepflichten ... 14
3.2.3 Verwaltungsrechtliche Anzeige- und Genehmigungspflichten ... 14
3.2.4 Arbeitsrechtliche Melde- und Dokumentationspflichten ... 14
3.2.5 Versicherungsrechtliche Anzeigen ... 14
3.3 Risikoversicherung und erforderliche bzw. empfehlenswerte Versicherungen ... 15

4 Der Tierarzt und das Berufsrecht ... 17
4.1 Allgemeines ... 17
4.2 Weiterbildungsordnung ... 18
4.3 Praxismarketing und Werbung ... 19
4.3.1 Grundsätze der Berufsordnungen ... 19
4.3.2 Rechtliche Ausgangslage ... 20
4.3.3 Privatrechtliches Wettbewerbsrecht ... 22
4.3.4 Sonderfall: Tierärztliche Klinik ... 22
4.3.5 Betrieb einer Tierärztlichen Klinik ... 23
4.3.6 Praxisschild ... 24
4.3.7 Neue Werbemöglichkeiten durch das Internet? ... 24
4.3.8 Welche Werbung ist möglich? ... 25
4.3.9 Spezialisierung und Tätigkeitsschwerpunkte ... 25
4.4 Berufsgerichtsbarkeit ... 26

5 Tierärztliche Abrechnung ... 27
5.1 Einleitung ... 27
5.2 Behandlungsvertrag ... 27
5.3 Abrechnung nach der Gebührenordnung für Tierärzte (GOT) ... 30
5.3.1 Gebührenhöhe ... 30
5.3.2 Verbot der Doppelbewertung ... 32
5.3.3 Zeitfaktor ... 32
5.3.4 Gebühreninhalt ... 33
5.3.5 Wegegeld und Reiseentschädigung ... 33
5.3.6 Unzulässige Gebührenunterschreitung ... 34
5.3.7 Tierarztrechnung ... 34
5.3.8 Gebührenverzeichnis ... 35
5.4 Durchsetzung des Honoraranspruchs ... 36
5.4.1 Aufforderung und Mahnung ... 36
5.4.2 Gerichtliches Mahnverfahren ... 37
5.4.3 Zwangsvollstreckung ... 38
5.4.3.1 Sachpfändung ... 39
5.4.3.2 Pfändungs- und Überweisungsbeschluss ... 39
5.4.3.3 Eidesstattliche Versicherung ... 39
5.4.4 Zurückbehaltungsrecht ... 40
5.4.5 Verjährung ... 40
5.5 Fazit ... 41

6 Tierarzthaftung ... 43
6.1 Einleitung ... 43
6.2 Haftungsgrundlagen ... 44
6.2.1 Vertragliche Ansprüche ... 44
6.2.2 Deliktische Ansprüche ... 45
6.3 Behandlungsfehler ... 46

6.3.1 Definition 46
6.3.2 Praxisbeispiele................. 47
6.3.2.1 Intravenöse Injektion 47
6.3.2.2 Pflicht zum Töten eines Tieres..... 48
6.3.2.3 Kosmetische Operation.......... 48
6.3.2.4 Unrichtige Auswertung einer eindeutigen Röntgenaufnahme ... 49
6.3.2.5 Vorsorgliche Tetanusimpfung 49
6.4 Kausalität..................... 50
6.5 Aufklärungspflicht.............. 50
6.5.1 Art und Umfang 50
6.5.2 Praxisbeispiele................. 51
6.5.2.1 Aufklärung im Zusammenhang mit einer Narkose 51
6.5.2.2 Keine Aufklärungspflicht bei rektaler Trächtigkeitsuntersuchung des Pferdes 51
6.5.2.3 Aufklärung bei Kastration eines Hengstes im Stehen............. 52
6.6 Dokumentationspflicht 53
6.7 Beweislast 54
6.7.1 Allgemeines 54
6.7.2 Beweislastumkehr.............. 54
6.7.2.1 Dokumentationsmangel 55
6.7.2.2 Unterlassen zweifelsfrei gebotener Befunderhebungen 55
6.7.2.3 Grober Behandlungsfehler 55
6.8 Prophylaxe von Haftpflichtfällen... 56
6.8.1 Kommunikation 56
6.8.2 Äußerungen über Kollegen 57
6.8.3 »Wunschbehandlungen« 58
6.8.4 Dokumentation 58
6.9 Schadensmanagement 59
6.9.1 Ruhe bewahren 59
6.9.2 Meldung bei der Haftpflichtversicherung.................. 60
6.9.3 Stellungnahme 61
6.9.4 Vergleich?.................... 62
6.9.5 Gerichtsverfahren 63
6.9.6 Sachverständigengutachten...... 64

7 Haftung des Tierarztes bei der tierärztlichen Kaufuntersuchung 67

7.1 Hintergrund: Das neue Kaufrecht 67
7.2 Arten und Bedeutung der Kaufuntersuchung.............. 68
7.3 Haftung des Tierarztes........... 70
7.3.1 Untersuchungsvertrag = Werkvertrag 70
7.3.2 Vorliegen eines Mangels 71
7.3.3 Rechtsfolgen der Mangelhaftigkeit 72
7.3.4 Vertragliche Haftungsausschlüsse 73
7.4 Umfang der Kaufuntersuchung.... 74
7.5 Fazit 77

8 Der Tierarzt und das Straf- und Ordnungswidrigkeitenrecht 79

8.1 Einleitung..................... 79
8.1.1 Bedeutung und Grundstruktur 79
8.1.2 Überblick nach Rechtsgebieten ... 79
8.2 Wichtige Vorschriften des tierärztlichen Straf- und Ordnungswidrigkeitenrechts...... 79
8.2.1 Arzneimittelrecht............... 79
8.2.1.1 Überblick über die Rechtsquellen.. 79
8.2.1.2 Verschreibung, Abgabe und Anwendung von Arzneimitteln 81
8.2.1.3 Unzulässiges Verschreiben von Fütterungsarzneimitteln 84
8.2.1.4 Unerlaubtes Handeltreiben mit Arzneimitteln 84
8.2.1.5 Abgabe zu Dopingzwecken an Menschen..................... 85
8.2.1.6 Abgabe nicht zugelassener Arzneimittel 85
8.2.1.7 Verschreibung oder Abgabe bestimmter Arzneimittel 85
8.2.1.8 Führung der tierärztlichen Hausapotheke 86
8.2.2 Tierseuchenrecht............... 86
8.2.2.1 Überblick 86
8.2.2.2 Unerlaubtes Inverkehrbringen/Anwenden nicht zugelassener Impfstoffe..................... 86
8.2.2.3 Verbreitung von Tierseuchen...... 87
8.2.2.4 Verletzung der Anzeigepflicht..... 87
8.2.3 Fleischhygienerecht............. 88
8.2.4 Futtermittelrecht 89
8.3 Rechtsfolgen tierärztlicher Straftaten 89
8.3.1 Berufsverbot.................. 89
8.3.2 Berufsgerichtsbarkeit und Widerruf der Approbation 90
8.4 Ablauf des Strafverfahrens 90
8.5 Folgen und Verfahren bei Ordnungswidrigkeiten........... 91

9 **Der Tierarzt und das Mietrecht** 95
9.1 Bedeutung des Mietvertrages . . . 95
9.2 Kein gesetzlicher Mieterschutz . . 95
9.3 Notwendige Inhalte des Praxismietvertrages 95
9.3.1 Vertragszweck 95
9.3.2 Mietdauer 96
9.3.3 Mietzins und Nebenkosten 97
9.3.4 Mietsicherheiten 98
9.3.5 Ausweitung der Praxistätigkeit . . 99
9.3.6 Beendigung der Praxistätigkeit . . 99
9.3.7 Ein- und Umbauten 100
9.3.8 Instandhaltung, Schönheitsreparaturen, Praxisschild 100
9.3.9 Konkurrenzschutzklausel 101
9.3.10 Veräußerung des Mietobjekts . . . 101
9.4 Zusammenfassung 101
✓ Checkliste zum Mietvertrag 102

10 **Der Tierarzt und das Arbeitsrecht** 105
10.1 Grundbegriffe und rechtliche Grundlagen 105
10.2 Begründung eines Arbeitsverhältnisses 105
10.2.1 Vertragsanbahnung 105
10.2.2 Abschluss eines Arbeitsvertrages 106
10.2.3 Einzelne vertragliche Regelungsmöglichkeiten 107
10.2.3.1 Probezeit 107
10.2.3.2 Arbeitszeit 107
10.2.3.3 Ort der Arbeitsleistung 108
10.2.3.4 Art der Arbeit 108
10.2.3.5 Nebentätigkeiten 108
10.2.3.6 Vergütung 108
10.2.3.7 Lohnfortzahlung im Krankheitsfall 109
10.2.3.8 Erholungsurlaub 109
10.2.3.9 Kündigungsregelungen 110
10.2.3.10 Berufshaftpflichtversicherung . . 110
10.2.3.11 Schriftformklausel 110
10.3 Ehegatten-Arbeitsvertrag 110
10.4 Übersicht über die einzelnen Arbeitsverhältnisse 111
10.4.1 Tiermedizinische Fachangestellte (TFA) 111
10.4.2 Praxisassistenten 112
10.4.3 Praxisvertreter 112
10.4.4 Auszubildende 112
10.5 Störungen des Arbeitsverhältnisses 112
10.6 Beendigung des Arbeitsverhältnisses 113
10.6.1 Außerordentliche Kündigung . . . 114
10.6.2 Ordentliche Kündigung 114
10.6.2.1 Kündigungsfristen 114
10.6.2.2 Form der Kündigung 115
10.6.2.3 Kündigungsschutz 116
10.6.3 Aufhebungsvertrag 122
10.6.4 Pflichten und Rechte nach Beendigung des Arbeitsverhältnisses 123
10.7 Praxiserwerb 125

11 **Tierärztliche Kooperationsformen** 127
11.1 Einleitung 127
11.2 Rechtliche Rahmenbedingungen der Zusammenarbeit 128
11.2.1 Berufsrechtliche Rahmenbedingungen 128
11.2.1.1 Merkmal der Freiberuflichkeit . . 128
11.2.1.2 Grundsatz der persönlichen Leistungserbringung 129
11.2.1.3 Grundsatz der Niederlassung in eigener Praxis 129
11.2.1.4 Bindung der tierärztlichen Tätigkeit an den Praxissitz 129
11.2.1.5 Keine Beteiligung (berufsfremder) Dritter an der Tierarztpraxis 130
11.2.1.6 Verbot der Zuweisung gegen Entgelt 130
11.2.1.7 Überprüfung durch die Tierärztekammer 130
11.2.2 Gesellschaftsrechtliche Rahmenbedingung 131
11.2.2.1 Grundzüge der Gesellschaft bürgerlichen Rechts (GbR) 131
11.2.2.2 Die Partnerschaftsgesellschaft . . 134
11.2.2.3 Grundzüge der GmbH 136
11.2.3 Steuerliche Gesichtspunkte 137
11.2.3.1 Personengesellschaften 137
11.2.3.2 Kapitalgesellschaften 138
11.3 Tierärztliche Gruppenpraxis (Praxisgemeinschaft) 138
11.3.1 Allgemeines zur Gruppenpraxis 138
11.3.2 Notwendige vertragliche Regelungen 139
11.3.2.1 Rechtsform 139

11.3.2.2 Rechtsbeziehung, Haftung 139
11.3.2.3 Kostenverteilung 139
11.3.2.4 Geschäftsführung und Vertretung. 139
11.3.2.5 Verwertung des Geschäftsanteils . 139
11.3.2.6 Wettbewerbsverbote 140
11.3.2.7 Schweigepflicht 140
11.4. Tierärztliche Gemeinschaftspraxis 140
11.4.1 Vorteile einer Gemeinschaftspraxis 140
11.4.2 Notwendige vertragliche Regelungen 141
11.4.2.1 Vertragszweck 141
11.4.2.2 Einlagen/Beteiligungen/Beiträge 141
11.4.2.3 Entscheidungsprozesse in der Gesellschaft 142
11.4.2.4 Regelungen über die Zusammenarbeit 143
11.4.2.5 Gewinn- und Verlustverteilung 144
11.4.2.6 Beendigung der Gemeinschaftspraxis 145
11.4.2.7 Abfindung.................... 145
11.4.2.8 Konkurrenzschutzklausel 146

12 Übertragung einer tierärztlichen Praxis 149
12.1 Einleitung 149
12.2 Die tierärztliche Praxis als Veräußerungsobjekt 149
12.2.1 Übertragung einer Einzelpraxis 150
12.2.2 Übertragung eines Praxisanteils 150
12.3 Vorbereitung der Praxisübertragung 151
12.3.1 Planung und Anbahnung der Praxisübertragung............. 151
12.3.2 Bestimmung des Kaufpreises 152
12.3.2.1 Bestimmung des materiellen Praxiswertes................. 153
12.3.2.2 Bestimmung des immateriellen Praxiswertes.................. 153
12.4 Notwendige vertragliche Regelungen des Praxiskaufvertrages.................... 157
12.4.1 Vorverträge.................. 157
12.4.2 Konkretisierung des Kaufgegenstandes und Gegenstand des Praxisübernahmevertrages...... 158
12.4.3 Kaufpreis 159
12.4.4 Fälligkeit und Sicherung des Kaufpreises 160
12.4.5 Übergang von Arbeitsverhältnissen....................... 161
12.4.6 Praxismietvertrag............. 163
12.4.7 Versicherungsverträge.......... 164
12.4.8 Sonstige Dauerschuldverhältnisse und Übernahme von Verbindlichkeiten.............. 164
12.4.9 Übergabe, Gefahrübergang, Rechnungsabgrenzung 165
12.4.10 Zustimmungserfordernis Dritter 165
12.4.11 Konkurrenzschutz 166
12.4.12 Formerfordernisse 167
12.4.13 Vertragliche Absicherung von Risiken zwischen Vertragsunterzeichnung und Übergabe der Praxis 168
12.4.14 Absicherung durch eine »Salvatorische Klausel«?........ 168
12.5 Steuerliche Aspekte der Praxisübertragung 168
12.6 Leistungsstörungen beim Praxiskauf........................ 170
12.6.1 Mängel der Tierarztpraxis 170
12.6.2 Aufklärungspflichten des Verkäufers 171
12.6.3 Rechtsfolgen 172
12.6.4 Verjährung 173

13 Praxisinsolvenz 175
13.1 Aktuelle Situation 175
13.2 Außergerichtlicher Vergleich mit den Gläubigern 175
13.3 Gerichtliches Insolvenzverfahren 176
13.3.1 Insolvenzeröffnungsverfahren ... 176
13.3.2 Das eröffnete Insolvenzverfahren 177
13.3.2.1 Regelabwicklung 178
13.3.2.2 Insolvenzplanverfahren......... 178
13.4 Fazit 179

14 Stichwortverzeichnis 180

Abkürzungsverzeichnis

a.a.O.	am angegebenen Ort
a.F.	alte Fassung
Abs.	Absatz
AG	Amtsgericht
AHB	Allgemeine Haftpflichtbedingungen
AMG	Arzneimittelgesetz
Az.	Aktenzeichen
BfArM	Bundesinstitut für Arzneimittel und Medizinprodukte
BGB	Bürgerliches Gesetzbuch
BGH	Bundesgerichtshof
BGW	Berufsgenossenschaft für Gesundheitsdienst und Wohlfahrtspflege
BTÄO	Bundes-Tierärzteordnung
EStG	Einkommensteuergesetz
EU	Europäische Union
EuGH	Europäischer Gerichtshof
EWR	Europäischer Wirtschaftsraum
FIHG	Fleischhygienegesetz
FN	Deutsche Reiterliche Vereinigung (Fédération Equestre Nationale)
FTA	Fachtierarzt
GbR	Gesellschaft bürgerlichen Rechts
GG	Grundgesetz
GmbH	Gesellschaft mit beschränkter Haftung
GOT	Gebührenordnung für Tierärzte
HGB	Handelsgesetzbuch
HKaG	Heilberufe-Kammergesetz
InsO	Insolvenzordnung
KSchG	Kündigungsschutzgesetz
m.w.N.	mit weiteren Nachweisen
MBO	Musterberufsordnung
MKS	Maul- und Klauenseuche
NJW	Neue Juristische Wochenschrift
OLG	Oberlandesgericht
OVG	Oberverwaltungsgericht
PartGG	Partnerschaftsgesellschaftsgesetz
RR	Rechtsprechungsreport
StÄndG	Steueränderungsgesetz
StGB	Strafgesetzbuch
StPO	Strafprozessordnung
TÄHAV	Verordnung über tierärztliche Hausapotheken
TAppO	Approbationsordnung für Tierärztinnen und Tierärzte
TFA	Tiermedizinische Fachangestellte
UStG	Umsatzsteuergesetz
UWG	Gesetz gegen den unlauteren Wettbewerb
VG	Verwaltungsgericht
WBO	Weiterbildungsordnung
ZPO	Zivilprozessordnung

Glossar

Abmahnung: Aufforderung zur Änderung eines unerwünschten Verhaltens.

Änderungskündigung: Kündigung unter der Bedingung, dass der Vertragspartner sich nicht mit geänderten Vertragsbestimmungen einverstanden erklärt. Stimmt der Gekündigte dem veränderten Vertragsinhalt zu, so wird das Vertragsverhältnis mit geändertem Inhalt fortgesetzt, andernfalls endet es.

Anerkenntnis: Erklärung eines Teils, dass die durch den anderen Teil geltend gemachte Forderung tatsächlich besteht.

Anfechtung: Die nachträgliche Beseitigung bestimmter Rechtsfolgen.

arglistig: Bewusst böswillig.

Arrest: Im Verfahrensrecht ein Eilverfahren des Zivilprozesses, das zur Sicherung der Zwangsvollstreckung stattfinden kann.

Aufhebungsvertrag: Vertrag, welcher die grundsätzlich zulässige Beseitigung eines gegenläufigen Vertrages beinhaltet.

Aufklärungspflicht: Die auf Klarstellung bestimmter Umstände gerichtete Rechtspflicht einer Person.

Beweis: Darlegung der Richtigkeit oder Unrichtigkeit einer Behauptung durch Gründe.

Beweislast: Belastung mit dem Beweis, die zur Folge hat, dass die Nichtbeweisbarkeit eines Umstandes zu Lasten des Beweislastträgers geht.

Beweissicherungsverfahren: Eigenständiges Verfahren der Beweiserhebung vor der eigentlichen Beweisaufnahme zur Sicherung eines Beweises.

Dienstvertrag: Gegenseitiger Vertrag, in welchem sich der eine Teil (Dienstverpflichteter) zur Leistung von vereinbarten Diensten irgendeiner Art, der andere Teil (Dienstberechtigter) zur Entrichtung der vereinbarten Vergütung verpflichtet.

Eigentum: Jede vermögenswerte privatrechtliche Rechtsposition (also auch Rechte) sowie jede öffentlich rechtliche Rechtsposition, die überwiegend das Äquivalent eigener Leistung bzw. eigenen Kapitals ist.

Einwilligung: Die vor Abschluss eines Rechtsgeschäfts erteilte Zustimmung des Berechtigten.

Fälligkeit: Der Zeitpunkt, von dem ab der Gläubiger die Leistung von dem Schuldner verlangen darf.

Gefälligkeitsverhältnis: Ein Verhältnis, aufgrund dessen eine Person an eine andere unentgeltlich eine Leistung erbringt, ohne dass sie rechtlich zu der Leistung verpflichtet sein will.

Grundrecht: Das dem Einzelnen zustehende verfassungsmäßig verbürgte elementare Recht, welches in erster Linie Schutz gegenüber staatlichem Eingriff gewährt.

Kausalzusammenhang: Die rechtlich beachtliche Ursächlichkeit eines Ereignisses für den Eintritt eines anderen Ereignisses.

Klageschrift: Der Schriftsatz des Klägers, in dem er die Klage erhebt; sie muss einen gewissen Mindestinhalt wie die Bezeichnung der Parteien, des Gerichts etc. beinhalten.

Konkludentes Handeln: Verhalten, das eine Zielsetzung nicht unmittelbar durch eine ausdrückliche Erklärung, sondern nur mittelbar erkennen lässt.

Kündigung: Einseitige, auf die Beendigung eines Schuldverhältnisses gerichtete Willenserklärung.

Mahnbescheid: Eine im Mahnverfahren auf Antrag ergehende gerichtliche Entscheidung, die eine Aufforderung zur Erfüllung eines Anspruchs enthält.

Mahnung: Einseitige empfangsbedürftige Erklärung des Gläubigers, mit der er den Schuldner dringlich zur sofortigen ausnahmsweise zur fristgebundenen Leistung auffordert.

Mahnverfahren: Eine besondere Prozessart, in der für eine bestimmte Art von voraussichtlich unstreitigen Ansprüchen (auf Zahlung einer bestimmten Geldsumme) ohne Verhandlung dem Gläubiger eines Anspruchs ein rechtskräftiger vollstreckbarer Titel verschafft werden kann.

Mangel: Im Schuldrecht beim Kauf der Fehler eines Gegenstandes, das Fehlen einer zugesicherten Eigenschaft oder das Fehlen der Freiheit des Gegenstandes von Rechten Dritter.

Mietzins: Das vom Mieter bei der Miete für die Gebrauchsgewährung zu entrichtende Entgeld.

Objektiv: Gegenständlich, sachlich, unvoreingenommen.

Obliegenheit: Rechtsgebot im eigenen Interesse, deren Wahrung jedem frei steht, für ihn bei deren Verletzung jedoch negative Folgen bringen kann.

Ordnungswidrigkeit: Rechtswidrige und vorwerfbare Handlung, die den Tatbestand eines Gesetzes verwirklicht, das die Ahndung mit einer Geldbuße zulässt.

Persönlichkeitsrecht: Das Recht jedes einzelnen Menschen auf Achtung seiner Würde und seines Eigenwertes als individuelle Persönlichkeit.

Pfändung: Grundsätzlich dem Staat vorbehaltene Beschlagnahme eines Gegenstandes zwecks Sicherung oder Befriedigung eines Gläubigers wegen einer Geldforderung.

Pfändungsbeschluss: Beschluss des Vollstreckungsgerichts, der die Pfändung einer Forderung oder eines sonstigen Rechts beinhaltet.

Präambel: Ein dem Text vorangestellter Vorspruch, der zwar grundsätzlich vor allem Programmsätze enthält, aber doch auch zur Auslegung des Textes verwendet werden kann.

Prozesskostenhilfe: Finanzielle Unterstützung einer Partei, die nach ihren persönlichen und wirtschaftlichen Verhältnissen die Kosten der Führung eines Prozesses nicht oder nur zum Teil aufbringen kann.

Rechtsmittel: Mittel, mit denen eine Partei eine für sie ungünstige Entscheidung vor Rechtskraft im Wege der Nachprüfung durch ein höheres Gericht zu beseitigen bezweckt.

Rechtspfleger: Beamter des gehobenen Dienstes, dem bestimmte Aufgaben der Rechtspflege übertragen worden sind.

Rechtsweg: Das gesetzlich eröffnete Verfahren, in dem die staatliche Gerichtsbarkeit Rechtsschutz gewährt.

Richterrecht: Das durch den Richter durch Rechtsfortbildung geschaffene Recht.

Schuldrecht: Das Recht der Schuldverhältnisse. Es ist Teil des bürgerlichen Rechts und gliedert sich in einen allgemeinen (also für alle Schuldverhältnisse) und einen besonderen (nur für die speziellen Schuldverhältnisse) geltenden Teil.

Sorgfaltspflicht: Eine Verpflichtung, die aus einem konkreten Verhalten oder Geschehen erwachsende Gefahr für ein geschütztes Rechtsgut zu erkennen und sich darauf richtig einzustellen, also die gefährliche Handlung entweder zu unterlassen oder sie zumindest nur unter ausreichenden Sicherheitsvorkehrungen vorzunehmen.

Strafbefehl: Amtsrichterliche Verfügung, die auf Antrag der Staatsanwaltschaft ohne Hauptverhandlung ergeht und in der grundsätzlich höchstens eine Geldstrafe und in Ausnahmefällen eine Freiheitsstrafe bis zu einem Jahr mit Bewährung verhängt werden kann.

Strafrecht: Die Gesamtheit aller Rechtssätze, in denen die Voraussetzungen der Strafbarkeit sowie die Rechtfolgen einer Straftat, also Strafe bzw. Maßregeln der Besserung und Sicherung dargestellt werden.

Täuschung, arglistige: Täuschung, bei welcher der Täuschende den Täuschungswillen hat, den Gegner also bewusst über eine Tatsache in Unkenntnis zu halten oder zu versetzen sucht und sich dabei bewusst ist, dass der Andere ohne die Täuschung die Willenserklärung möglicherweise nicht oder nicht mit dem jetzigen Inhalt abgeben würde.

Verfügung, einstweilige: Zwecks Sicherung eines Rechts zur vorläufigen Regelung eines Zustandes getroffene gerichtliche Verfügung.

Vergleich: Gegenseitiger Vertrag, durch den der Streit oder die Ungewissheit der Parteien über ein Rechtsverhältnis im Wege beiderseitigen Nachgebens beendet wird.

Verhältnismäßigkeit: Im öffentlichen Recht angewendet besagt dieser Grundsatz, dass die Verwaltung unter mehreren möglichen und zur Erreichung eines rechtmäßigen Zieles geeigneten Maßnahmen nur diejenige wählen darf, die den Betroffenen und die Allgemeinheit am wenigsten beeinträchtigen und das der von einer rechtmäßigen Maßnahme zu erwartende Schaden nicht außer Verhältnis zu dem erstrebten rechtmäßigen Erfolg stehen darf.

Verjährung: Durch Zeitablauf eintretender Verlust von Rechten.

Vernehmung: Die meist mündliche Befragung einer Person über Umstände.

Vertrag: Ein zweiseitiges Rechtsgeschäft, welches grundsätzlich durch zwei sich deckende Willenserklärungen zustande kommt.

Vertragsstrafe: Eine meist in Geld bestehende Leistung, die der Schuldner für den Fall der Nichterfüllung oder der nicht gehörigen Erfüllung einer Verbindlichkeit verspricht.

Verwaltungsakt: Jede folgenlos mögliche Verfügung, Entscheidung oder andere hoheitliche Maßnahme, die eine Behörde zur Regelung eines Einzelfalles auf dem Gebiet des öffentlichen Rechts trifft und die auf unmittelbare Rechtswirkung nach außen gerichtet ist.

Verzug: Rechtswidrige Verzögerung der Leistung durch den Schuldner.

Vollstreckungsbescheid: Der im Mahnverfahren auf der Grundlage des Mahnbescheides bei Fehlen eines Widerspruchs auf Antrag erlassene Vollstreckungstitel.

Vollstreckungstitel: Entscheidung oder beurkundete Erklärung, aus der durch Gesetz die Zwangsvollstreckung zugelassen ist.

Vorkaufsrecht: Das einer Person zustehende Recht, einen Gegenstand von dem Verpflichteten zu erwerben, sobald dieser den betreffenden Gegenstand an einen Käufer verkauft.

Werkvertrag: Gegenseitiger Vertrag, in dem sich der eine Teil (Unternehmer, Hersteller) zur Herstellung eines Werkes (aus einem von der anderen Seite zu liefernden Stoff), der andere Teil (Besteller) zur Entrichtung der vereinbarten Vergütung verpflichtet.

Wettbewerbsverbot: Verpflichtung einer Person, keinen gewerblichen Wettbewerb zu einem Unternehmer zu betreiben.

Zeuge: Eine Person, die über Tatsachen, die sie wahrgenommen hat, aussagen soll.

Zivilrecht: Privatrecht, also die Gesamtheit aller Rechtssätze, bei denen Berechtigter oder Verpflichteter nicht ausschließlich ein Träger hoheitlicher Gewalt ist.

Zustellung: Der in bestimmter gesetzlich vorgeschriebener Form geschehende und zu beurkundende Vorgang durch den einer Person Gelegenheit zur Kenntnisnahme eines Schriftstücks verschafft wird.

Zwangsvollstreckung: Im weiteren Sinn die Durchsetzung einer hoheitlichen Anordnung mit Hilfe staatlicher Zwangsmaßnahmen; im engeren Sinn betrifft die Zwangsvollstreckung den Zivilprozess und dient der Durchsetzung eines dem Gläubiger gegen den Schuldner im Vollstreckungstitel verbrieften Anspruchs.

Geleitwort

Das Prinzip des lebenslangen Lernens ist bei dem Wissenszuwachs in unserem Beruf unumgängliche Notwendigkeit. Tierärztliche Fort- und Weiterbildung besitzen einen hohen Stellenwert, will man sich im Beruf behaupten und erfolgreich am Markt bestehen. Der Tierarzt ist Angehöriger eines wissenschaftlich ausgerichteten freien Berufes, dessen Ziele die Erhaltung der Gesundheit der Tiere, die Heilung von Krankheiten und der Tierschutz sind. Aber auch die vielfältigen Aufgaben der Tierärzte im gesundheitlichen Verbraucherschutz und damit die Bedeutung für die Volksgesundheit sind inzwischen Kernkompetenzen geworden.

Fachbücher der Veterinärmedizin haben schon immer einen festen Platz in jeder Praxis. Das Praxishandbuch Tierarztrecht ist kein Fachbuch mit tiermedizinischen Inhalten im engeren Sinne. Es ist eine übersichtliche und umfassende Darstellung der gesetzlichen Rahmenbedingungen, die im Zusammenhang mit der Berufsausübung zu beachten und einzuhalten sind.

Dieses Buch kommt zur rechten Zeit! Denn trotz unserer Heilberufsgesetze, unserer klaren Berufsordnungen und den Kammern als berufsständige Selbstverwaltungsorgane lässt vieles darauf schließen, dass unsere Informationen und unser Wissen über die rechtlichen Grundlagen unserer Berufsausübung sehr lückenhaft sind, um nicht zu sagen ungenügend.

Durch die grundlegenden Änderungen im politischen Selbstverständnis handelt Europa immer mehr als politische Union und nicht mehr nur als wirtschaftliche Zweckgemeinschaft. Gerade nach der Osterweiterung der EU hat sich diese Entwicklung noch beschleunigt. Die europäischen Rechtsnormen und gesetzlichen Vorgaben bestimmen heute die Gesetzgebung und Rechtsprechung der Mitgliedsstaaten.

Auch praktizierende Tierärzte sind von diesen Veränderungen direkt betroffen. Für uns galten die strikten gesetzlichen Bestimmungen der Heilberufsgesetze und der Berufsordnungen. Die Kammern als Selbstverwaltungsorgane des Berufsstandes ließen Werbung kaum zu und wachten streng über die Einhaltung der Spielregeln im Wettbewerb. Doch die Veränderung der europäischen Gesellschaft hin zu einer Dienstleistungs- und Wissensgesellschaft mit ihrer kunden- und verbraucherfreundlichen Rechtsprechung hat auch unsere berufsrechtlichen Bestimmungen grundlegend verändert und liberalisiert. Die Heilberufe müssen sich nun den Bedingungen des freien Marktes der Dienstleistung ebenso stellen wie andere Berufsgruppen. Es gibt in diesem Sinne keinen wirklich „geschützten" Bereich mehr.

Die EU-Dienstleistungsrichtlinie, das Entsendegesetz, das Bestimmungslandprinzip, das Informationsrecht des Verbrauchers sowie das Schuld- und Kaufrecht machen vor uns Tierärzten nicht halt und werden unser Verhältnis zum Kunden grundlegend verändern. Auch der Tierarzt, als ein Angehöriger der Heilberufe mit besonderer ethischer Verpflichtung, wird sich diesen rechtlichen und gesellschaftlichen Veränderungen stellen müssen. Man mag diese Auswirkungen beklagen und den alten Zeiten hinterher trauern, aber die Veränderungen sind unumkehrbar und man muss versuchen, auch die sich daraus ergebenden Chancen zu nutzen.

Die sachliche und fachliche Information, die dieses Praxishandbuch in übersichtlicher Weise gibt, ist eine große Hilfe dabei, sich einen Überblick über die oft verwirrende Vielzahl gesetzlicher Bestimmungen zu verschaffen.

Limbach, im Januar 2006
Dr. Hans-Joachim Götz
Präsident des Bundesverbandes der praktizierenden Tierärzte

Vorwort

Jeder niedergelassene und praktizierende Tierarzt wird im Rahmen seiner beruflichen Tätigkeit tagtäglich mit Fragestellungen konfrontiert, die nicht Gegenstand seiner veterinärmedizinischen Ausbildung waren. Diese Frage- und Problemstellungen wirken sich oftmals in erheblichem Maße aus – sei es persönlich im Verhältnis zum Tierhalter, im Verhältnis zu diversen Behörden, hinsichtlich der beruflichen Perspektiven oder auch hinsichtlich der wirtschaftlichen Rentabilität der Praxis.

Ein Tierarzt ist schon lange nicht mehr allein Veterinärmediziner, sondern auch selbständiger Unternehmer, der die sich wandelnden Bedürfnisse der Tierhalter ebenso zu beachten hat, wie die seines Praxispersonals. Die rechtlichen Rahmenbedingungen der tierärztlichen Tätigkeit werden kontinuierlich verschärft. Dies gilt für nahezu sämtliche Rechtsbereiche, mit denen ein Tierarzt im Rahmen seiner praktischen Tätigkeit in Berührung kommen kann. Dadurch wird die tierärztliche Tätigkeit komplizierter, undurchschaubarer und haftungsrelevanter.

Eine Durchsicht der zurzeit vorliegenden Literatur für den Bereich der Veterinärmedizin sowie zahlreiche Gespräche mit niedergelassenen und praktizierenden Tierärzten haben ergeben, dass derzeit keine Veröffentlichung existiert, welche den Veterinärmedizinern geeignete und umfassende Hilfestellungen im Umgang mit Rechtsproblemen bietet.

Gleichzeitig ist in der anwaltlichen Praxis zu beobachten, dass die Rechtsstreitigkeiten zwischen Tierärzten und Tierhaltern (haftungsrechtliche Probleme, Honorarklagen etc.) sowie zwischen Tierärzten und den zuständigen Kammern (Werbemaßnahmen etc.) zunehmen. Darüber hinaus wurden Strafvorschriften verschärft und die Tiermediziner sehen sich aufgrund aktueller Entwicklungen (BSE, Vogelgrippe etc.) immer häufiger mit Situationen konfrontiert, in denen ihre tierärztliche Tätigkeit als strafbares Verhalten angesehen und strafrechtlich verfolgt werden kann.

Aus dieser Situation ergab sich die Notwendigkeit, dem praktizierenden Tierarzt ein Buch an die Hand zu geben, welches die wichtigsten rechtlichen Berührungspunkte aktuell und praxisrelevant darstellt. Das vorliegende Buch richtet sich daher ausschließlich an praktizierende Tierärzte und ist dazu bestimmt, ihnen bei der Handhabung der wichtigsten rechtlichen Probleme zur Seite zu stehen.

Wir waren hierbei bestrebt, die für einen Tierarzt möglicherweise zunächst ungewöhnlichen rechtlichen Ausführungen übersichtlich, verständlich und anhand von Formulierungshilfen, Praxistipps und Fallbeispielen praxisbezogen darzustellen.

Nach den uns vorliegenden Informationen stellt dieses Buch als rechtliches Praxishandbuch das erste derartige Buch im Bereich der Veterinärmedizin dar. Es war für uns eine große Herausforderung, die rechtliche Situation erstmals im Rahmen einer Gesamtschau aufzubereiten und darzustellen.

Wir danken insbesondere dem Lektorat des Verlages für die uneingeschränkte Unterstützung bei der Realisierung dieses gemeinsamen Projekts.

Münster, Berlin, Hamburg, im Januar 2006
Jürgen Althaus
Hans Peter Ries
Karl-Heinz Schnieder
Ralf Großbölting

Hinweis für den Leser

Das Buch bezieht sich bei den Angaben zur Berufsordnung i. d. R. auf die Musterberufsordnung (MBO) der Bundestierärztekammer. Die Umsetzung der Berufsordnung durch die einzelnen Landestierärztekammern kann unterschiedlich ausfallen. Jeder Tierarzt sollte sich daher bei der für ihn zuständigen Tierärztekammer über den aktuellen Stand des Länderrechts informieren.

Verwendete Symbole

Formulierungsvorschlag

Vorsicht

Praxistipp

Hinweis

Achtung! Gesetzesänderung

Beachte

Praxisbeispiel

1 Einleitung und Bestandsaufnahme

Die Tätigkeit als Tierarzt gilt nach wie vor als Traumberuf und steht somit bei den Berufswünschen weit oben auf der Beliebtheitsskala. Dies lässt sich insbesondere an den Studienplatzbewerbungen festmachen: So gab es für das Wintersemester 2003/2004 im Bereich Tiermedizin 4,5 Bewerbungen pro Studienplatz, während im Bereich der Human- und Zahnmedizin die Nachfrage mit ca. 3,0 bis 3,5 Bewerbern pro Studienplatz deutlich niedriger lag. Der Zuwachs an Bewerbern für das Studium der Veterinärmedizin ist ungebrochen und liegt aktuell bei ca. 10 %. Aufgrund dieser Entwicklung nimmt die Anzahl der Tierärztinnen und Tierärzte seit einigen Jahren stetig zu, so dass sich die Gesamtzahl innerhalb von 15 Jahren annähernd verdoppelt hat.

Gemäß den statistischen Untersuchungen über die Tierärzteschaft in der Bundesrepublik Deutschland waren am 31.12.2004 insgesamt 32.680 Tierärztinnen und Tierärzte gemeldet. Circa 9.976 der in der genannten Statistik aufgeführten Tierärztinnen und Tierärzte waren allerdings nicht mehr tierärztlich tätig. Die beruflich »aktive« Tierärzteschaft im Inland beläuft sich somit auf eine Anzahl von ca. 22.300 Tierärztinnen und Tierärzten. Typisch für das tierärztliche Berufsbild ist ein im Vergleich zu anderen Berufen sehr hoher Anteil an weiblichen Berufstätigen. So beträgt der Anteil an Tierärztinnen derzeit ca. 47 % und die Tendenz ist weiter steigend (Quelle: Statistische Untersuchungen über die Tierärzteschaft in der Bundesrepublik Deutschland [Stand 31.12.2004] der zentralen Tierärztedatei, Stiftung Tierärztliche Hochschule Hannover, Deutsches Tierärzteblatt, Juni 2005).

Der hohe Frauenanteil wird noch deutlicher, wenn man die Studentenzahlen an den Tiermedizinischen Hochschulen und Fakultäten in Deutschland betrachtet. So lag der Frauenanteil z. B. im Studienjahr 2004/2005 bei ca. 81 %. Der Anteil bei den Studienanfängern im Studienjahr 2004/2005 betrug sogar ca. 84 %. Damit wird deutlich, dass der tierärztliche Beruf insbesondere für Frauen immer attraktiver wird und auch für die Zukunft mit einem hohen Anteil an weiblichen Tierärzten zu rechnen ist. Sofern im weiteren Verlauf dieses Buches der Begriff »Tierarzt« genannt wird, ist dieser daher als geschlechtsneutral zu verstehen und umfasst sowohl weibliche als auch männliche Tierärzte.

Angesichts der relativ großen Anzahl von Tierärzten stellt sich die Frage, in welchen Bereichen diese beruflich tätig sind. Mehr als $^2/_3$ aller Tierärzte (68 %) sind im Bereich »Praxis« tätig, davon wiederum ca. 70 % als praktizierende Tierärzte und ca. 27 % als Praxisassistenten (Abb. 1.1).

Ein ebenfalls sehr hoher Anteil (ca. 22 %) aller »aktiven« Tierärzte ist in einem Beamten- oder Angestelltenverhältnis im öffentlichen Dienst tätig, z. B. im Bereich der Veterinärverwaltung, in Instituten (Bundesanstalten, Veterinäruntersuchungsämter, Landesuntersuchungsämter, Tiergesundheitsämter, Tierbesa-

Abb. 1.1: Verteilung der im Bereich „Praxis" tätigen Tierärzte (Gesamtsumme ca. 15.300).

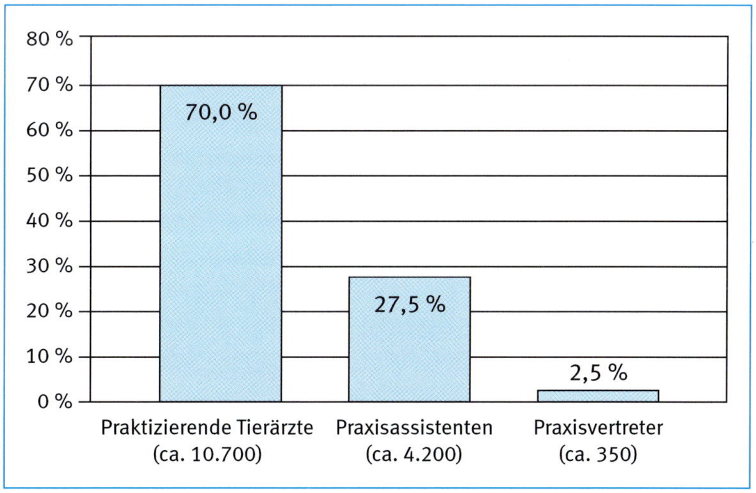

mungsstationen), in Hochschulen, in veterinärmedizinischen Bildungsstätten, in der Fleischuntersuchung, der Industrie und der Bundeswehr.

Die ca. 22.300 »aktiven« Tierärzte verteilen sich somit auf die entsprechenden Berufssparten wie in Abbildung 1.2 dargestellt.

Die tierärztliche Tätigkeit in der Veterinärverwaltung und in anderen tierärztlichen Tätigkeitsbereichen nimmt im Verhältnis zu den praktizierenden Tierärzten einen verhältnismäßig großen Raum ein. Der Schwerpunkt der tierärztlichen Tätigkeit liegt allerdings nach wie vor eindeutig im Bereich »Praxis« und ist für den tierärztlichen Alltag von solch großer Bedeutung, dass die dortige Situation ein wenig näher betrachtet werden soll.

Die Marktsituation für Tierärzte hat sich in den vergangenen Jahren in erheblichem Maße verändert. Die steigenden Studentenzahlen in der Veterinärmedizin führen zu einer ständig wachsenden Zahl der Tierärzte. So waren z. B. im Wintersemester 2004/2005 insgesamt 6.473 Studierende im Bereich der Veterinärmedizin eingeschrieben, hiervon wiederum 1.163 Studienanfänger. In den vergangenen Jahren legten jeweils ca. 850 bis 950 Studenten/Jahr ihr Examen ab. Demgegenüber scheiden jährlich nur ca. 300 Tierärzte aus dem Berufsleben aus. Aus den dargestellten Zahlen – dies gilt für die Anzahl der bereits praktizierenden Tierärzte ebenso wie für die Anzahl der eingeschriebenen Studenten – geht deutlich hervor, dass der Markt der tierärztlichen Praxistätigkeit dichter und umkämpfter wird. Es kann somit von einer gewissen Sättigung des Marktes ausgegangen werden. Aus diesem Grunde ist in der heutigen Zeit der wirtschaftliche Erfolg und das Einkommen für den Tierarzt nicht mehr allein dadurch gesichert, dass die Niederlassung und die Ausübung der tierärztlichen Tätigkeit durch die Anbringung eines Praxisschildes nach außen dokumentiert werden. Ein Tierarzt sieht sich heute einer sehr großen Anzahl von Kollegen gegenüber, so dass Tierhalter als mögliche Kunden aus einer Vielzahl von Anbietern wählen können. Dadurch besteht bereits jetzt ein erheblicher und in Zukunft zunehmender Wettbewerbsdruck. Dies hat Einfluss auf die Art, den Umfang und den Ort der tierärztlichen Tätigkeit. Hinzu kommt der Umstand, dass die Marktsituation ständigen Schwankungen unterworfen ist, mit der Folge, dass sich die Anzahl und die Verteilung der Großtierpraxen, Gemischtpraxen und Kleintierpraxen erheblich verändert hat.

Abb. 1.2: Verteilung der Tierärzte auf Berufssparten.

Berufssparte	Anteil in % (ca.)
Praktizierende Tierärzte	48 %
Praxisassistenten	19 %
Praxisvertreter	1,8 %
Zwischensumme Praxis	68,8 %
Veterinärverwaltung	9,4 %
Institute	5,4 %
Veterinärmedizinische Bildungsstätten	6,1 %
Zwischensumme veterinärmedizinische Bildungsstätten, Hochschulen und Universitäten	20,9 %
Fleischuntersuchung	1,9 %
Industrie	5,5 %
Andere tierärztliche Tätigkeiten	2,9 %
Insgesamt	100 %

In der Vergangenheit wurde der Tierarzt überwiegend als *allrounder* in Anspruch genommen. Mit zunehmender medizinischer Komplexität im Hinblick auf die Behandlungsformen und -möglichkeiten, mit zunehmender Dienstleistungsmentalität der Kunden und mit einer engeren Bindung der Tierhalter zu Ihren Tieren hat sich die Situation jedoch verändert. Eine zunehmende Spezialisierung ist gefragt und wird z. T. von den Tierhaltern vorausgesetzt.

Aufgrund der zunehmenden Anzahl der niedergelassenen Tierärzte und aufgrund der steigenden Anzahl von Haustieren hat sich auch der Anteil der Kleintierpraxen stark erhöht. Dabei hat sich in letzter Zeit das Verhältnis zwischen der Anzahl der Tiere bzw. Tierhalter einerseits und der Tierärzte andererseits aufgrund der stark wachsenden Tierärzteschaft zum Nachteil der Tierärzte verändert.

Im Gegensatz zu dem Boom, der die Kleintierpraxen in den letzten Jahren erfasst hat, nimmt die Zahl der Praxen, die Großtiere und Nutzvieh betreuen, immer mehr ab (Abb. 1.3). Die Ursachen liegen u. a. in einem deutlichen Rückgang der Zahl subventionierter Betriebe in der Landwirtschaft. So wurde die Anzahl von Rindern z. B. im Jahre 1998 um 274.000 Tiere reduziert. Dies führte dazu, dass in der jüngsten Vergangenheit die Anzahl der Rinderhalter um einen zweistelligen Prozentsatz gesunken ist. Die Anzahl der Schweinehalter ist noch stärker rückläufig.

Aber auch die Effekte der europäischen Integration und der zunehmenden Globalisierung mit dem damit verbundenen Preisdruck führen in der landwirtschaftlichen Produktion zu dem Zwang, immer rationeller zu produzieren. Nebenerwerbsbetriebe dürften langfristig deshalb kaum noch eine Chance haben. Das Verhältnis zwischen der Anzahl der Tierhalter und der Anzahl des Viehs hat sich somit zugunsten größerer Einheiten verändert. Diese Tendenz zu größeren Betrieben sowie das zunehmende medizinische Wissen der Tierhalter (insbesondere der Tierbestandshalter) führen zu einer reduzierten Inanspruchnahme der Tierärzteschaft.

Spiegelbildlich zu der Konzentration größerer Nutztierbetriebe erfolgt auch eine Konzentration im Bereich der die Nutztierbetriebe betreuenden Tierarztpraxen. Auch hier ist die Bildung größerer Praxen und der Zusammenschluss von Praxen zu beobachten, so dass große Tierbestände kaum noch von kleinen (Einzel-)Praxen betreut werden (Abb. 1.4).

Studenten der Veterinärmedizin und auch bereits berufstätige Tierärzte müssen sich daher zunehmend mit der sich ständig verändernden Marktsituation auseinandersetzen und versuchen, sich durch gezielte unternehmerische Überlegungen am Markt zu positionieren. Verschiedene Aspekte sind für eine

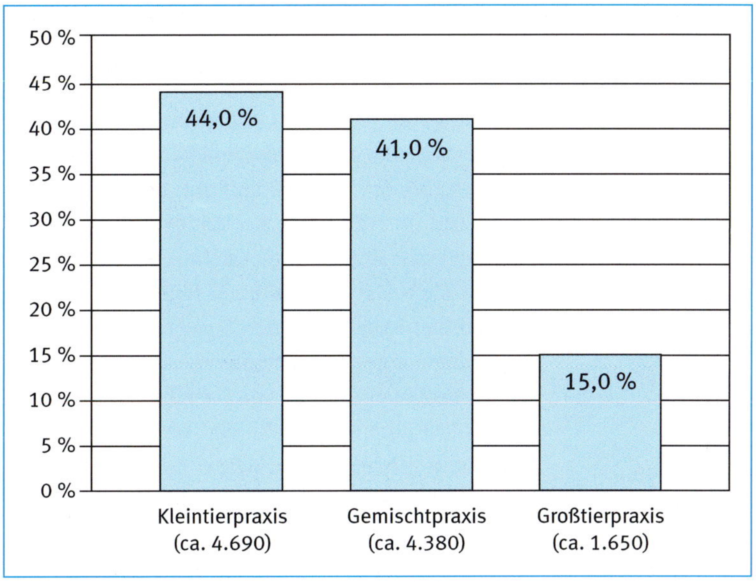

Abb. 1.3:
Verteilung der praktizierenden Tierärzte (Gesamtsumme ca. 10.700) auf verschiedene Praxisarten.

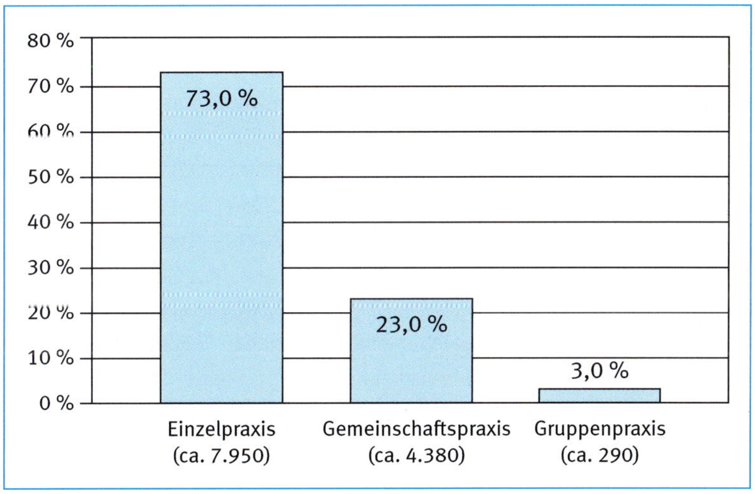

Abb. 1.4:
Verteilung der praktizierenden Tierärzte (Gesamtsumme ca. 10.700) auf verschiedene Praxisformen.

erfolgreiche Praxisführung wichtig: die richtige Wahl des Standortes, die Praxisausrichtung, die Notwendigkeit von Spezialisierung und Fortbildung, die Praxisform (Einzelpraxis oder Kooperation), die Anstellung qualifizierten und der Spezialisierung der Praxis entsprechenden Personals etc. Die berufliche Tätigkeit wird durch derartige Überlegungen sicher nicht einfacher.

Ein Tierarzt ist heute nicht nur Tiermediziner, sondern auch Unternehmer! Er darf sich daher einem zwingend erforderlichen unternehmerischen Denken nicht verschließen. So nützt die beste tiermedizinische Betreuung nur wenig, wenn diese nicht erfolgreich unternehmerisch umgesetzt wird. In der Praxis ist allerdings häufig festzustellen, dass nach einer erfolgreich durchgeführten tierärztlichen Behandlung kein finanzieller Zufluss stattfindet, da in der Praxis z. B. kein effektives Mahnwesen betrieben wird. Oftmals wird auch von den mittlerweile bestehenden Werbemöglichkeiten nicht oder zuwenig Gebrauch gemacht. Jeder Tierarzt sollte zudem permanent bemüht sein, die Professionalität und die Effizienz in der Leistungsplanung und der Leistungserbringung im Sinne eines Qualitätsmanagements zu steigern, um die Wettbewerbsfähigkeit seiner Praxis zu erhalten.

Die rechtlichen Bedingungen der tierärztlichen Tätigkeit werden zudem ständig verschärft. Dies gilt für nahezu sämtliche Rechtsbereiche, mit denen der Tierarzt im Rahmen seiner praktischen Tätigkeit in Berührung kommen kann. So hat sich z. B. durch das zum 01.01.2002 in Kraft getretene Schuldrechtsmodernisierungsgesetz die Rechtslage beim Pferdekauf in erheblichem Maße verändert, so dass Tierärzte sich im Bereich der Ankaufsuntersuchung eines Pferdes einer zunehmenden Verantwortung für beide Kaufvertragsparteien ausgesetzt sehen (s. Kapitel 7). Hierdurch ist das Haftungsrisiko für die Tierärzte deutlich gestiegen. Ferner wurden durch die aktuellen bzw. zurückliegenden Tierseuchen (z. B. Schweinepest, Geflügelpest/»Vogelgrippe«, MKS, Fischseuchen) die rechtlichen Anforderungen an die tierärztliche Tätigkeit im Bereich des Tierseuchenrechts und des Fleischhygienerechts verschärft. Auch das Arzneimittelrecht ist zunehmend schwieriger zu durchschauen und fehlerfrei zu praktizieren (Stichwort »Umwidmungskaskade«).

In den genannten Bereichen sehen sich Tierärzte häufig u. a. auch aufgrund verstärkter Untersuchungen und »Wachsamkeit« der Veterinärbehörden strafrechtlichen Vorwürfen und Ordnungswidrigkeitsverfahren ausgesetzt. Aber auch der zivilrechtliche Anteil der tierärztlichen Berufstätigkeit (Gesellschaftsrecht, Haftpflichtrecht, Arbeitsrecht und Mietrecht) wird durch gesetzliche Veränderungen immer komplizierter und somit haftungsrelevanter.

Zusammenfassend kann daher festgestellt werden, dass sich einerseits die Marktsituation sehr stark verändert hat und andererseits die rechtlichen Bedingungen und Vorgaben zu Lasten des Tierarztes verschärft bzw. undurchsichtiger werden. Ein Tierarzt ist daher gehalten, die sich ständig wandelnde Marktsituation ebenso zu beachten, wie die sich permanent verändernde Rechtslage.

Aus Gründen der Übersichtlichkeit ist es nicht das Ziel dieses Buches, betriebswirtschaftliche Überlegungen im Hinblick auf die Marktsituation, die marktpolitische und betriebswirtschaftliche Ausrichtung der Praxis und der perspektivischen Entwicklungsmöglichkeiten aufzuzeigen. Es wird vielmehr das rechtliche Grundgerüst der tierärztlichen Tätigkeit dargestellt und somit der »Durchblick« bei der komplizierten Materie des Tierarztrechts ermöglicht. Dabei wird kein Anspruch auf Vollzähligkeit der Bereiche der tierärztlichen Tätigkeit und der Vollständigkeit der angesprochenen Rechtsgebiete erhoben. Das Buch soll vielmehr ein Rechtsratgeber für den praktizierenden bzw. in einer Praxis tätigen Tierarzt sein – eben ein »Praxishandbuch für Tiermediziner« – und insoweit die wichtigsten rechtlichen Berührungspunkte darstellen. Dabei werden die rechtlichen Aspekte von Beginn bis zum Ende der tierärztlichen Tätigkeit chronologisch beleuchtet.

Das Buch soll darüber hinaus auch Berufsanfängern eine Orientierung bieten und bei den ersten Schritten in Richtung einer eigenen Praxis behilflich sein. Aus diesem Grunde sind gerade für Berufsanfänger Ausführungen zu den Themen »Niederlassung« und »Approbation« aufgenommen worden.

Damit das Werk seiner Aufgabe als »Praxishandbuch« gerecht werden kann, muss auf die spezielle Darstellung von Problemgestaltungen im Bereich der Veterinärverwaltung, der Institute, der Industrie und der Fleischuntersuchung verzichtet werden. So werden z. B. die Themen des Tierseuchenrechts und des Fleischhygienerechts auch nur insoweit dargestellt, wie praktizierende Tierärzte mit diesen Gebieten in Berührung kommen. Gleichwohl kann und soll das Buch in einzelnen Bereichen auch den vorgenannten Tierarztgruppen Hilfestellungen bieten.

2 Tierärztliche Approbation

Wer nach einem Studium der Veterinärmedizin in Deutschland als Tierarzt arbeiten möchte, benötigt hierfür eine spezielle Berufszulassung – die Approbation. Dies ergibt sich aus § 2 Abs. 1. Bundestierärzteordnung.

2.1 Erteilung der Approbation und Antrag

Die Erteilung der Approbation ist an eine Reihe von Voraussetzungen geknüpft. Zunächst ist gemäß § 60 Abs. 1 der Approbationsordnung für Tierärzte (TAppO) ein **Antrag** erforderlich. Dieser Antrag auf Erteilung der Approbation als Tierarzt ist an die zuständige Behörde des Landes zu richten, in dem der Antragsteller die tierärztliche Prüfung bestanden hat. Wer z. B. die tierärztliche Prüfung an der Universität München bestanden hat, muss den Antrag an die Regierung von Oberbayern in München richten. Nach einem erfolgreichen Studienabschluss in Hannover ist dagegen das Niedersächsische Ministerium für den ländlichen Raum, Ernährung, Landwirtschaft und Verbraucherschutz in Hannover zuständig. Die zuständige Approbationsbehörde kann auch bei den betreffenden tierärztlichen Hochschulen erfragt werden.

Der Antrag kann grundsätzlich **formlos** gestellt werden – dies gilt für alle Approbationsbehörden. Gemäß § 60 der Approbationsordnung für Tierärzte sind dem Antrag zwingend beizufügen:

- Ein Nachweis über die Staatsangehörigkeit des Antragstellers;
- eine Erklärung darüber, ob gegen den Antragsteller ein gerichtliches Strafverfahren oder ein staatsanwaltschaftliches Ermittlungsverfahren anhängig ist;
- eine ärztliche Bescheinigung, die nicht früher als einen Monat vor der Vorlage ausgestellt sein darf, wonach keine Anhaltspunkte dafür vorliegen, dass der Antragsteller in gesundheitlicher Hinsicht zur ordnungsgemäßen Ausübung des Berufs ungeeignet ist;
- die Zeugnisse über die tierärztliche Prüfung;
- ein amtliches Führungszeugnis zur Vorlage bei Behörden, das nicht früher als einen Monat vor der Antragstellung ausgestellt sein darf.

Formulierungsvorschlag

Ein entsprechender Antrag auf Erteilung der Approbation kann wie folgt formuliert werden:

»Antrag auf Erteilung der Approbation als Tierarzt/Tierärztin

Nach bestandener Prüfung des dritten Abschnitts der tierärztlichen Prüfung beantrage ich gemäß § 4 der Bundestierärzteordnung die Approbation als Tierarzt/Tierärztin.

Die nach § 60 der Approbationsordnung für Tierärzte hierfür erforderlichen Unterlagen sind beigefügt.

Gleichzeitig erkläre ich hiermit, dass gegen mich ein gerichtliches Strafverfahren oder ein staatsanwaltschaftliches Ermittlungsverfahren nicht anhängig ist.

Unterschrift

Anlagen« ¶

Ein solcher Antrag auf Erteilung der Approbation ist an **keine Frist** gebunden. Bei der Beantragung sollte berücksichtigt werden, dass im Normalfall Gebühren zu entrichten sind. Diese betragen je nach Bundesland zwischen 120,– € und 240,– € und sind teilweise im Voraus zu bezahlen.

Sofern die erforderlichen Voraussetzungen vorliegen, wird durch die zuständige Behörde eine Approbationsurkunde gemäß § 61 der Approbationsordnung für Tierärzte erteilt.

Wichtig ist, dass die Approbation grundsätzlich EU-/EWR-Bürgern vorbehalten ist. Antragsteller mit Staatsangehörigkeit eines Mitgliedstaates der EU bzw. des EWR weisen ihre Staatsangehörigkeit durch den Reisepass nach. In Zweifelsfällen ist zusätzlich die Aufenthaltserlaubnis oder eine Bestätigung der Staatsangehörigkeit durch das Konsulat bzw. die Botschaft erforderlich. Sofern der Antragsteller keine Staatsangehörigkeit eines Mitgliedstaates der EU/EWR besitzt oder aber seine Ausbildung in einem Land außerhalb der EU/EWR abgeschlossen hat, ist eine vorübergehende oder eine auf bestimmte Tätigkeiten beschränkte Ausübung des tierärztlichen Berufs aufgrund einer jederzeit widerruflichen Erlaubnis zulässig. In diesen Fällen wird keine Approbation erteilt, sondern eine Erlaubnis zur vorübergehenden Ausübung des tierärztlichen Berufs gemäß § 11 der Bundestierärzteordnung. Wichtigste Voraussetzung ist dabei, dass der Antragsteller eine vollständig abgeschlossene tierärztliche Ausbildung nach dem Recht des Staates, in dem er die Ausbildung erworben hat, nachweisen kann. Weitere Voraussetzungen sind – ähnlich wie bei EU-/EWR-Bürgern – die Zuverlässigkeit, gesundheitliche Eignung und Qualifikation.

2.2 Widerruf der Approbation

Die Erteilung der Approbation hat nicht unbegrenzt Bestand. Vielmehr kann die Approbation unter bestimmten Umständen widerrufen werden. So sieht z. B. § 6 der Bundestierärzteordnung eine zwingende Rücknahme der Approbation vor, wenn bei ihrer Erteilung die tierärztliche Prüfung nicht bestanden oder die erforderliche und nachzuweisende Ausbildung noch nicht abgeschlossen war. Ferner ist die Approbation zwingend zu widerrufen, wenn nachträglich eine der Voraussetzungen nach § 4 Abs. 1 Nr. 2 Bundestierärzteordnung weggefallen ist, also ein Verhalten vorliegt, aus dem sich die **Unwürdigkeit** oder **Unzuverlässigkeit** zur Ausübung des tierärztlichen Berufs ergibt. Dies ist regelmäßig bei der Verwirklichung von berufsbezogenen Straftatbeständen (z. B. Verstößen gegen das Arzneimittelgesetz) der Fall.

Darüber hinaus kann die Approbation widerrufen werden, wenn in gesundheitlicher Hinsicht eine **Geeignetheit** zur Ausübung des Berufs nicht mehr vorliegt oder nachträglich weggefallen ist oder wenn die Gleichwertigkeit des Ausbildungsstandes nicht gegeben war.

Vorsicht

Im Falle des Widerrufs der Approbation entfällt automatisch die Voraussetzung zur Ausübung des tierärztlichen Berufes, so dass eine weitere Berufstätigkeit ausgeschlossen ist. ¶

Der Widerruf der Approbation erfolgt in Form eines behördlichen Verwaltungsaktes. Dieser ist grundsätzlich **anfechtbar**, wobei die Anfechtung durch den Widerspruch eine **aufschiebende Wirkung** entfaltet, also eine Vollstreckung durch die Behörde (vorerst) verhindert. Hier hat allerdings die Approbationsbehörde die gesetzlich vorgesehene Möglichkeit, den **Sofortvollzug** des Widerrufs einer Approbation anzuordnen. Dadurch haben gegen den Widerrufsbescheid eingelegte Rechtsmittel keine aufschiebende Wirkung, der betroffene Tierarzt kann also ab dem Zeitpunkt der Bekanntgabe des Verwaltungsaktes seinen Beruf nicht mehr ausüben. Diese Maßnahme kommt somit in Ihren Auswirkungen einem Berufsverbot gleich.

Praxistipp

Der mit einem Approbationswiderruf belastete Tierarzt kann gegen die Anordnung des Sofortvollzuges Rechtsmittel einlegen, indem er einen gerichtlichen Antrag auf Wiederherstellung der aufschiebenden Wirkung stellt. Die rechtlichen Anforderungen an die Anordnung des Sofortvollzugs des Approbationswiderrufs sind jedoch durch das Bundesverfassungsgericht sehr hoch gesetzt worden, so dass die Anordnung der sofortigen Vollziehung durch die Approbationsbehörde einer gerichtlichen Überprüfung nur schwer standhält. ¶

Die Approbationsbehörden können somit nur in seltenen Fällen damit rechnen, dass ihre Anordnungen einer gerichtlichen Überprüfung standhalten. Die Behörden haben bei ihrer Entscheidung insbesondere die Folgen abzuwägen, die die Sofortvollzugsanordnung für den Tierarzt hat, gegenüber den Folgen für die Allgemeinheit, wenn die aufschiebende Wirkung der angeordneten Maßnahme (**Approbationswiderruf**) besteht. Zusätzlich hat die Behörde vor Anordnung des Sofortvollzugs also eine Gefahrenprognose zu erstellen, d. h. zu prüfen, ob konkrete Anhaltspunkte dafür bestehen, dass der betroffene Tierarzt weiterhin z. B. erhebliche Straftaten gegen das AMG im Rahmen seiner Berufsausübung begehen wird. Schließlich hat die Behörde noch das Gebot des mildesten Mittels zu beachten. Sie muss dabei prüfen, ob es nicht weniger einschneidende Maßnahmen als den Sofortvollzug gibt, die ebenso geeignet sind, den Tierarzt zu sofortiger ordnungsgemäßer und gesetzeskonformer Berufsausübung anzuhalten.

Bei Ausschöpfen des Rechtsweges läuft die Zeit zugunsten des vom Approbationsentzug bedrohten Tierarztes. Sofern er in dieser Zeit nicht nochmals straffällig wird, ist es mit zunehmender Verfahrensdauer immer unwahrscheinlicher, dass der Widerruf der Approbation verwaltungsgerichtlich bestätigt wird. Denn nach ständiger Rechtsprechung des Bundesverfassungsgerichts ist entsprechendes Wohlverhalten während der Prozessdauer bei der endgültigen Entscheidung zu berücksichtigen. ¶

Vorsicht

Ein von dem Widerruf der Approbation bedrohter Tierarzt muss sich bewusst sein, dass die Strafgerichtsbarkeit die Möglichkeit hat, bereits im Strafurteil als strafrechtliche Nebenfolge in Fällen schwerer Straftaten (z. B. Verstöße gegen das AMG) ein Berufsverbot gegen den verurteilen Tierarzt auszusprechen, so dass die Berufsausübung auch auf diesem Wege untersagt werden kann. ¶

2.3 Ruhen der Approbation

Gemäß § 8 Bundestierärzteordnung kann auch das **Ruhen der Approbation** angeordnet werden, wenn gegen den Tierarzt wegen des Verdachts einer Straftat, aus der sich seine **Unwürdigkeit** oder **Unzuverlässigkeit** zur Ausübung des tierärztlichen Berufs ergeben könnte, ein Strafverfahren eingeleitet ist. Ein weiterer Grund für das Ruhen der Approbation kann darin bestehen, dass ein Tierarzt in gesundheitlicher Sicht ungeeignet ist bzw. Zweifel an der gesundheitlichen Eignung bestehen und der Tierarzt sich weigert, sich einer von der zuständigen Behörde angeordneten amts- oder fachärztlichen Untersuchung zu unterziehen.

Während die Approbation ruht, darf der tierärztliche Beruf nicht ausgeübt werden. Die zuständige Behörde kann allerdings zulassen, dass die Praxis eines Tierarztes, dessen Approbation ruht, für einen von ihr zu bestimmenden Zeitraum durch einen anderen Tierarzt weiter geführt wird. Auf diesem Wege kann zumindest der Fortbestand der Praxis gesichert werden.

Hinweis

Vorsicht

Wer trotz des Ruhens der Approbation den tierärztlichen Beruf ausübt, begeht gemäß § 14 Bundestierärzteordnung eine Straftat. Diese wird mit Freiheitsstrafe bis zu einem Jahr oder mit Geldstrafe bestraft. ¶

Unabhängig vom Widerruf oder dem Ruhen der Approbation kann jederzeit auf die Approbation durch schriftliche Erklärung des Tierarztes gegenüber der zuständigen Behörde gemäß § 10 Bundestierärzteordnung verzichtet werden. Ein Verzicht ist unwirksam, wenn er unter einer Bedingung erklärt wird, z. B. der erfolgreichen Veräußerung der Praxis an einen Nachfolger.

3 Niederlassung

Gemäß § 12 Abs. 1 der Musterberufsordnung der Bundestierärztekammer vom 23.05.2005 ist die Ausübung des tierärztlichen Berufes in eigener Praxis an die Niederlassung gebunden. Unter einer Niederlassung versteht man die Begründung einer selbständigen freiberuflichen tierärztlichen Tätigkeit an einem bestimmten Ort, der mit den notwendigen räumlichen, sachlichen und personellen Voraussetzungen ausgestattet ist (**Praxissitz**). Gemäß § 12 Abs. 1 Satz 2 Musterberufsordnung kann nur ein niedergelassener Tierarzt die Bezeichnung »praktizierender Tierarzt« führen. Für die selbständige berufliche Tätigkeit als Tierarzt ist es somit nicht ausreichend, wenn die Berufsausübungserlaubnis in Form der Approbation erteilt wurde.

Die Niederlassung erfordert verschiedenste Vorüberlegungen und ist an unterschiedliche Formalitäten gebunden.

3.1 Vorüberlegungen

3.1.1 Praxisneugründung oder Praxisübernahme?

Eine der wichtigsten Vorüberlegungen ist die Frage nach der konkreten Art der Niederlassung. So kann der Tierarzt sich niederlassen, indem er eine Praxisgründung vornimmt, eine bereits bestehende Praxis käuflich erwirbt und fortführt, oder aber sich an einer bestehenden Praxis beteiligt. All diese Formen der Niederlassung weisen sowohl Vor- als auch Nachteile auf.

Die **Vorteile** einer **Praxisneugründung** liegen vor allem in der Gestaltungsfreiheit. Es entfällt zwar die Zahlung eines Kaufpreises, jedoch muss die neu gegründete Praxis zunächst ausgestattet und ggf. umgebaut werden, so dass teilweise erhebliche Investitionen anfallen. Demgegenüber besteht jedoch ein sehr großer Gestaltungsspielraum im Hinblick auf den Praxisort, den Praxisablauf (Sprechzeiten, Behandlungsmodalität etc.), die Anschaffung der Einrichtung und des Praxisinventars sowie die Anstellung von Hilfskräften und Mitarbeitern.

Nachteilig für den Praxisneugründer ist, dass er seine berufliche Tätigkeit praktisch »bei Null« beginnen muss, da ein die wirtschaftlichen Einkünfte sichernder Kundenstamm noch nicht vorhanden ist. Häufig besteht auch noch kein Beziehungsgeflecht zu örtlichen Organisationen, so dass der Tierarzt nicht von vornherein auf Einnahmen durch landwirtschaftliche oder andere Zusammenschlüsse (z. B. Tierheime, Pferdesportveranstaltungen) zurückgreifen kann. Des Weiteren fehlen häufig noch amtliche Aufgaben etwa im Bereich der Tierseuchenbekämpfung und der Fleischbeschau.

Insgesamt besteht daher bei einer Praxisneugründung ein erhebliches und nur schwer einzuschätzendes **finanzielles Risiko**.

Die aufgezeigten Nachteile einer Praxisneugründung stellen im Regelfall gleichzeitig die Vorteile einer **Praxisübernahme** bzw. einer **Beteiligung an einer bestehenden Praxis** dar. So sind regelmäßig bereits ein größerer Kundenstamm sowie häufig auch Verflechtungen zu privaten Organisationen vorhanden. Im Übrigen kann der Tierarzt eine bereits bestehende Praxis-Infrastruktur und eine vollständige Einrichtung nutzen. Möglicherweise kann das Hilfspersonal der zu übernehmenden Praxis insgesamt weiter beschäftigt werden, so dass der die Praxis übernehmende Tierarzt auf ein eingespieltes Team zurückgreifen kann.

Ein weiterer erheblicher **Vorteil** kann darin bestehen, dass der Praxisabgeber möglicherweise für einen gewissen Übergangszeitraum gemeinsam mit dem Praxisübernehmer arbeitet und zudem eventuell auch für Vertretungen zur

Verfügung steht. Auf diesem Wege kann die Akzeptanz des neuen Tierarztes auf Seiten der Tierhalter gefördert werden.

Die **Nachteile** eines Praxiskaufs bzw. einer Beteiligung an einer Praxis bestehen insbesondere in der Pflicht zur Zahlung eines Kaufpreises mit der Folge, dass von vornherein hohe Verbindlichkeiten entstehen. Darüber hinaus lassen sich bei der Übernahme einer Praxis möglicherweise eigene Vorstellungen hinsichtlich der beruflichen Verwirklichung wegen der bereits bestehenden Strukturen nicht oder nicht kurzfristig umsetzen. Ferner ist der eine Praxis übernehmende Tierarzt unter Umständen an miet- und arbeitsvertragliche Regelungen gebunden.

3.1.2 Einzelpraxis oder Kooperation?

Bei einer Niederlassung sollten auch Überlegungen zur Praxisform in die Entscheidungen mit einbezogen werden. Der Tierarzt muss sich darüber im Klaren sein, ob er die Praxis in Form einer Einzelpraxis oder möglicherweise mit Kollegen gemeinsam, also in Form einer Kooperation, betreiben möchte.

Der Tierarzt kann zwischen folgenden Praxisformen wählen:

- Einzelpraxis,
- Gemeinschaftspraxis,
- Gruppenpraxis bzw. Praxisgemeinschaft,
- GmbH,
- Partnerschaftsgesellschaft,
- Limited.

Sämtliche Praxisformen bringen wiederum Vorteile und auch Nachteile mit sich.

Die Vorteile einer **Einzelpraxis** bestehen in einem freien Gestaltungsspielraum ohne Verpflichtungen gegenüber Kooperationspartnern. Die Nachteile bestehen darin, dass der Tierarzt in einer Einzelpraxis nach wie vor als »Einzelkämpfer« in Anspruch genommen wird, da die Kunden oft eine Erreichbarkeit rund um die Uhr erwarten. Dies geht einher mit hohen körperlichen und psychischen Belastungen. Notwendige Maßnahmen zur Spezialisierung sind z. T. nicht möglich. Dies kann problematisch sein, da Tierhalter zunehmend gezielt Spezialisten in Anspruch nehmen

Die Vorteile einer **Kooperation** – z. B. in Form einer Gemeinschaftspraxis – bestehen zum einen in der Möglichkeit, eine erweiterte und spezialisierte tierärztliche Leistung anzubieten. Die berufliche Belastung wird durch Dienstbereitschaften und wechselseitige Vertretungen reduziert. Im Übrigen sinkt die finanzielle Belastung für den Einzelnen, da das finanzielle Risiko »auf mehrere Schultern verteilt« wird. Dadurch werden wiederum Investitionsvorteile erreicht, die sich in einer besseren Ausstattung der Praxis auswirken und somit zu einem Wettbewerbsvorteil gegenüber Einzelpraxen führen können. Ein Nachteil einer Kooperation wird häufig darin gesehen, dass vertragliche Verpflichtungen gegenüber dem Kooperationspartner eingehalten werden müssen, was zu einer Einschränkung der persönlichen Souveränität führt.

Vorsicht

Häufig besteht die Gefahr von Unstimmigkeiten im zwischenmenschlichen Bereich zwischen den Kooperationspartnern (z. B. differierende Arbeitsauffassung, unangemessener Umgang mit dem Personal, Meinungsverschiedenheiten in fachlichen Fragen). Diese Probleme belasten das Betriebsklima und können im schlimmsten Fall sogar zum Auseinanderbrechen der Kooperation führen. ¶

Obwohl derzeit ca. ¾ aller niedergelassenen Tierärzte ihre Praxis als Einzelpraxis betreiben, wird sich dieser Anteil langfristig sicherlich zugunsten der Kooperationen verändern. Dies geschieht insbesondere auch vor dem Hintergrund, dass Tierhalter vermehrt dazu neigen, größere Tierarztpraxen, also häufig Kooperationen, in Anspruch zu nehmen.

3.1.3 Standortwahl

Die Ausübung des tierärztlichen Berufs in eigener Praxis ist zwar an eine **Niederlassung** und damit an einen konkreten Ort gebunden (**Praxissitz**). Es herrscht allerdings grundsätzlich Niederlassungsfreiheit. Dies bedeutet, dass sich ein Tierarzt dort niederlassen kann, wo es ihm beliebt. Bei der Wahl des Standortes sollten neben persönlichen Vorlieben, den familiären Verhältnissen und der Praxisform zwingend auch die konkrete Marktsituation berücksichtigt werden (s. Kapitel 1), da diese erhebliche Vor- und Nachteile für einen Standort haben kann. So sollte die Anzahl der zu versorgenden Tiere im Vorfeld festgestellt werden, ebenso wie ggf. die Anzahl und die Art der landwirtschaftlichen Betriebe und insbesondere auch die Konkurrenzsituation.

3.1.4 Praxisfinanzierung

Sowohl für die Gründung einer eigenen Praxis als auch für die Übernahme einer Praxis bzw. eines Praxisanteils ist ein erheblicher Finanzbedarf vorhanden. Das für die Vorfinanzierung der ersten Monate und der notwendigen Praxiseinrichtung erforderliche Kapital kann nur in den wenigsten Fällen von dem Tierarzt persönlich in Gänze aufgebracht werden. Aus diesem Grunde wird ein Geldgeber benötigt, i. d. R. eine Bank.

Während die Tierärzteschaft in der Vergangenheit bei vielen Banken als ein mit Risiko behaftetes Klientel galt, haben einige Banken nunmehr diese Berufsgruppe für sich entdeckt. Im Vorfeld der Finanzierung sollte wegen der Komplexität und der weit reichenden Folgen in jedem Fall ein externer Berater zur Hilfe gezogen werden.

Praxistipp

Es empfiehlt sich, sich gut auf die zu führenden Bankgespräche vorzubereiten. So ist es vorteilhaft, wenn man in der Lage ist, gegenüber der Bank seine Geschäftsidee realistisch als chancenreiche Unternehmung darzustellen. Ferner sollte das genaue Leistungsspektrum, die Kundenzielgruppe, die Konkurrenzsituation, das Praxiskonzept und ein Finanzierungskonzept dargestellt werden. Hier bietet sich zur Verdeutlichung der Geschäftsidee bzw. Konzepte die Erstellung eines Geschäftsplans (Businessplan) an. ¶

Ein solcher Geschäftsplan kann auch nach der Gründung der Tierarztpraxis bei der weiteren Praxisführung im Rahmen des Controlling verwendet werden.

3.2 Formalitäten

Im Zusammenhang mit der Niederlassung sind eine Reihe wichtiger Formalitäten zu beachten.

3.2.1 Standesrechtliche Formalitäten

Gemäß § 12 Abs. 2 Satz 1 der Musterberufsordnung der Bundestierärztekammer sind der Ort und der Zeitpunkt der Niederlassung sowie jede entsprechende Änderung der zuständigen Tierärztekammer mitzuteilen. Nach den jeweiligen Berufsordnungen der Landestierärztekammern betrifft die Meldepflicht Tierärzte in jeder Form der tierärztlichen Tätigkeit, somit auch angestellte Tierärzte und nicht tierärztlich tätige Tierärzte (z. B. § 1 Musterberufsordnung der TÄK Bayern). Diese Verpflichtung ist Ausfluss der Pflichtmitgliedschaft in der zuständigen Tierärztekammer und dem dazugehörigen Versorgungswerk.

Hinweis

3.2.2 Berufsrechtliche Anzeigepflichten

Ein Tierarzt ist im Zusammenhang mit der Niederlassung verpflichtet, im Falle des beabsichtigten Betriebs einer **tierärztlichen Hausapotheke** diese nach § 67 Abs. 1 AMG schriftlich der zuständigen Behörde anzuzeigen. Die Zuständigkeit ist in den Bundesländern z. T. unterschiedlich geregelt: teilweise sind die Regierungspräsidenten/Bezirksregierungen zuständig, teilweise die staatlichen Veterinärämter.

Gemäß der Vorschrift des § 47 Abs. 1a AMG dürfen pharmazeutische Unternehmer und Großhändler Tierarzneimittel nur dann an Tierärzte abgeben, wenn der Tierarzt ihnen gegenüber eine Bescheinigung vorlegt, aus welcher hervorgeht, dass er seiner Anzeigepflicht nachgekommen ist.

Ferner hat ein Tierarzt gemäß § 4 Abs. 3 des Betäubungsmittelgesetzes dem Bundesinstitut für Arzneimittel und Medizinprodukte (BfArM) die Teilnahme am Betäubungsmittelverkehr anzuzeigen.

Schließlich bestehen eine Anzeige- bzw. eine Genehmigungspflicht für das Betreiben von **Röntgenanlagen**. Während Röntgenanlagen mit einer Bauartzulassung lediglich anzeigepflichtig sind, besteht gemäß § 3 der Röntgenverordnung für Röntgeneinrichtungen ohne Bauartzulassung ein Genehmigungsbedürfnis. Der Betrieb derartiger Anlagen ist somit bei der zuständigen Behörde zu beantragen.

3.2.3 Verwaltungsrechtliche Anzeige- und Genehmigungspflichten

Ein Tierarzt hat dem **Finanzamt** schriftlich den Zeitpunkt der Praxiseröffnung mitzuteilen. Hierbei ist zwischen den verschiedenen Finanzämtern zu unterschieden.

Das Betriebsstättenfinanzamt, also das für den Sitz der Praxis zustände Finanzamt, ist für betriebliche Steuern (Umsatzsteuer, Lohnsteuer etc.) zuständig. Sofern der Wohnsitz und der Praxissitz örtlich getrennt sind und in unterschiedlichen Finanzamtsbereichen liegen, ist für die Erhebung der Einkommenssteuer darüber hinaus das Wohnsitzfinanzamt zuständig. ¶

3.2.4 Arbeitsrechtliche Melde- und Dokumentationspflichten

Die in einer tierärztlichen Praxis beschäftigten Arbeitnehmer sind durch den Tierarzt der gesetzlichen Krankenkasse zu melden. Hinsichtlich der Zuständigkeit der gesetzlichen Krankenkasse ist danach zu unterscheiden, ob es sich bei dem Beschäftigungsverhältnis um ein geringfügiges Beschäftigungsverhältnis (sog. »400-Euro-Jobs«) handelt. Beschäftigte innerhalb eines geringfügigen Beschäftigungsverhältnisses sind der Bundesknappschaft, alle anderen Beschäftigen in der tierärztlichen Praxis der zuständigen AOK zu melden.

Darüber hinaus bestehen arbeitsrechtliche Dokumentationspflichten (Beschäftigung von jugendlichen Auszubildenden, schriftliche Niederlegung der wesentlichen Vertragsbedingungen, Aufzeichnungspflicht der Arbeitszeit).

3.2.5 Versicherungsrechtliche Anzeigen

In der Vergangenheit (bis zum 31.12.1996) bestand für alle Praxisinhaber und deren Beschäftigte in der tierärztlichen Praxis eine Versicherungspflicht in der gesetzlichen Unfallversicherung. Zuständig war insofern im Bereich des Veterinärwesens die Berufsgenossenschaft für Gesundheitsdienst und Wohlfahrtspflege (BGW). Diese Pflichtmitgliedschaft der selbständigen Tierärzte wurde durch eine Rechtsänderung zum 01.01.1997 in eine freiwillige Mitgliedschaft übertragen, welche jederzeit durch einen schriftlichen Antrag beendet werden kann. Durch eine Beendigung der freiwilligen Mitgliedschaft des Tierarztes wird die Versicherungspflicht der übrigen in der tierärztlichen Praxis Beschäftigten nicht berührt, vielmehr bleibt die Versicherungspflicht bestehen. Der Tierarzt ist daher weiterhin verpflichtet, Mitarbeiter bei der BGW zu melden und die vorgesehenen Beiträge zu entrichten.

Der Beruf des Tierarztes gilt nach aktuellen statistischen Erhebungen zu den die Gesundheit am meisten gefährdenden Tätigkeiten. Vor diesem Hintergrund empfiehlt sich angesichts des Leistungsumfangs der BGW die Mitgliedschaft in der gesetzlichen Unfallversicherung.

3.3 Risikoversicherung und erforderliche bzw. empfehlenswerte Versicherungen

Die berufliche Tätigkeit als Tierarzt ist in vielerlei Hinsicht risikobehaftet. Neben dem finanziellen und dem wirtschaftlichen Risiko sind insbesondere die Risiken zu berücksichtigen, die mit Unfällen, Krankheiten und Berufsunfähigkeit im Zusammenhang stehen. Diese Risiken können durch Abschluss entsprechender Versicherungen deutlich reduziert werden. Das Angebot für freiberuflich tätige Tierärzte ist umfangreich und schwer zu übersehen.

In jedem Fall unerlässlich für jeden niedergelassenen Tierarzt ist eine Berufshaftpflichtversicherung, welche vor materiellen Folgen (Schadensersatzansprüche) anlässlich (vermeintlicher) Behandlungsfehler schützt.

Es gibt leider immer noch Tierärzte, die sich täglich Haftungsrisiken aussetzen, ohne dabei durch eine Berufshaftpflichtversicherung abgesichert zu sein. Der § 28 der Musterberufsordnung sieht ausdrücklich verpflichtend (»...hat zu versichern...«) das Bestehen einer Berufshaftpflichtversicherung vor. Das Fehlen einer solchen Versicherung stellt somit einen Verstoß gegen die Berufspflichten dar, welcher berufgerichtlich geahndet werden kann (s. Kapitel 4.4).

Als empfehlenswerte Versicherung zur Absicherung der Praxis ist eine Praxisversicherung dringend erforderlich. Diese sollte die Risiken Feuer, Einbruch-Diebstahl, Leitungswasser und Vandalismus abdecken. Dabei sollte die Versicherung nicht nur die Praxisräumlichkeiten, sondern vielmehr die gesamte Praxisausstattung inkl. des gesamten beruflich benötigten Zubehörs umfassen. Inwieweit der Tierarzt darüber hinaus für den Fall einer Praxisunterbrechung eine entsprechende Praxisunterbrechungsversicherung abschließen will, bleibt seinem Geldbeutel und der Risikofreude überlassen.

Praxistipp

Als »Pflichtversicherungen«, also zu empfehlende Versicherungen zur Absicherung des Tierarztes, können folgende Versicherungen angesehen werden:
- Unfallversicherung,
- Krankenversicherung,
- Krankentagegeldversicherung,
- Lebensversicherung (ggf. Risiko-Lebensversicherung),
- Berufsunfähigkeitsversicherung. ¶

4 Der Tierarzt und das Berufsrecht

4.1 Allgemeines

So eng jeder Tierarzt durch die Pflichtmitgliedschaft mit seiner Standesorganisation verbunden ist, so vielschichtig ist die praktische Relevanz im juristischen Bereich. Die Rechtsgrundlagen für die Tätigkeit der als berufsständische Selbstverwaltungsorganisationen betriebenen Kammern sind in der **Musterberufsordnung** der Bundestierärztekammer (bzw. den Berufsordnungen der einzelnen Landestierärztekammern) sowie der **Weiterbildungsordnung** der Landestierärztekammern zu finden.

Darüber hinaus existiert als »Dachgesellschaft« die Bundestierärztekammer als Berufsvertretung der gesundheits- und standespolitischen Interessen aller deutschen Tierärzte auf Bundesebene. Sie ist als eingetragener Verein organisiert und hat ihre Geschäftsstelle in Bonn. Die Organe der Bundestierärztekammer sind neben der Delegiertenversammlung das Präsidium sowie das erweiterte Präsidium. Ihre Mitglieder sind die 17 Tierärztekammern der Länder; weitere tierärztliche Organisationen können jedoch als Beobachter zugelassen werden.

Die Ziele und Aufgaben der Bundestierärztekammer sind in § 2 der Satzung definiert:

1) Gewährleistung des ständigen Erfahrungsaustausches unter den Tierärztekammern und gegenseitige Abstimmung ihrer Ziele und Tätigkeiten sowie Hinwirkung auf eine möglichst einheitliche Regelung der tierärztlichen Berufspflichten und der Grundsätze für die tierärztliche Tätigkeit auf allen Gebieten.
2) Beratung der Tierärztekammern.
3) Wahrnehmung der Belange der Tierärzteschaft gegenüber Gesetzgeber, Verwaltung und Öffentlichkeit.
4) Förderung der Fortbildung, insbesondere durch die Trägerschaft der Akademie für tierärztliche Fortbildung, sowie der Aus- und Weiterbildung.
5) Wahrung der beruflichen Belange der Tierärzteschaft auf nationaler und internationaler Ebene in allen Angelegenheiten, die über den Zuständigkeitsbereich eines Landes hinausgehen.

Den Landestierärztekammern obliegt vor allem die Wahrnehmung der beruflichen Belange der Tierärzte im Rahmen der Gesetze, die Überwachung der Erfüllung der tierärztlichen Berufspflichten, die Förderung der tierärztlichen Fortbildung, die Schaffung sozialer Einrichtungen für Tierärzte und deren Angehörige, die Mitwirkung bei der öffentlichen Gesundheitspflege sowie auf Verlangen die Erstellung von Gutachten an die zuständigen Behörden. Des Weiteren wird die Gestaltung und Überwachung der Ausbildung zur Tiermedizinischen Fachangestellten (TFA) übernommen. Angeschlossen an die Landestierärztekammern sind die berufsständischen Versorgungswerke, welche ihre Mitglieder und deren Hinterbliebene versorgen sollen.

Die Landestierärztekammern sind zudem zuständig für den Erlass der Berufsordnung und die Überprüfung der Einhaltung der Berufspflichten. Sie unterliegen der Rechtsaufsicht durch staatliche Behörden. Das Rechtsverhältnis zwischen Tierarzt und Kammer ist hoheitlicher Natur, d. h. die Entscheidungen der Kammer sind Verwaltungsakte, gegen die der Rechtsweg zu den Verwaltungsgerichten gegeben ist. Die Kammer übt also mittelbare Staatsgewalt aus. Durch die Tierärzte sind Beiträge und Gebühren zu entrichten.

Erläuterungen zu den Auswirkungen der berufsrechtlichen Vorgaben im Bereich der Niederlassung sowie der Kooperationsbildung zwischen mehreren Tierärzten finden sich im Kapitel 11.2.

4.2 Weiterbildungsordnung

Aufgrund der Kammergesetze der Länder sind die jeweiligen Landestierärztekammern als Körperschaften des öffentlichen Rechts befugt, Weiterbildungsordnungen zu erlassen. Deren Geltungsbereich beschränkt sich auf den Bezirk der jeweiligen Landestierärztekammer.

Fortbildung ist die ständige Erweiterung und Aktualisierung der eigenen berufsbezogenen Kenntnisse und Fertigkeiten und eine der vorrangigen Berufspflichten der Tierärzte. Bislang blieb es dem einzelnen Tierarzt selbst überlassen, auf welche Weise und in welchem Umfang er dieser Berufspflicht nachkommt.

Achtung! Gesetzesänderung

Im April 2005 wurde eine neue Musterberufsordnung verabschiedet, welche in § 6 Abs. 1 die Verpflichtung des Tierarztes zur beruflichen Fortbildung festschreibt.

Der Tierarzt hat zudem auf Anforderung der Kammer nachzuweisen, dass er der Fortbildungspflicht nachgekommen ist.

Der Umfang der Fortbildungspflicht beträgt gemäß Abs. 2 für:

1) Tierärzte im Beruf: 8 Stunden pro Jahr;
2) Tierärzte mit einer Zusatzbezeichnung: 12 Stunden pro Jahr, davon mindestens 4 Stunden im Bereich der Zusatzbezeichnung;
3) Fachtierärzte: 15 Stunden pro Jahr, davon mindestens 7 Stunden im jeweiligen Gebiet;
4) zur Weiterbildung ermächtigte Tierärzte: 20 Stunden pro Jahr, davon mindestens 12 Stunden im Gebiet der Ermächtigung. ¶

Anrechenbar ist allerdings nur eine Fortbildung, die von der Tierärztekammer oder der Akademie für tierärztliche Fortbildung der Bundestierärztekammer anerkannt ist.

Verstößt ein Tierarzt mit Zusatzbezeichnung gegen die Fortbildungspflicht, so darf er seine Zusatz-, Gebiets- oder Teilgebietsbezeichnung nicht mehr öffentlich führen. Es sollte daher dringend darauf geachtet werden, Fortbildungen im normierten Umfang zu absolvieren. Anzumerken ist jedoch, dass die dargestellten Regelungen bislang lediglich in der Musterberufsordnung enthalten sind, welche für sich keine verbindliche Rechtskraft entfaltet. Erst durch ihre Umsetzung im Rahmen der durch die Landestierärztekammern zu verabschiedenden Berufsordnungen werden sie für den einzelnen Tierarzt zu bindendem Recht.

Praxistipp

Die Umsetzung der Neuregelungen in den verschiedenen Landestierärztekammern nimmt erfahrungsgemäß einen unterschiedlich langen Zeitraum in Anspruch. Daher sollte sich jeder Tierarzt bei der für ihn zuständigen Tierärztekammer über den derzeitigen Stand infomieren und auf dem Laufenden halten. ¶

Das Gegenstück zur Fortbildung ist die **Weiterbildung**, also die freiwillige Spezialisierung in einem Gebiet, einem Teilgebiet oder in einem Bereich mit dem Ziel der Erlangung der Anerkennung als Fachtierarzt oder einer Zusatzbezeichnung gemäß der von den einzelnen Kammern erlassenen Weiterbildungsordnungen.

Durch die Weiterbildung sollen die Tierärzte nach Abschluss ihrer Berufsausbildung im Rahmen einer Berufstätigkeit eingehende Kenntnisse und Erfahrungen in den Gebieten, Teilgebieten und Bereichen erwerben, für die neben der Berufsbezeichnung weitere Bezeichnungen als Hinweis auf besondere tierärztliche Kenntnisse geführt werden dürfen (§ 1 Abs. 1 WBO).

Hinweis

Eine Weiterbildung kann nur an einer hierfür anerkannten Einrichtung bzw. durch eine zur Weiterbildung auf einem bestimmten Gebiet ermächtigten Person durchgeführt werden. Auf Antrag entscheiden die

Landestierärztekammern über die Anerkennungen bzw. Ermächtigungen und veröffentlichen diese im Deutschen Tierärzteblatt. ¶

Eine Möglichkeit der Weiterbildung besteht in dem Erwerb eines Facharzttitels. Aufgrund der unterschiedlichen Lerninhalte sind die Weiterbildungszeiten bei den einzelnen Fachtierarztgebieten unterschiedlich. Sie dürfen nach Artikel 30 Abs. 2 Heilberufe-Kammergesetz (HKaG) drei Jahre nicht unterschreiten und sollen i. d. R. sechs Jahre nicht überschreiten. Eine solche Weiterbildung ist u. a. möglich auf den Gebieten Pferde, Kleintiere, Schweine, Rinder, Schafe, Pathologie, Pharmakologie sowie tierärztliche Allgemeinpraxis. Daneben existieren weitere Bereiche, die den Weiterbildungsordnungen der einzelnen Tierärztekammern zu entnehmen sind.

Die Ausbildung im Bereich von Teilgebieten ist i. d. R. nach dem Erwerb des entsprechenden Fachtierarztes zu absolvieren und beinhaltet vertiefte Kenntnisse in dem bereits absolvierten Weiterbildungsbereich (z. B. Chirurgie bzw. Innere Medizin beim FTA für Pferde, Toxikopathologie für Pathologie, Zierfische für Fische).

Darüber hinaus können Tierärzte das Recht zum Führen von Zusatzbezeichnungen erwerben, z. B. Homöopathie, Akupunktur, Verhaltenstherapie, Zahnheilkunde, physikalische Therapie, Augenheilkunde etc. Diese sind unabhängig von einer FTA-Ausbildung.

Obwohl die Weiterbildungsordnungen der einzelnen Landestierärztekammern teilweise voneinander abweichen, gelten die Anerkennungen von Gebieten, Teilgebieten und Zusatzbezeichnungen bundesweit.

Das Führen einer Gebietsbezeichnung beinhaltet nicht nur Rechte, sondern auch Pflichten. ¶

So sollte ein Fachtierarzt bzw. ein Tierarzt, welcher eine Teilgebietsbezeichnung führt, im Wesentlichen nur in diesem Gebiet bzw. Teilgebiet tätig werden. Wird die Gebiets-, Teilgebiets- oder Zusatzbezeichnung auf dem Praxisschild aufgeführt, so muss der Tierarzt auf diesem Teilgebiet auch tätig sein.

4.3 Praxismarketing und Werbung

Die Zahl der Tierärzte steigt stetig an (s. Kapitel 1), daher gewinnen auch für den Tierarzt Gesichtspunkte des **Marketing** an Bedeutung. Es reicht nicht mehr, eine gute Leistung anzubieten, vielmehr muss dem Tierhalter diese auch überzeugend präsentiert und vermittelt werden. Es stellt sich dabei die Frage, inwieweit dem Tierarzt Werbemaßnahmen erlaubt sind.

4.3.1 Grundsätze der Berufsordnungen

Generell wird die Einführung marktwirtschaftlicher Elemente als notwendig erachtet. Demgegenüber steht das Bemühen der Tierärztekammern, das traditionelle Berufsbild der Tierärzte aufrecht zu erhalten.

Noch bis vor wenigen Jahren enthielten die Berufsordnungen der Landestierärztekammern i. d. R. das **Verbot jeglicher Werbung.** Mit Beschluss vom 18.02.2002 (Az. 1 BvR 1644/01) entschied das Bundesverfassungsgericht jedoch, dass auch den Tierärzten nicht jede, sondern lediglich die berufswidrige Werbung verboten ist. Berufswidrig sei dabei eine Werbung, die keine interessengerechte und sachangemessene Information darstelle. Nur übertriebene oder marktschreierische Werbung, die auf eine Vernachlässigung der Pflichten hindeuten könnte, sei zu vermeiden. Unter diesen Gesichtspunkten sei die Werbeanzeige eines Tierarztes, der lediglich seine Praxisöffnungszeiten wiedergab, nicht zu bestanden, zumal auch der Verbraucher einen Anspruch auf

Vorsicht

sachliche und wahrheitsgemäße Information habe.

Die Berufsordnungen wurden im Zuge dieser Rechtsprechung angepasst. Dementsprechend lautet § 9 der Musterberufsordnung der Bundestierärztekammer nunmehr wie folgt:

(1) Definition der Werbung: Werbung im Sinne dieser Regelung ist das Anpreisen tierärztlicher Leistungen und das Verbreiten von Informationen mit dem Ziel, die Nachfrage nach tierärztlichen Leistungen zu steigern.
(2) Berufswidrige Werbung ist dem Tierarzt untersagt. Berufswidrige Werbung ist insbesondere:
1. wahrheitswidrige, irreführende, unsachliche und übermäßig anpreisende Werbung,
2. zu veranlassen oder zu dulden, dass Berichte oder Bildberichte mit Anpreisungen für die eigene tierärztliche Tätigkeit veröffentlicht werden,
3. öffentliche Danksagungen zu veranlassen oder zu dulden,
4. zum Zwecke der Werbung Krankengeschichten oder Operations- und Behandlungsmethoden in anderen als fachwissenschaftlichen Schriften oder in Vorträgen vor Nichtfachkreisen bekannt zu geben,
5. unaufgefordert tierärztliche Behandlungen anzubieten,
6. eine vergleichende und/oder Preis-/Leistungswerbung.
(3) Es ist berufswidrig, zum Zwecke der Umgehung dieser Bestimmungen mit Dritten zusammenzuarbeiten.
(4) Berufswidrig ist nicht:
1. Werbung von Tierärzten bei Tierärzten,
2. Werbung, die über die berufliche Tätigkeit in Form und Inhalt sachlich unterrichtet und nicht auf die Erteilung eines Auftrages im Einzelfall gerichtet ist.
(...)

Behandlungs-, Tätigkeits- oder Interessensschwerpunkte sowie sonstige berufsrechtlich nicht geregelte Spezialisierungen dürfen daher nur öffentlich genannt werden, wenn sie nachweisbar sind und nicht zur Verwechslung mit den durch gesetzlich geregelte Weiterbildung erworbenen Bezeichnungen führen können.

Der Tierarzt darf zudem eine ihm verbotene Werbung durch andere weder veranlassen noch dulden. Dies gilt auch für anpreisende Herausstellung von Tierärzten in Ankündigungen von Kliniken, Institutionen oder anderen Unternehmen. Der Tierarzt darf nicht dulden, dass Berichte oder Bildberichte mit werbender Herausstellung seiner tierärztlichen Tätigkeit unter Verwendung seines Namens, Bildes oder seiner Anschrift veröffentlicht werden.

4.3.2 Rechtliche Ausgangslage

Aufgrund der vielgestaltigen Werbemöglichkeiten ist die Frage, wann eine berufswidrige Werbung vorliegt, abhängig vom Einzelfall zu bestimmen. Abzuwägen ist zwischen den Grundrechten des Tierarztes, den Bedürfnissen der Tierhalter und dem Allgemeinwohl. Zu dem durch die Grundrechte der Berufsfreiheit (Artikel 12 Abs. 1 GG) und der Meinungsäußerungsfreiheit (Artikel 5 Abs. 1 GG) geschützten Bereich berufsbezogener tierärztlichen Tätigkeiten gehört auch die berufliche Darstellung des Tierarztes einschließlich der Werbung für die Inanspruchnahme seiner Dienste. Einschränkungen dieser Grundrechte sind insoweit möglich, als sie durch sachgerechte und vernünftige Gründe des Gemeinwohls gerechtfertigt werden und im Übrigen der Grundsatz der Verhältnismäßigkeit gewahrt wird. In einer wahrheitsgemäßen sachlichen Unterrichtung, die dazu dient, ein **Informationsbedürfnis** des Publikums zu befriedigen, liegt keine berufswidrige Werbung.

In die Überlegungen sind auch Sinn und Zweck des tierärztlichen Werbeverbotes einzubeziehen. Das berufsrechtliche Werbeverbot will im Interesse des Schutzes der Tierhalter verhindern, dass eine Verfälschung des tierärztlichen Berufsbildes durch Kommerzialisierung des Tierarztberufes durch Werbemethoden, wie sie in der gewerblichen Wirtschaft üblich sind, eintritt. Denn die Berufsausübung soll sich nicht am ökonomisch, sondern am medizinisch Notwendigen orientieren. Werbemaßnahmen, die diesen Zwecken zuwiderlaufen, sind als berufswidrig zu bezeichnen. Maßnahmen, die trotz Ausstrahlung gewisser werblicher Wirkungen diese Zwecke nicht beeinträchtigen oder sich sogar unter dem Gesichtspunkt des Informationsbedürfnisses der Bevölkerung als notwendig und geboten erweisen, sind hingegen berufsrechtlich unbedenklich.

Wie bereits dargestellt ist insbesondere eine anpreisende, irreführende oder vergleichende Werbung berufswidrig. Als **anpreisend** wird eine gesteigerte Form der Werbung angesehen, insbesondere eine solche mit reißerischen und marktschreierischen Mitteln. Diese kann schon dann vorliegen, wenn die Informationen für den Patientenbesitzer als Adressaten inhaltlich nichts aussagen oder keinen objektiv nachprüfbaren Inhalt haben.

Im Regelfall erlaubte Werbung: Hinweise auf Ortstafeln, in kostenlos verteilten Stadtplänen und über Bürgerinformationsstellen, Tag der offenen Tür, Geburtstagsglückwünsche an eigene Patientenbesitzer ohne Hinweise auf das eigene Leistungsspektrum sowie ein Hinweis auf eine Zertifizierung der Praxis.

Im Regelfall verbotene Werbung: Das Verbreiten von Flugblättern, Postwurfsendungen, Plakatierungen, Trikotwerbung, Angaben von Referenzen, öffentliche Danksagungen etc.

Eine Werbung ist dann **irreführend**, wenn sie Angaben enthält, die geeignet sind, potentielle Patientenbesitzer über die Person des Tierarztes, über die Praxis und über die Behandlung zu täuschen und Fehlvorstellungen von maßgeblicher Bedeutung für die Wahl des Tierarztes hervorzurufen. Hierbei spielt es keine Rolle, ob dies durch mehrdeutige, unvollständige oder unklare Angaben oder auch durch verschwiegene Tatsachen geschieht.

Eine **vergleichende Werbung** liegt vor, wenn auf die persönlichen Eigenschaften und Verhältnisse tierärztlicher Kollegen, konkurrierender Praxen oder Behandlungen durch andere Tierärzte Bezug genommen wird. Hierbei kommt es nicht darauf an, ob dies in negativer oder in positiver Form geschieht. Insofern sollte von folgenden Werbeaussagen abgesehen werden: »Nur in dieser Praxis wird diese spezielle Operationstechnik betrieben«, »Im Gegensatz zu anderen tierärztlichen Kollegen betreibt diese Praxis eine intensivere und umfassendere Fortbildung« oder auch »Eine Behandlung in unserer Praxis erspart Ihrem Tier die Operation«.

Vorsicht

Die hier angeführte Aufzählung der anpreisenden, irreführenden und vergleichenden Werbung ist nicht abschließend, so dass auch darüber hinaus darauf geachtet werden muss, dass sich die Werbung nicht als berufswidrig darstellt. ¶

Insofern sind **Werbeaktionen** wie z. B. eigene Zeitungsbeilagen, jegliche Preis-Leistungs-Werbung, Ankündigungen von Rabattaktionen, Behandlungen zu Preisen, die unterhalb der Mindestgebührensätze liegen sowie produktbezogene Werbung durch bzw. für Dritte im Wartezimmer und Sonderangebote verboten. Möglich ist dem Tierarzt das Auslegen von Flyern bzw. Informationsbroschüren für Patientenbesitzer mit organisatorischen Hinweisen und Hinweisen zum Leistungsspektrum sowie von Kugelschreibern und sonstigen Mitgaben von geringem Wert.

Die Rechtsprechung gesteht dem Tierarzt auch bei der Wahl seiner Praxisbezeichnung einen (begrenzten) Spielraum zu. So entschied das Bundesverfassungsgericht mit Beschluss vom 09.02.2005, dass es erheblichen verfassungsrechtlichen Bedenken begegne, einen Tierarzt wegen des Berufsvergehens der irreführenden und berufswidrigen Werbung deshalb zu belangen, weil er seine Praxis unter der Bezeichnung »Zentrum für Kleintiermedizin« betreibe.

Sollte ein Tierarzt im Zweifel darüber sein, ob eine von ihm geplante Werbung gegen berufsrechtliche Vorschriften verstoßen könnte, empfiehlt es sich, entweder im Vorfeld Kontakt zu der zuständigen Landestierärztekammer oder zu einem auf diesem Gebiet versierten Rechtsanwalt aufzunehmen und diese Frage prüfen zu lasen.

4.3.3 Privatrechtliches Wettbewerbsrecht

Die Berufsordnungen der Tierärzte haben zudem unmittelbare Auswirkungen auf die wettbewerbsrechtliche Beurteilung von Werbung. Das bewusste Hinwegsetzen über ein im Standesrecht zum Schutz allgemeiner Interessen festgelegtes Werbeverbot verstößt grundsätzlich gegen §§ 3, 4 Nr. 11, 5 des Gesetzes gegen unlauteren Wettbewerb (UWG), ohne dass es darauf ankommt, ob sich der Werbende dadurch einen ungerechtfertigten Wettbewerbsvorsprung zu verschaffen sucht.

Eine etwaige Verletzung des Werbeverbotes im Sinne des Berufsrechtes, das den Wettbewerb von Berufsangehörigen unmittelbar regelt, stellt folglich regelmäßig auch eine unerlaubte oder auch irreführende Werbung gemäß den §§ 8, 9 UWG dar.

Vorsicht

Dem Tierarzt droht bei Verletzung der berufsrechtlichen Vorschriften nicht nur Ärger von Seiten der Tierärztekammer, sondern auch von Mitbewerbern, welche vor dem Zivilgericht eine einstweilige Verfügung beantragen können, um dem Tierarzt die (angeblich) berufswidrigen Maßnahmen zu untersagen. ¶

Diesem Antrag geht regelmäßig ein anwaltliches Schreiben an den werbenden Tierarzt voraus, mit der Aufforderung, eine strafbewehrte Unterlassungserklärung abzugeben und die Kosten der anwaltlichen Vertretung zu zahlen.

4.3.4 Sonderfall: Tierärztliche Klinik

Besonderheiten im Bereich der Werbung bestehen in den Fällen, in denen der direkt Werbende eine Tierärztliche Klinik ist. Obwohl der Tierarztberuf kein Gewerbe ist, ist es Tierärzten nicht untersagt, Kliniken im Sinne der Gewerbeordnung zu betreiben, bei denen es sich um gewerbliche, auf Gewinnerzielung ausgerichtete Unternehmen handelt. Diese werden meist in der Rechtsform der GmbH betrieben. Folge ist, dass es diesen Kliniken nicht grundsätzlich und generell verwehrt werden darf, mit Einrichtungen gleicher Art in Wettbewerb zu treten.

Dies gilt insbesondere deswegen, weil neben der tierärztlichen Behandlung noch (weitere) gewerbliche Leistungen wie Unterbringung und Verpflegung angeboten werden, meist mit größerem personellen und sachlichen Aufwand gearbeitet wird und die Klinik zur Sicherung ihrer Existenz darauf angewiesen ist, auf ihr Leistungsangebot aufmerksam zu machen. Zwischen ambulanter und stationärer Behandlung bestehen erhebliche betriebswirtschaftliche Unterschiede, die es rechtfertigen, tierärztliche Inhaber von Kliniken anders zu behandeln als niedergelassene Tierärzte. Demgemäß wird auf das kommerzielle Interesse von Tierärztlichen Kliniken stärkere Rücksicht genommen.

So darf ein Tierarzt, der eine Tierärztliche Klinik betreibt, mit Anzeigen in der Presse darauf hinweisen, dass seine Klinik einen tierärztlichen Notfalldienst anbietet. In diesem Sinne entschied das Landesberufsgericht für Heilberufe beim Oberverwaltungsgericht Rheinland-Pfalz mit Urteil vom 27.08.2003 und hob insoweit das vorangegangene Urteil des Berufsgerichts bei dem Verwaltungsgericht Mainz auf. Dieses hatte in dem Verhalten des Tierarztes eine schuldhafte Berufspflichtverletzung gesehen und eine Geldbuße in Höhe von 2.000,– DM verhängt. Das Landesberufsgericht war demgegenüber der Meinung, dass nach der Rechtsprechung des Bundesverfassungsgerichtes einem Tierarzt nur eine sog. berufswidrige Werbung untersagt sei, nicht hingegen jede Art von werbender Tätigkeit. Für den Inhaber einer Tierärztlichen Klinik, der gleichzeitig ein Gewerbebetreiber sei und deshalb typischerweise einen höheren sachlichen und personellen Aufwand und laufende Betriebskosten in Kauf nehmen müsse, würden gewisse Erleichterungen gelten. Der Inhaber einer Tierärztlichen Klinik dürfe sich – so das Landesberufsgericht – zwar keiner nachdrücklichen Form der Werbung, wie etwa Blickfangwerbung, Verwendung von Superlativen, vergleichender Werbung, Eigenlob, Bezugnahme auf Empfehlungsschreiben und Danksagungen bedienen. Das Gericht stellte jedoch klar, dass es dem Inhaber einer solchen Klinik erlaubt sei, auf deren Leistungsangebot in sachlicher Form durch Anzeigen hinzuweisen.

Auch für den Fall, dass die in privatrechtlicher Form, z. B. als GmbH, betriebene Klinik von einem nichttierärztlichen Betreiber geführt wird, unterliegt sie in begrenztem Umfang dem tierärztlichen Werbeverbot. So kann sie durch eine von ihr veranlasste Werbemaßnahme ermöglichen, dass ein Tierarzt gegen das berufsrechtliche Werbeverbot verstößt, indem er die ihm verbotene Werbung der Klinik duldet oder gar an ihr mitwirkt (Umgehungsverbot). In diesen Fällen haftet der nichttierärztliche Betreiber neben dem Tierarzt als »wettbewerbsrechtlicher Störer« nach § 1 UWG. Ein berufswidriges Werbeverbot besteht aber wiederum nur bei anpreisender Herausstellung und unsachlicher Information.

4.3.5 Betrieb einer Tierärztlichen Klinik

Der Betrieb einer Tierärztlichen Klinik ist an besondere Voraussetzungen geknüpft, welche in § 27 der Musterberufsordnung niedergelegt wurden und sich wie folgt darstellen:

(1) Der Betrieb einer Klinik durch einen Tierarzt darf nur unter der Bezeichnung »Tierärztliche Klinik« geführt werden. Die Tierärztliche Klinik ist eine tierärztliche Praxis mit besonderen Einrichtungen zur stationären Behandlung von Tieren.
(2) Die Bezeichnung »Tierärztliche Klinik« darf nur geführt werden, wenn die zuständige Tierärztekammer festgestellt hat, dass die sich aus den »Richtlinien über die an eine Tierärztliche Klinik zu stellende Anforderung« ergebenden Voraussetzungen erfüllt sind. Dies gilt nicht für öffentlich-rechtliche Einrichtungen.
(3) Die Tierärztliche Klinik muss zur Versorgung von Notfallpatienten ständig dienstbereit gehalten werden.
(...)

Darüber hinaus werden in den **Berufsordnungen** (bzw. deren Anlagen) der **Landestierärztekammern** teilweise spezielle Regelungen die tierärztliche oder pflegerische Versorgung sowie die Räume und Einrichtungen betreffend aufgeführt.

Generell gelten hierbei die »Richtlinien über die an eine ›Tierärztliche Klinik‹ zu stellenden Anforderungen«; daneben können hinsichtlich der verschiedenen Klinikformen (Kleintiere, Pferde, Schweine etc.) weiterführende Regelungen aufgestellt werden. Diese beziehen sich z. B. auf die Qualifikationen des Leiters, die Anzahl der tätigen Tierärzte sowie die Anzahl und die konkrete Nutzung der Räume bzw. Apparaturen. Zudem wird teilweise eine detaillierte Aufzeichnung über stationäre Patienten gefordert.

Im Gegensatz zu allen anderen Formen der Berufsausübung setzt das Betreiben einer Tierärztlichen Klinik die Genehmigung durch die zuständige Tierärztekammer in Form einer **Zulassung** voraus. Diese wird teilweise für einen festen Zeitraum ausgesprochen und kann darüber hinaus wieder entzogen werden, wenn die o. g. Voraussetzungen nicht mehr vorliegen. Dies war in der Vergangenheit häufig der Fall, wenn aufgrund der aktuellen Rechtsprechung des EuGH (s. Kapitel 10.2) die vorgegebenen personellen Anforderungen nicht mehr erfüllt werden konnten, so dass der Status der Tierärztlichen Klinik durch die jeweilige Landestierärztekammer aberkannt wurde.

4.3.6 Praxisschild

Auch hinsichtlich der Gestaltung des Praxisschildes bestehen z. T. Reglementierungen. So enthalten die Anlagen zu den Berufsordnungen einiger Landestierärztekammern konkrete Vorgaben hinsichtlich der Größe, der auf ihm angebrachten Angaben, Logos etc. Es wird hier vor allem darauf geachtet, dass das Schild nicht in aufdringlicher Form gestaltet oder angebracht wird und bestimmte Größenmaße nicht überschreitet. Es sollte zudem nur die in den oben genannten Anlagen festgehaltenen Angaben enthalten, welche sich zumeist auf den Namen des Praxisinhabers, die akademischen Grade, die Berufsbezeichnung »Praktizierender Tierarzt« oder »Prakt. Tierarzt«, die erworbenen Gebiets-, Teilgebiets- und/oder Zusatzbezeichnungen nach der Weiterbildungsordnung sowie Interessenschwerpunkte, die Sprechstundenzeiten, die Selbstbeschränkung auf bestimmte Tierarten und die Telefonnummer beschränken. Einzelheiten hierzu können der jeweils geltenden Berufsordnung entnommen werden.

4.3.7 Neue Werbemöglichkeiten durch das Internet?

Aufgrund der sich immer weiter entwickelnden Nutzung des Internets als Kommunikationsmittel und Informationsbörse sollte sich auch der niedergelassene Tierarzt die Frage stellen, inwieweit dieses Medium genutzt werden kann, um die eigene Marktposition zu sichern bzw. zu optimieren.

Praxistipp

Grundsätzlich gelten die zuvor dargestellten Einschränkungen in Form des Verbotes berufswidriger Werbung auch für die Internetpräsenz der Tierarztpraxis. Darüber hinaus finden sich jedoch in den Anlagen zu den Berufsordnungen der Landestierärztekammern entsprechende Empfehlungen zur Ausgestaltung bzw. dem zulässigen Inhalt einer durch eine Tierarztpraxis genutzten Internetseite. ¶

Bei einer durch eine Tierartzpraxis genutzten Internetseite sollten sich die Angaben auf der ersten Seite der Darstellungen (Homepage), also der Seite, auf die der Besucher automatisch geleitet wird, in etwa auf die Angaben beschränken, die auch auf einem Praxisschild (zulässigerweise) zu finden sind. Weitere Informationen auf Nachfrage des Besuchers durch Betätigung einer zusätzlichen Schaltfläche (Link) können z. B. Patienten (Tierarten), die technische Praxisausstattung, Zertifizierung der Qualitätssicherung nach ISO-Norm, Spezialisierungen (bei nachgewiesener Qualifikation), Geburtsjahr des Praxisinhabers, Zeitpunkt der Approbation, Zeitpunkt der Niederlassung, Sondersprechstunden (spezielle Verfahren), Mitgliedschaft in Vereinen bzw. Organisationen, Fremdsprachenkenntnisse, Angaben zum Praxispersonal, Praxislage in Bezug auf öffentliche Verkehrsmittel sowie Beratungsschwerpunkte sein. Aufgrund der teilweise differierenden Angaben in den Berufsordnungen bzw. deren Anlagen sollte auch zu diesem Thema die jeweils geltende Berufsordnung zu Rate gezogen werden.

4.3.8 Welche Werbung ist möglich?

Oftmals kommt es zwischen dem Tierarzt und der zuständigen Kammer zu Streitigkeiten um die Auslegung des Begriffes »berufswidrige Werbung«. Die Tierärztekammern versuchen i. d. R., den Verstoß des Tierarztes mit dem Argument zu begründen, es sei eine zu weitgehende Kommerzialisierung des tierärztlichen Berufes zu erwarten. Zugleich sei der Schutz der Tierhalter vor Verunsicherung und Irreführung zu gewährleisten.

Es ist jedoch anzumerken, dass auf der Grundlage des **Informationsbedürfnisses der Tierhalter** sowie der notwendigen **Transparenz der Leistungsangebote** Werbemaßnahmen der Tierärzte als zulässig zu bezeichnen sind. Der von berufs- und wettbewerbsrechtlichen Maßnahmen bedrohte Tierarzt sollte in jedem Fall überprüfen (lassen), inwieweit ein rechtliches Vorgehen angebracht ist.

Auf der anderen Seite sollte sich ein Tierarzt überlegen, ob gegen einen aggressiv werbenden tierärztlichen Kollegen ein Unterlassungsanspruch geltend gemacht werden sollte. Denn nur so kann zeitnah verhindert werden, dass der Mitbewerber ungerechtfertigte Akquise betreibt und daraus resultierende Vorteile abschöpft.

4.3.9 Spezialisierung und Tätigkeitsschwerpunkte

Mittlerweile ist es zulässig, Spezialisierungen bzw. Tätigkeitsschwerpunkte anzugeben. Die Berufsordnungen der Landestierärztekammern enthalten hierzu Aufzählungen der zulässigen Informationen. Hiernach dürfen grundsätzlich Bezeichnungen angekündigt werden, die auf der Grundlage von weiterbildungsrechtlichen Bestimmungen erworben wurden und sonstige, auf öffentlich-rechtlichen Vorschriften beruhende Qualifikationen einerseits und Tätigkeits- und Interessensschwerpunkte sowie organisatorische Hinweise andererseits.

Darüber hinaus dürfen Weiterbildungsbezeichnungen öffentlich geführt werden, soweit diese in der nach der Weiterbildungsordnung zulässigen Form dargestellt werden, z. B.:

- FTA für Chirurgie
- FTA für Klein- und Heimtiere
- FTA für Pferde
- Zusatzbezeichnung »Augenheilkunde«

Ein Tierarzt darf zudem Tätigkeitsschwerpunkte angeben. Hierunter ist ein Angebot bestimmter Leistungen zu verstehen, denen sich der Tierarzt besonders widmet. Eine Verwechslung mit den Bezeichnungen des Weiterbildungsrechtes muss allerdings ausgeschlossen sein. Zudem sind diese Angaben nur dann zulässig, wenn der Tierarzt die betreffende Tätigkeit nicht nur gelegentlich ausübt. Dies ist nach Rechtsprechung des Bundesverfassungsgerichtes der Fall, wenn die Tätigkeit mehr als 20 % der Gesamtleistung ausmacht. Dies gilt insbesondere vor dem Hintergrund, dass Schwerpunkte nur dann vorliegen können, wenn sich der sich hierauf berufende Tierarzt in diesem Bereich gegenüber anderen Tierarztpraxen hervorhebt.

Die Berufsordnungen der Landestierärztekammern enthalten oftmals zahlenmäßige Begrenzungen der anzugebenden Fachtierarzt- und Zusatzbezeichnungen sowie Schwerpunktbezeichnungen. Daher empfiehlt es sich, bei Bedarf die jeweils geltende Höchstzahl bei der zuständigen Landestierärztekammer zu erfragen.

Es kann aufgrund der vielfältigen Gestaltungen nicht pauschal beurteilt werden, welche Werbung als berufswidrig zu bezeichnen ist und welche nicht. Insoweit wird auf die oben genannten Beispiele verwiesen.

4.4 Berufsgerichtsbarkeit

Verletzt ein Tierarzt die ihm obliegenden Berufspflichten, so kann dies Sanktionen nach sich ziehen. Bestimmungen des Strafrechts bleiben hiervon jedoch unberührt, so dass ungeachtet eines berufsrechtlichen Verfahrens auch eine Verurteilung im Rahmen eines **Strafverfahrens** in Betracht kommen kann.

Als mildeste Sanktion sieht das Berufsrecht die **Rüge** durch den Vorstand des tierärztlichen Bezirksverbandes vor. Sie wird regelmäßig dann erteilt, wenn die Schuld gering ist und der Antrag auf Einleitung eines berufsgerichtlichen Verfahrens nicht erforderlich erscheint (Art. 38 HKaG). Liegt hingegen ein Fall vor, in dem die Erteilung einer Rüge als nicht mehr ausreichend erscheint, kann der Vorstand des tierärztlichen Bezirksverbandes bzw. die Regierung oder ein Mitglied des tierärztlichen Bezirksverbandes gegen sich selbst die Einleitung des Berufsgerichtsverfahrens beantragen.

Der »Strafrahmen« in einem berufsgerichtlichen Verfahren erstreckt sich über folgende Maßnahmen:

- Verweis,
- Geldbuße bis 50.000,– €,
- Entziehung der Delegierteneigenschaft,
- Entziehung der Wählbarkeit zum Delegierten in Organen der Berufsvertretungen bis zur Dauer von fünf Jahren,
- Ausschluss aus der Berufsvertretung (soweit die Mitgliedschaft freiwillig ist).

Diese Maßnahmen können auch nebeneinander, also kumulativ Anwendung finden.

Liegt ein Antrag auf Durchführung eines Berufsgerichtsverfahrens vor, beginnt das Verfahren mit der ersten Instanz. Diese ist das Berufsgericht, welches mit einem Berufsrichter und zwei ehrenamtlichen Richtern besetzt und beim Verwaltungsgericht angesiedelt ist. Bei den ehrenamtlichen Richtern handelt es sich um Mitglieder des tierärztlichen Berufsverbandes, dem der Beschuldigte angehört. Nach der Entscheidung des Berufsgerichts kann das Landesberufsgericht im Rahmen eines Berufungsverfahrens angerufen werden. Dieses ist besetzt mit zwei Berufsrichtern und zwei ehrenamtlichen Richtern.

Praxistipp

Da in der ersten Instanz zwei ehrenamtliche Richter und damit juristische Laien tätig sind, die den Berufsrichter gemeinsam überstimmen können, ist eine genaue juristische Überprüfung des erstinstanzlichen Urteils dringend anzuraten. ¶

Wird ein Tierarzt durch ein Berufsgericht verurteilt, sollte er daher einen kompetenten Rechtsanwalt aufsuchen und die Erfolgsaussichten eines Rechtsmittelverfahrens begutachten lassen. Wie im oben dargestellten Fall (die durch das Berufsgericht als berufswidrig beurteilte Werbung betreffend Hinweise in der Presse auf das Angebot eines tierärztlichen Notfalldienstes einer Klinik) kann so u. U. eine Aufhebung der Sanktion erreicht werden.

5 Tierärztliche Abrechnung

5.1 Einleitung

Der Tierarzt ist dem Wohl der Tiere verpflichtet und übernimmt gegenüber der Öffentlichkeit eine besondere Verantwortung. Daneben ist jeder praktizierende Tierarzt zusätzlich Unternehmer, der sein »Unternehmen Praxis« erfolgreich und vor allem profitabel betreiben muss. Hierzu gehört, seine tierärztlichen Leistungen sowohl nach Art als auch nach Umfang korrekt abzurechnen. Grundlage hierfür ist die **Gebührenordnung für Tierärzte (GOT)** und das dazugehörige Gebührenverzeichnis. Die Rechtsgrundlage für die GOT bildet § 12 BTÄO, welcher die Bundesregierung ermächtigt, durch Rechtsverordnung mit Zustimmung des Bundesrates die Entgelte für tierärztliche Leistungen, sowie die Preise und Preisspannen für vom Tierarzt angewandte Tierarzneimittel in einer Gebührenordnung zu regeln. Die gegenwärtig geltende Gebührenordnung für Tierärzte wurde zuletzt am 14.05.2005 geändert. Eine der wichtigsten Neuerungen bestand in der Neufassung des § 10 Abs. 1 GOT. Dieser legte bislang fest, dass die Gebühren für Leistungen, die in den neuen Bundesländern erbracht werden, um 16 % zu mindern sind. Mit der Änderung beträgt die Minderung der Gebühren nicht mehr 16 %, sondern nur noch 10 %.

Die maßgebliche Aufgabe der **Gebührenordnung** ist es, den berechtigten Interessen sowohl der Tierärzte als auch der zur Zahlung der Entgelte Verpflichteten Rechnung zu tragen. Dies bedeutet, dass jeder Novellierung der Gebührenordnung intensive Verhandlungen zwischen der Bundestierärztekammer und den interessierten Parteien, z. B. dem Deutschen Bauernverband, vorausgehen. Während für den Tierhalter vor allem ein überschaubarer Gebührenrahmen und die Qualität der tierärztlichen Leistung von Bedeutung sind, sichert das **Honorar** nicht nur den Lebensunterhalt des Tierarztes, sondern es sind damit auch die Kosten inklusive der Gehälter der tierärztlichen Praxis zu bestreiten. Insofern gilt es, im Rahmen der Verhandlungen zu einer Änderung der GOT einen sachgerechten Interessenausgleich zwischen diesen unterschiedlichen Positionen vorzunehmen.

Eine korrekte und vollständige Abrechnung der erbrachten Leistungen ist Grundvoraussetzung für den wirtschaftlichen Erfolg einer tierärztlichen Praxis. Das vorliegende Kapitel beschäftigt sich daher mit den Abrechnungsgrundsätzen nach der GOT und den vertraglichen Grundlagen. Da jedoch auch bei korrekter Rechnungslegung der wirtschaftliche Erfolg ausbleibt, wenn Tierhalter die in Anspruch genommenen Leistungen nicht zahlen können oder wollen, soll daneben auch auf die Möglichkeiten des Tierarztes eingegangen werden, seine Forderungen effektiv geltend zu machen. (s. Kapitel 5.4)

5.2 Behandlungsvertrag

Der tierärztlichen Leistung und damit auch der Abrechnung dieser Leistung liegt in aller Regel ein **Behandlungsvertrag** zugrunde. In den meisten Fällen handelt es sich dabei um einen Dienstvertrag gemäß § 611 BGB, zu dessen Abschluss es keiner schriftlichen Vereinbarung zwischen dem Tierhalter und dem Tierarzt bedarf. Im tierärztlichen Alltag kommt der Tierhalter mit seinem Tier in die Praxis und schildert die Beschwerden des Tieres; der Tierarzt hört sich die Schilderungen an und führt die notwendigen Behandlungen durch. Insofern kommt hier stillschweigend bzw. durch schlüssiges Verhalten ein Behandlungsvertrag zustande.

Der Halter hat im Wesentlichen die vertragliche Pflicht, das **Honorar** für die durch den Tierarzt erbrachte Leistung zu zahlen. Als vertragliche Nebenpflicht muss er den Tierarzt umfassend über die beim zu behandelnden Tier vorhandenen Beschwerden informieren und im Rahmen der Therapie die Anordnung des Tierarztes befolgen. Den Tierarzt treffen ebenfalls eine ganze Reihe von Pflichten, die er beachten muss. Diese Pflichten werden im Rahmen der tierärztlichen Haftung (s. Kapitel 6.2.1) genauer beleuchtet, so dass an dieser Stelle nur ein kurzer Überblick gegeben wird.

Der Tierarzt schuldet aufgrund des geschlossenen Dienstvertrages keinen Heilungserfolg, sondern vielmehr das Bemühen um Hilfe und Heilung. Hierbei hat er die Kenntnisse und Erfahrungen anzuwenden, die man von einem gewissenhaften Veterinär erwarten kann. Problematisch ist insofern insbesondere die Situation, in der die durchgeführte Behandlung nicht den gewünschten Heilerfolg gebracht hat. Ist z. B. eine teure Operation vorgenommen worden und hat sich der gewünschte Behandlungserfolg nicht eingestellt bzw. das Tier nicht überlebt, ist die Verärgerung des Tierhalters i. d. R. groß. Doch auch in dieser Situation ist der Tierhalter verpflichtet, die Tierarztrechnung zu bezahlen. Dem Tierarzt steht eine Zahlung seiner erbrachten Leistung zu – unabhängig davon, ob die Operation gelingt, das Tier überlebt oder der **Heilerfolg** eintritt. Es wird insoweit nicht der Erfolg, sondern die sach- und fachgerechte Leistung geschuldet.

! **Beachte**

! In einigen Fällen wird ausnahmsweise ein konkreter Behandlungserfolg geschuldet, z. B. bei einer Kastration oder einer Röntgenaufnahme. Hierbei ist kein Dienstvertrag geschlossen worden, sondern ein Werkvertrag gemäß § 631 BGB zustande gekommen. Solch ein Vertrag beinhaltet immer die Pflicht, ein bestimmtes »Werk« herzustellen. Erst mit der erfolgreichen Erstellung dieses »Werkes« ist der Vertrag erfüllt und der Tierhalter verpflichtet, die Behandlung zu bezahlen.

Die Einordnung einer Kastration unter die Rubrik »Werkvertrag« wird nicht einheitlich gesehen, die meisten Gerichte gehen jedoch von einem Werkvertrag aus (z. B. *OLG Karlsruhe, Urteil vom 11.08.1980, Az. 3 O 332/79*). Allerdings sollen nach der Rechtsprechung des Bundesgerichtshofes eventuelle Zwischenfälle bei der Operation von der grundsätzlichen Haftung ausgenommen werden (*BGH, Urteil vom 18.03.1980, Az. VI ZR 39/79*). ¶

Grundsätzlich hat der Tierarzt eine begonnene Behandlung zu beenden und der Tierhalter hiernach die erbrachten Leistungen zu bezahlen. Allerdings kann der Tierhalter jederzeit die Behandlung abbrechen und einen anderen Tierarzt beauftragen. Dem Tierarzt muss dann lediglich die bis zu diesem Zeitpunkt erbrachte tierärztliche Leistung vergütet werden. Der Tierarzt darf demgegenüber grundsätzlich die Behandlung nur dann vorzeitig beenden, wenn der Tierhalter sich anderweitig Hilfe beschaffen kann (sog. »Verbot der Kündigung zur Unzeit«). Eine Ausnahme von dieser Regel gilt nur dann, wenn ein sog. »wichtiger Grund« vorliegt. Dies ist z. B. dann der Fall, wenn Anweisungen des Tierarztes durch den Tierhalter missachtet werden und damit der Behandlungserfolg gefährdet erscheint oder auch wenn der Tierhalter den Tierarzt beleidigt.

Es wurde bereits erläutert, wie i. d. R. der Behandlungsvertrag zwischen dem Tierarzt und dem Tierhalter des zu behandelnden Tieres zustande kommt. Es kommt im Alltag jedoch immer wieder zu Situationen, in denen nicht sofort klar ist, wer der Vertragspartner ist. So wird in Notfällen häufig seitens eines Dritten, z. B. eines Stallbetreibers oder eines Mitarbeiters in einem landwirtschaftlichen Betrieb, ein Tierarzt bestellt, da der Halter des Tieres kurzfristig nicht zu erreichen ist. Handelt es sich um einen Mitarbeiter in einem landwirtschaftlichen Betrieb, dürfte dieser i. d. R. hierzu bevollmächtigt sein, d. h. er kann im Namen und Kraft

Vollmacht für den Tierhalter mit dem Tierarzt einen Behandlungsvertrag schließen. Der Tierhalter wird damit Vertragspartner und ist folglich auch verpflichtet, die tierärztliche Leistung zu bezahlen. Hat der Tierhalter seinem Angestellten keine entsprechende Vollmacht erteilt, ist das Rechtsgeschäft schwebend unwirksam, d. h. der Tierhalter kann nachträglich das Geschäft genehmigen, mit der Folge, dass der Vertrag zwischen Tierarzt und Tierhalter wirksam wird. Der Tierhalter kann aber auch seine Genehmigung verweigern, so dass der Vertrag damit endgültig unwirksam wird. In diesem Fall kann der Tierarzt von demjenigen die Erfüllung des Vertrages, also die Bezahlung seiner Leistungen verlangen, der den konkreten Auftrag erteilt hat.

Ein weiteres Problem stellt sich in folgender Situation:

Ein mittelloser Tierfreund findet in einem Hinterhof eine verletzte Katze. Das Tier leidet und bedarf dringend der tierärztlichen Behandlung, der Tierhalter ist jedoch nicht zu ermitteln. Der Finder bringt die Katze daher selbst zur nahe gelegenen Tierarztpraxis. Dabei weist er ausdrücklich daraufhin, dass er selbst nicht für die Behandlungskosten aufkommen möchte. Der Tierarzt sieht aufgrund der Schwere der Verletzungen keine andere Möglichkeit und schläfert das Tier ein. Nunmehr stellt sich die Frage, wer für die Kosten des Einschläferns aufkommt. Ein etwaiger Halter des Tieres kann nicht in Anspruch genommen werden, da dieser unbekannt ist. Von dem Tierfreund kann ebenso wenig die Zahlung verlangt werden, weil er vor Behandlungsbeginn darauf hingewiesen hat, für die Behandlung nicht aufkommen zu wollen. Der Tierarzt ist aus berufsethischen Gründen – ohne Rücksicht auf die spätere Durchsetzbarkeit der Behandlungskosten – jedoch in Notfällen verpflichtet, erste Hilfe zu leisten. Dies ist in einer Reihe von Heilberufsgesetzen und den Berufsordnungen der Landestierärztekammern durch die Notfalldienstverpflichtung geregelt.

In der Vergangenheit hat es Versuche gegeben, in solchen Fällen die örtliche Gemeinde, in welcher das Tier aufgefunden wurde, in Anspruch zu nehmen. Die Rechtsprechung der Verwaltungsgerichte hierzu ist allerdings nicht einheitlich. So nahm das VG Gießen in einem Urteil vom 30.05.1994 an, dass die Gemeinde verpflichtet sei, die Kosten zu erstatten. Danach sei es ein Verstoß gegen die öffentliche Ordnung, ein leidendes Tier unversorgt weiter leiden zu lassen. Die Gemeinde sei grundsätzlich verpflichtet, solch einen Verstoß gegen die öffentliche Ordnung zu beseitigen, so dass der betreffende Tierarzt eine öffentliche Aufgabe wahrgenommen habe und die Gemeinde habe damit seine Aufwendungen ersetzen müsse.

Einen genau gegenteiligen Beschluss hat das OVG Münster am 06.03.1996 gefasst. In der geschilderten Situation habe der Tierarzt regelmäßig keinen Erstattungsanspruch. Das Tierschutzgesetz binde grundsätzlich nur den Tierhalter und nicht die Gemeinde. Weiterhin führt es wörtlich aus:

»Dass ein verletztes oder krankes Tier leidet, ist nicht zu bestreiten, stellt aber ebensowenig eine Gefahr dar wie sein absehbarer Tod. Das unter Umständen mit Leiden verbundene Ableben eines Tieres ist ein natürlicher Vorgang und verlangt regelmäßig keinen »helfenden« Eingriff des Menschen. Der Eindruck der kranken oder moribunden Kreatur auf den Mensch und der daraus erwachsende verständliche Wunsch des Einzelnen, der leidenden Kreatur helfen zu wollen, ist keine Gefahrensituation. Dass ein verendetes Tier eine Gefahr z. B. infolge Verwesung bedeuten kann, nötigt evtl. zur Beseitigung seines Kadavers, nicht aber zur Heilbehandlung oder Euthanasierung, um deren Kosten es hier erkennbar nur geht. Demgemäß begründet auch die veterinärmedizinethische Einschätzung, durch Heilbehandlung oder Euthanasierung Leiden erleichtern zu müssen, nicht ohne weiteres eine Gefahr im ordnungsrechtlichen Sinne, die das Einschreiten des Beklagten erfordert hätte.«

Vor dem Hintergrund dieser widersprüchlichen Rechtsprechung befindet sich der Tierarzt in einer schwierigen Lage, wenn ihm ein Fundtier zur Behandlung überbracht wird. Sicherlich hat auch der Tierarzt den Wunsch, das Tier von seinen Leiden zu erlösen, auf der anderen Seite erhält er eventuell die Kosten für diese Maßnahme nicht erstattet.

Praxistipp

Der Tierarzt sollte sich in seiner Gemeinde erkundigen, ob es eine Regelung bzgl. der Kostentragung bei Fundtieren gibt. Es gibt durchaus Gemeinden die bereit sind, die Kosten zu übernehmen, sofern etwa ein Notfall vorliegt und der Tierarzt das örtliche Fundbüro benachrichtigt. ¶

Vorsicht

Selbst wenn der Tierarzt keine Kostenerstattung erhält, ist er keinesfalls berechtigt, die Behandlung in einem solchen Fall zu verweigern. ¶

5.3 Abrechnung nach der Gebührenordnung für Tierärzte (GOT)

Die Grundlagen der Gebührenordnung für Tierärzte (GOT) sind für alle Tierärzte bindend und daher zwingend zu beachten. Dem Grundsatz nach kann der Tierarzt für seine Tätigkeit entweder Gebühren, Entschädigungen, Barauslagen oder auch Entgelte für Arzneimittel und Verbrauchsmaterialien verlangen. Um die Forderung im Einzelfall festzulegen, ist die erbrachte Leistung mit den Angaben im zur GOT gehörigen Gebührenverzeichnis zu vergleichen; dort findet sich zudem der anzusetzende Gebührensatz.

Um eine korrekte Abrechnung zu erstellen, muss der Tierarzt im Anschluss an seine Behandlung alle durchgeführten Behandlungsschritte auflisten und den zugehörigen Gebührenziffern zuordnen. Hierbei ist nach dem sog. »**Baukastenprinzip**« vorzugehen, d. h. es gibt keine Leistungskomplexe, sondern für die Behandlungsschritte sind jeweils unterschiedliche Gebührenziffern heranzuziehen.

Praxisbeispiel

Kastriert der Tierarzt eine Katze, so gehen damit i. d. R. folgende weitere Leistungen einher: Allgemeine Untersuchung mit Beratung, Injektionsnarkose, Injektion, Entgelt für angewandte und abgegebene Arzneimittel und Entgelt für Verbrauchsmaterialien. ¶

Der Tierarzt darf grundsätzlich nur Gebühren für Leistungen abrechnen, die er selbst erbracht hat. Dies bedeutet jedoch nicht, dass der Tierarzt die Leistung eigenhändig erbringen muss. Die Durchführung routinemäßiger einfacher Tätigkeiten durch tierärztliches Personal ist üblich und zulässig, so dass eine tierärztliche und persönlich erbrachte Leistung auch dann gegeben ist, wenn diese unter Überwachung und Kontrolle des Tierarztes geschieht. Ein Beispiel für solch eine einfache Tätigkeit ist das Verbinden der Wunde nach einer Operation. Im Übrigen dürfen auch durch die Tiermedizinische Fachangestellte (TFA) all die Tätigkeiten ausgeübt werden, die Teil ihrer Ausbildung waren.

5.3.1 Gebührenhöhe

Der Tierarzt kann gemäß § 2 GOT **nach billigem Ermessen** die Gebühr nach dem 1-fachen bis 3-fachen des Gebührensatzes bestimmen. Dabei müssen die besonderen Umstände des einzelnen Falles, insbesondere die Schwierigkeit der Leistung, der Zeitaufwand, der Wert des Tieres sowie die örtlichen Verhältnisse berücksichtigt werden; allerdings darf der Tierarzt nicht solche Kriterien berücksichtigen, die bereits in der Leistungsbeschreibung enthalten sind.

Eine **besonders schwierige Leistung** kann z. B. vorliegen, wenn unvorhersehbare Komplikationen auftreten oder etwa die Besonderheit einer seltenen Tierart die Behandlung erschwert. Der Wert eines Tieres kann zusätzlichen Aufwand für besondere Sorgfalt und eine angemessene Haftpflichtversicherung erfordern. Dies rechtfertigt ebenfalls eine höhere Gebühr. Die Gebührenhöhe kann zudem durch die örtlichen Verhältnisse beeinflusst sein, so ist die Abrechnung des Tierarztes durch die Gepflogenheiten des regionalen Marktes geprägt. Die genannten Kriterien sind jedoch nicht abschließend, daneben kann z. B. der Leistungszeitpunkt oder eine eventuelle Störung des Praxisbetriebes eine Gebührenerhöhung begründen.

! Eine Unterschreitung des 1-fachen Satzes kann weder durch den geringen Wert des Tieres noch durch die Gepflogenheiten des regionalen Marktes begründet werden, sondern ist nur bei bestimmten Voraussetzungen zulässig (s. § 4 Abs. 1 GOT). ¶

Der Gebührensatz kann innerhalb des Gebührenrahmens **stufenlos** nach dem Ermessen des Tierarztes festgelegt werden und auch innerhalb einer Liquidation bei einzelnen Leistungen unterschiedlich seien. Der Tierarzt kann sein Ermessen grundsätzlich frei ausüben, er muss jedoch den angenommenen Gebührensatz begründen können.

Wird der **Tierarzt im öffentlichen Sektor** tätig, gelten die bisher beschriebenen Grundsätze nur in eingeschränkter Form. Bei Maßnahmen der Diagnostik und Prophylaxe (Impfungen und Blutentnahmen) bei denen niedergelassene Tierärzte von den Ländern bzw. Tierseuchenkassen und Kommunen beauftragt werden, gilt nicht die GOT, sondern die zwischen den Kostenträgern und der Tierärztekammer vereinbarte Gebühr; bei Fehlen einer ausdrücklichen Gebührenvereinbarung gilt der 1-fache Gebührensatz. Darüber hinaus gilt grundsätzlich nur der 1-fache Gebührensatz bei Tieren, die zur Erfüllung hoheitlicher Aufgaben gehalten werden (z. B. Polizeihunde, Polizeipferde). Wird der Tierarzt auf dem öffentlichen Sektor zur Nachtzeit tätig, kann er bei landwirtschaftlich genutzten Tieren eine 1,5-fache Gebühr und bei sonstigen Tieren (Polizeihunde, Polizeipferde) den 2-fachen Satz abrechnen.

Neben den dargestellten Grundsätzen besteht zusätzlich die Möglichkeit, im begründeten Einzelfall von der Gebührenspanne zwischen dem 1-fachen bis 3-fachen Satz abzuweichen, soweit dies zwischen dem Tierarzt und dem Tierhalter entsprechend vereinbart worden ist. Es ist hierfür also zunächst erforderlich, eine **schriftliche Vereinbarung mit dem Tierhalter** zu schließen, bevor die tierärztliche Leistung erbracht wird. Diese schriftliche Vereinbarung muss doppelt ausgefertigt, von beiden Parteien unterschrieben und je ein Exemplar jeder Vertragspartei ausgehändigt werden. Diese Schriftform gilt darüber hinaus auch für Verträge, die die langfristige Betreuung geschlossener Tierbestände mit regelmäßigen Untersuchungen und Vereinbarungen über abweichende Gebührensätze beinhalten.

! **Beachte**

! In diesen Fällen dürfen keine vorgefertigten Muster verwendet, sondern es müssen individuelle Vereinbarungen getroffen werden. ¶

! **Beachte**

In früheren Fassungen der GOT waren auch ohne diese Formerfordernisse jederzeit Vereinbarungen über abweichende Gebührensätze möglich. Durch das Begründungserfordernis und die Schriftform sollen der Tierarzt und der Zahlungspflichtige die Möglichkeit des Überdenkens ihrer Vereinbarung erhalten. Die schriftliche Fassung dient darüber hinaus der Sicherung der notwendigen Beweise für den Fall eines folgenden Rechtsstreits, z. B. hinsichtlich der Zahlung der geforderten Vergütung. Die Begründungspflicht erfüllt zudem die Aufgabe, einem ruinösen Preiswettbewerb ent-

gegen zu wirken, da in der Vergangenheit z. T. Gebühren vereinbart wurden, die nicht zur Deckung der Praxiskosten ausreichten. Als Folge davon nahm die Qualität der Behandlungen in den Tierarztpraxen ab, da Praxen zunehmend unzureichend ausgestattet und nicht mehr in der Lage waren, die Leistungen mit der erforderlichen Sorgfalt zu erbringen.
Insgesamt sind die vorgenannten Bestimmungen also eingeführt worden, um einer wettbewerbsrechtlich unlauteren und berufsrechtlich unzulässigen Unterschreitung der Einfachsätze der Gebührenordnung vorzubeugen.

Eine Besonderheit besteht beim Gebührenabschlag-Ost, der in § 10 Abs. 1 GOT geregelt ist. Dort heißt es:

*„Soweit eine nach dieser Verordnung gebührenpflichtige **Leistung** in dem in Art. 3 des Einigungsvertrages genannten **Gebiet erbracht** worden ist, sind die ... Gebühren um 16 % zu mindern."*

Der Abschlag hängt somit von dem **Ort der Leistungserbringung** ab (die Regelung ergibt sich aus Anlage 1, Kapitel X, Sachgebiet 6, Abschnitt III, 1. a) aa) des Einigungsvertrages).

5.3.2 Verbot der Doppelbewertung

Es wurde bereits erläutert, dass der Tierarzt nach Abschluss der Behandlung alle Leistungen auflisten und dem Tierhalter in Rechnung stellen muss. Hierbei kann der Tierarzt allerdings nur die Leistungen berechnen, die nicht schon von einer anderen Leistung umfasst sind. Dieser Abrechnungsausschluss wird mit dem Begriff »Verbot der Doppelbewertung« (§ 5 GOT) bezeichnet. Zur Berechnung der Gebühr muss jeweils die Gebührenziffer des Gebührenverzeichnisses gewählt werden, die der durchgeführten Behandlung am nächsten kommt und sie daher am umfassendsten beschreibt. Dabei wird die Abgrenzung von einzelnen Leistungen erschwert, da die GOT bzw. das Gebührenverzeichnis selbst keine Leistungsbeschreibungen enthalten. Der Tierarzt muss daher selber einschätzen, welche Leistungen in einer anderen enthalten sind.

Hierbei kann er sich an zwei Grundregeln halten:

1) Bei Behandlungen und Operationen ist mit dem Behandlungs- oder Operationspreis nur die eigentliche Operation abgegolten, nicht jedoch die vorausgehenden und folgenden diagnostischen und therapeutischen Maßnahmen, z. B. allgemeine und spezielle Untersuchungen, Narkose, Injektionen, Verbände, Nachbehandlung, Fäden ziehen.
2) Bestehen Zweifel, muss der Umfang der Leistung anhand der Definition im veterinärmedizinischen Schrifttum bestimmt werden. Ansonsten kann ein Vergleich zur Gebührenhöhe bei klar definierten Leistungen ein Anhaltspunkt sein.

Praxisbeispiel

Bei einer Pyometraoperation darf eine Laparotomie nicht gesondert berechnet werden, wohl aber die vorausgehenden Untersuchungen, Narkose, Monitorüberwachung, Injektion etc. ¶

5.3.3 Zeitfaktor

Grundsätzlich ist der Zeitaufwand des Tierarztes mit den Gebühren für die erbrachte Leistung abgegolten. Zu Beginn des Gebührenverzeichnisses der GOT ist jedoch bestimmt, dass der Tierarzt u. U. eine zusätzliche Zeitgebühr von 12,78 € pro 15 Minuten verlangen kann. Berechnet werden kann sie z. B., wenn der Tierarzt nach Durchführung einer Leistung auf Wunsch des Pferdebesitzers noch länger beim Tier bleibt, oder wenn der Tierhalter eine Hilfestellung bei der Fixierung seines Tieres nicht leisten kann oder will. Außerdem sind im Gebührenverzeichnis der GOT verschiedene

Positionen mit »Z« gekennzeichnet: Das sind i. d. R. Leistungen, deren Umfang wesentlich durch den Zeitfaktor bestimmt sind – etwa ausführliche Gutachten, eingehende Anamneseerhebungen und Beratungen, die das gewöhnliche Maß übersteigen. Die zusätzlich aufgewendete Zeit kann in diesen Fällen neben der Leistungsgebühr abgerechnet werden.

5.3.4 Gebühreninhalt

Jede Gebühr setzt sich aus tierärztlichem Honorar, dem Ersatz der allgemeinen Praxiskosten und den durch die Anwendung von tierärztlichen Instrumenten und Apparaten entstehenden Kosten zusammen (§ 6 Abs. 1, 2 GOT). Diese sind daher nicht gesondert abrechnungsfähig.

Zu den allgemeinen Praxiskosten zählen alle Aufwendungen des Tierarztes, die für die Bereithaltung und Ausführung seiner tierärztlichen Tätigkeit erforderlich sind, ohne dass sich diese Aufwendungen exakt einer einzelnen Leistung zuordnen und danach abrechnen lassen. Hierzu gehören Ausgaben für:

- Praxisräume (Miete, Strom, Gas, Heizung, Reinigung, Dekoration, Reparaturen),
- Praxisbetrieb (Zeitschriften, Bürobedarf, Praxisversicherungen, Beiträge, Gebühren, Grundgebühren für Telefonanlagen, Telefongebühren),
- Praxispersonal (Lohn, Sozialbeiträge, Sachbezüge),
- Praxiseinrichtung (Reparaturen, Wäsche, Berufsbekleidung, Investitionen),
- Praxisfahrten (KFZ-Garage, Steuer, Versicherung, Treibstoff, Reparaturen, Reinigung, fremde Beförderungsmittel),
- Fortbildung, berufspolitische Tagungen (Reisekosten), Mitgliedschaft in Berufsverbänden,
- sonstige Praxisausgaben, Umsatzsteuer, Zinsen etc.

Praxistipp

Entgegen der obigen Auflistung sind Personalkosten dann getrennt abrechenbar, wenn es sich um Personal handelt, das für spezielle Tätigkeiten beschäftigt wird, z. B. für einen Wesenstest bei Hunden. ¶

Zu den Kosten, die durch die Anwendung von Instrumenten und Apparaturen entstehen, zählen z. B.:

- Investitionen für die Anschaffung von Instrumenten/Apparaturen (ggf. nach AfA [Absetzung für Abnutzung]),
- Betriebskosten hierfür (z. B. Energiekosten, Kosten der Desinfektion),
- Reparaturkosten,
- Ersatzteilkosten.

Die benötigten Materialien (z. B. Einmalspritzen, Kanülen und Tupfer) sind demgegenüber in den Gebührensätzen nicht enthalten und werden gesondert abgerechnet. Portogebühren, etwa für den Laborversand, sowie ähnliche Auslagen darf der Tierarzt dem Auftraggeber ebenfalls in Rechnung stellen. Arzneimittel müssen nach der geltenden Arzneimittelpreisverordnung extra zur Abrechnung gebracht werden.

5.3.5 Wegegeld und Reiseentschädigung

Zur Abgeltung von Zeitversäumnissen und der durch den Besuch bedingten Mehrkosten kann der Tierarzt für Besuche neben der Gebühr Wegegeld oder Reiseentschädigung erhalten (§ 9 GOT).

Gemäß § 9 Abs. 2 GOT beträgt das Wegegeld bei der Benutzung eines eigenen PKW je Doppelkilometer bei Tag 2,05 €, mindestens jedoch 7,67 €; bei Nacht (zwischen 19.00 und 7.00 Uhr), an Feiertagen und an Wochenenden 3,07 €, mindestens jedoch 10,23 €. Wenn der Tierarzt auf einer Fahrt mehrere Halter aufsucht, so ist das Wegegeld anteilig zu berechnen. Sollte die Fahrt sehr aufwändig oder sogar ein

Fußmarsch erforderlich sein, kann ähnlich der Berechnung der Gebühr das Wegegeld in der 1-fachen bis 3-fachen Höhe berechnet werden.

Nutzt der Tierarzt öffentliche Verkehrsmittel, so erhält er als Reiseentschädigung die tatsächlichen Reisekosten erstattet. Bei Anfahrt mit dem Zug oder dem Bus kann er erster Klasse reisen; im Flugzeug hat er Anspruch auf ein Ticket der *economy class*. Zudem können notwendige Übernachtungskosten ersetzt werden.

Neben der Reiseentschädigung ist zusätzlich ein Anspruch auf eine Entschädigung für die Dauer der Abwesenheit gegeben. Gemäß der Ziffer 40 des Gebührenverzeichnisses können pro halber Stunde der Abwesenheit 40,– € geltend gemacht werden, höchstens jedoch 480,– € pro Tag.

5.3.6 Unzulässige Gebührenunterschreitung

Eine **Gebührenunterschreitung** ist nur in Ausnahmefällen zulässig (s. Kapitel 5.3.1). Liegen die nötigen Voraussetzungen nicht vor, kann die Unterschreitung der in der GOT aufgeführten Gebührensätze berufsrechtliche Konsequenzen nach sich ziehen. So kann der betreffende Tierarzt im Rahmen eines berufsrechtlichen Verfahrens zur Zahlung eines Bußgeldes bis zu 5.000,– € verurteilt werden. Für solche Verfahren sind die an den Verwaltungsgerichten eingerichteten Berufsgerichte zuständig (s. hierzu die ausführlichen Erläuterungen im Kapitel 4, Berufsrecht).

Praxisbeispiel

Exemplarisch sei auf folgendes Verfahren beim Berufsgericht des VG Mainz aus dem Jahre 2001 verwiesen:

Die Eigentümerin einer Katze hatte sich telefonisch nach den Kosten einer Kastration erkundigt. Von einer Praxismitarbeiterin wurde die Auskunft erteilt, dass die Kastration inklusive aller nötigen Behandlungen 61,36 € kosten würde. Auf weitere Nachfrage, was denn die Kastration einer zweiten Katze kosten würde, wurde die Frau mit dem Tierarzt verbunden. Der erklärte, dass in diesem Fall die Kastration der ersten Katze 66,47 € kosten würde und für eine Kastration beider Katzen insgesamt 112,48 €, zu bezahlen seien. Im Zusammenhang mit dem Gespräch wurde ausführlich die anzuwendende Operationsmethode erläutert.

Das Gericht stellte in diesem Fall eine Verletzung der Berufspflicht gemäß §§ 43 Abs. 1, 20 HeilBG in Verbindung mit § 11 BOTÄ fest. Nach der Gebührenordnung musste zum damaligen Zeitpunkt für die Kastration einer Katze einschließlich Beratung zumindest ein Gesamtbetrag von 73,11 € zzgl. Mehrwertsteuer in Rechnung gestellt werden. Bei einer Kastration mehrerer Katzen sei zudem ein Abschlag nicht erlaubt, insbesondere nicht im Hinblick auf eine angeblich einheitliche Beratung, denn jede Beratung beziehe sich auf das einzelne Tier. ¶

5.3.7 Tierarztrechnung

Dem Tierarzt obliegt zwar keine vertragsrechtliche Verpflichtung zur Ausstellung einer schriftlichen Rechnung; dennoch ist dies aus zivilrechtlichen und steuerrechtlichen Gründen dringend anzuraten. Der zwingende Inhalt einer tierärztlichen Rechnung wird durch folgende Vorgaben des § 6 Abs. 3 GOT bestimmt:

- Behandlungsdatum
- Tierart, für die die Leistung erbracht wurde
- Diagnose
- Erbrachte Leistung
- Rechnungsbetrag
- Abgegebene Arzneimittel
- Verwendete Medikamente
- Mehrwertsteuer

Der Rechnungsbetrag und die erbrachte Leistung müssen nicht unterteilt in die einzelnen Positionen des Gebührenverzeichnisses ausgewiesen, sondern die Leistung kann allgemein beschrieben und dementsprechend liquidiert werden. Eine Rechnung, die als Leistung die Kastration einer Katze aufführt und den entsprechenden Gesamtbetrag für die Behandlung ausweist, ist zunächst ausreichend. Allerdings muss der Tierarzt auf Verlangen des Tierhalters die Rechnung genau aufschlüsseln.

Praxistipp

Es kann sich lohnen, die Rechnungen möglichst detailliert nach den GOT-Nummern, Steigerungssätzen und Beträgen aufzugliedern, um Unsicherheiten bei den Tierhaltern zu vermeiden und eine spätere gerichtliche Geltendmachung zu erleichtern. Dies erfordert zwar zunächst einen größeren Aufwand, hat aber den Vorteil, dass das Gericht schon anhand der Rechnung die Forderung genau nachvollziehen kann. ¶

Über die in der GOT genannten Voraussetzungen hinaus muss die Rechnung nach dem Steueränderungsgesetz von 2003 (StÄndG vom 15.12.2003) weitere Angaben enthalten:

- Name und Anschrift der Praxis
- Name und Anschrift des Kunden
- Rechnungsdatum
- Fortlaufende Rechnungsnummer
- Zeitpunkt des Geldeingangs im Falle einer Zahlung vor Rechnungsstellung
- Wahlweise Steuernummer oder Umsatzsteuer-Identifikationsnummer bei Beträgen ab 100,– €

Für die Tierhalter ist es im Vorfeld einer tierärztlichen Behandlung vielfach nicht absehbar, welche Kosten voraussichtlich entstehen werden. Deshalb wird häufig gerade bei größeren Eingriffen ein **detaillierter Kostenvoranschlag** angefragt. Der Tierarzt wird sich diesem Wunsch meist nicht widersetzen können, da zum einen der Tierhalter ein berechtigtes Interesse an einer Abklärung des Kostenrisikos hat und zum anderen durch die zunehmende Zahl der praktizierenden Tierärzte der Konkurrenzdruck untereinander immer mehr zunimmt. Die Erstellung eines Kostenvoranschlages bedeutet nicht, dass die abschließende Rechnung den veranschlagten Betrag nicht überschreiten darf, da es in der Praxis schwer abzuschätzen ist, wie hoch die tatsächlichen Kosten sein werden. Treten bei einer Operation z. B. Komplikationen auf, können besondere Leistungen notwendig sein, die nicht im Kostenvoranschlag aufgeführt waren. Geringfügige Abweichungen (zwischen 10–20 %) sind daher i. d. R. unproblematisch (s. Palandt/Sprau, Bürgerliches Gesetzbuch [Kommentierung zum BGB], § 650, Randnummer 2). Darüber hinaus gehende Abweichungen führen zu der Möglichkeit des Tierhalters, den (Werk-)Vertrag zu kündigen (§ 649 BGB). In diesem Fall hat der Tierarzt keinen Anspruch mehr auf die volle Vergütung, sondern nur noch einen Anspruch auf den der geleisteten Arbeit entsprechenden Teil der Vergütung.

Praxistipp

Es sollte zur Klarstellung schon im Kostenvoranschlag angemerkt werden, dass unvorhergesehene zusätzlich notwendige Behandlungen nicht umfasst sind. Dies kann spätere Streitigkeiten vermeiden. ¶

5.3.8 Gebührenverzeichnis

Wie bereits dargestellt besteht die Gebührenordnung für Tierärzte nicht nur aus einem Paragraphenteil, sondern diesem angegliedert ist das Gebührenverzeichnis, welches in Teil A und Teil B unterteilt ist. Teil A enthält die Grundleistungen, z. B. »Beratung« und »Allgemeine Untersuchung mit Beratung«, während Teil B Auskunft über die Besonderen Leistungen gibt, z. B. »Injektion« und »Kastration«. Das Gebührenverzeichnis enthält darüber hinaus ein Stichwortverzeichnis, um das Auffinden der konkreten Leistungen zu erleichtern. Der Fortschritt in der Therapie landwirtschaftlicher

Nutztiere, insbesondere aber von Sportpferden und Haustieren sowie neue Behandlungsformen mit der Konsequenz erhöhter Anforderungen an personelle und apparative Investitionen erfordern eine stetige Anpassungen der einzelnen Vorschriften. Insofern ist das existierende Gebührenverzeichnis nicht statisch, sondern einem permanenten Wandel unterlegen. Soweit schon heute Behandlungsmethoden existieren, für die es im Verzeichnis keine entsprechende Ziffer gibt, handelt es sich um eine sog. außerordentliche Leistung, welche nach der Gebührenziffer abgerechnet wird, die der erbrachten Leistung am ehesten entspricht.

Hinweis

Maßstab für eine Vergleichbarkeit der Leistung sind deren Inhalt, der Schwierigkeitsgrad sowie der zeitliche und technische Aufwand der Behandlung. ¶

5.4 Durchsetzung des Honoraranspruchs

Neben der korrekten Gebührenberechnung unter der Beachtung aller oben geschilderten Grundsätze ist es für jeden Tierarzt unerlässlich, diese Gebühren auch effektiv geltend zu machen. Allzu oft lässt die Zahlungsmoral der Tierhalter gerade in wirtschaftlich schwierigen Zeiten zu wünschen übrig. So gibt es wohl keinen praktizierenden Tierarzt, der nicht schon Leistungen ordnungsgemäß erbracht und in Rechnung gestellt hat, ohne die entsprechende Zahlung zu erhalten. In dieser Situation stellt sich die Frage nach den weiteren Vorgehensmöglichkeiten. Gerade bei kleineren Rechnungsbeträgen scheuen sich viele Tierärzte, rechtliche Schritte einzuleiten, insbesondere wenn der Tierhalter bislang ein »guter Kunde« war. Auf der anderen Seite führt der Verzicht auf die Realisierung der geltend gemachten Forderungen letztlich zu einem Verlust, welcher bei steigender Häufigkeit die Existenz der Praxis bedrohen kann. Insofern sollte zwischen der Höhe der offenen Forderung, den zu erwartenden Kosten für das Mahnverfahren und der ggf. gerichtlichen Schritte sowie den Erfolgsaussichten des zu führenden Rechtsstreits abgewogen werden.

5.4.1 Aufforderung und Mahnung

Mit dem Zugang der Rechnung wird die Forderung des Tierarztes fällig. Sofern der Tierhalter auf diese Rechnung nicht reagiert, sollte der Tierarzt schriftlich in höflicher aber unmissverständlicher Form erneut zur Zahlung des offenen Betrages auffordern und – soweit dies nicht bereits in der Rechnung geschehen ist – eine bestimmte Frist zur Zahlung setzen.

Formulierungsvorschlag

Nicht ausreichend sind folgende Formulierungen:

»Ihrer Leistung wird gerne entgegengesehen.«

»Wir wären dankbar, wenn wir die Zahlung nunmehr erwarten dürfen.«

»Wir möchten Ihnen mitteilen, dass unsere Forderung fällig ist.« ¶

Die Frist sollte zudem nicht zu kurz bemessen sein. Es sind zwar keine gesetzlichen Fristen vorgesehen; üblicherweise werden jedoch etwa 10 bis 14 Tage von der Absendung des Schreibens an zugrunde gelegt.

Praxistipp

Es ist zweckmäßig, einen genauen Termin für den Fristablauf nach dem Kalender anzugeben (z. B. »30. März 2006«), z. B.:

»Bitte zahlen Sie den Betrag von ... € bis zum ... auf unser Konto ...«

Mahnungen sollten nicht durchnummeriert werden. Ein Schuldner kann sonst erwarten, dass einer »ersten Mahnung« noch eine »zweite« und auch noch eine »dritte und letzte« folgt, mit dem Ergebnis, dass er sich noch ein paar Wochen länger mit der Zahlung Zeit lässt. ¶

Durch das Aufforderungsschreiben wird der Schuldner ferner in Verzug gesetzt. Verzug liegt nach dem Gesetz dann vor, wenn der Schuldner auf eine Mahnung, die nach Eintritt der Fälligkeit erfolgt, keine Zahlung leistet. Verzug tritt darüber hinaus ohne eine Mahnung ein, wenn der Schuldner nicht innerhalb von 30 Tagen nach Fälligkeit und Erhalt einer Rechnung zahlt. Handelt es sich bei dem Schuldner um einen »Verbraucher«, tritt der Verzug nach Ablauf der 30-Tage-Frist nur dann ein, wenn durch einen Vermerk auf die Frist hingewiesen wurde.

»Verbraucher« im Sinne des § 13 BGB sind alle natürlichen Personen, die ein Rechtsgeschäft zu einem Zwecke abschließen, der weder der gewerblichen, noch der selbständigen beruflichen Tätigkeit zugerechnet werden kann. Damit sind z. B. Tierzüchter oder Tierhändler nicht als »Verbraucher« anzusehen, so dass es des besonderen Hinweises in der Rechnung nicht bedarf. Ein privater Tierhalter hingegen, der sein Haustier in die Behandlung des Tierarztes gibt, ist ein »Verbraucher« im Sinne des § 13 BGB. Sofern der Tierarzt diese Tierhalter bereits automatisch durch die Rechnung in Verzug setzen will, muss er zwingend in der Rechnung auf die genannte 30-Tage-Frist und deren Folgen hinweisen.

Für die **Durchsetzbarkeit des Honoraranspruches** ist es nicht erforderlich, den Schuldner in Verzug zu setzen, da es hierfür ausschließlich auf die Fälligkeit des Betrages ankommt. Der Vorteil des Verzuges liegt allerdings darin, dass der Tierarzt von dem Schuldner Zinsen sowie die Kosten der Forderungsdurchsetzung (z. B. Anwaltskosten) verlangen kann. Sollte der Tierarzt selber im maßgeblichen Zeitraum durchgehend einen Kontokorrentkredit in Anspruch nehmen, können sogar Zinsen in Höhe der Zinsen, die für den Kontokorrentkredit aufgebracht werden müssen, geltend gemacht werden.

Nicht selten folgt auf die Rechnungsstellung zunächst keine Reaktion. Häufig wird sich aber auch der Tierhalter an den Tierarzt wenden und diesem mitteilen, dass er den Rechnungsbetrag derzeit nicht in voller Höhe begleichen kann. Um dem Tierhalter entgegen zu kommen und ihn nicht als zukünftigen Kunden zu verlieren, bietet es sich daher an, dem Tierhalter eine Ratenzahlungsvereinbarung anzubieten. Hierbei wird der Rechnungsbetrag in regelmäßigen monatlichen Raten durch den Tierhalter bezahlt. Sollte der Tierhalter gänzlich außer Stande sein, Zahlungen zu leisten, kann der Tierarzt den Betrag auch vorerst stunden, also von einer Geltendmachung absehen.

Erfolgt weder auf die Rechnung noch auf die Mahnung eine Reaktion des Tierhalters, kann der Tierarzt auch einen Rechtsanwalt mit der weiteren außergerichtlichen Beitreibung beauftragen. Es erscheint hierbei zweckmäßig, einen Rechtsanwalt damit zu betrauen, der sich mit den Gegebenheiten der tierärztlichen Leistungserbringung und -abrechnung auskennt. Von der Einschaltung eines gewerblichen Inkassobüros sollte abgesehen werden, da die – z. T. erheblichen – Inkassokosten, anders als die Rechtsanwaltskosten, regelmäßig von den Gerichten nicht als Verzugsschaden anerkannt werden, also letztlich vom Tierarzt selbst zu zahlen sind.

5.4.2 Gerichtliches Mahnverfahren

Hat der Tierarzt alle außergerichtlichen Möglichkeiten ausgeschöpft und ist dennoch die Rechnung nicht beglichen worden, kann als nächster Schritt ein gerichtliches Verfahren eingeleitet werden. In Frage kommt hier das Mahnverfahren, welches in den §§ 688 ff. der Zivilprozessordnung (ZPO) geregelt ist. Es gibt dem Tierarzt die Möglichkeit, auf einfachem, schnellem und kostengünstigen Wege einen **voll-**

streckbaren Titel gegen den Tierhalter zu erlangen.

Nach Eingang des Mahnantrags beim zuständigen Mahngericht erlässt der **Rechtspfleger** den Mahnbescheid, sofern er die Voraussetzungen für gegeben hält. Der säumige Tierhalter kann nach Zustellung des Mahnbescheids innerhalb einer 14-tägigen Frist Widerspruch gegen den Mahnbescheid erheben. Dies ist ohne die Angabe von Gründen möglich.

Praxistipp

Sind Einwendungen des Tierhalters gegen die geltend gemachte Forderung zu erwarten (z. B. Beschwerden bzgl. der Qualität der tierärztlichen Leistung, Behauptung der Nicht-Beauftragung des Tierarztes), ist abzuwägen, ob statt des Mahnverfahrens direkt eine Klage eingereicht werden soll. Ansonsten kommt es lediglich zu einer Verzögerung. ¶

Erhebt der Tierhalter keinen Widerspruch, kann der Tierarzt jedoch noch nicht vollstrecken, da der Mahnbescheid kein Vollstreckungstitel ist. Der Tierarzt muss auf der Grundlage des Mahnbescheids zunächst noch einen Vollstreckungsbescheid beantragen. Dieser bildet dann die eigentliche Grundlage der Vollstreckung.

Hinweis

Für das Mahnverfahren an sich entstehen bereits **Gerichtskosten**. Diese werden nach dem Kostenverzeichnis des Gerichtskostengesetzes erhoben. Die Gebühren richten sich dabei nach dem Wert des Streitgegenstandes (Streitwert), also der Höhe der geltend gemachten Honorarforderung.

Hinweis

Die Gebühr beträgt bei einem Streitwert bis 300,– € z. B. 12,50 €, bei einem Streitwert von 1500,– € 32,50 €. Hinzu kommen ggf. Kosten für die Inanspruchnahme eines Rechtsanwalts. ¶

Weitere Gebühren entstehen erst, wenn das Verfahren in einen »normalen« Zivilprozess übergeleitet wird und orientieren sich hinsichtlich der Höhe wiederum am Streitwert. Diese Kosten sind i. d. R. überschaubar und können im Vorfeld abgeklärt werden. Daher sollte nicht ausschließlich aus diesem Grund auf die Forderungen verzichtet werden, zumal die Kosten bei einer erfolgreichen Verfahrensbeendigung von dem Tierhalter gezahlt werden müssen. Das Risiko eines Prozesses kann ggf. durch einen Rechtsanwalt eingeschätzt werden.

5.4.3 Zwangsvollstreckung

Auch nach Erteilung eines Vollstreckungsbescheides ist der geltend gemachte Anspruch noch nicht sofort durchsetzbar. Der Tierhalter kann gegen einen solchen Vollstreckungsbescheid erneut innerhalb einer 14-tägigen Frist Einspruch erheben. Sowohl bei einem Widerspruch gegen den Mahnbescheid, als auch bei einem Einspruch gegen den Vollstreckungsbescheid wird das Verfahren auf Antrag des Tierhalters in das »normale« zivilgerichtliche Verfahren übergeleitet.

Die Einlegung eines Einspruchs gegen den Vollstreckungsbescheid erfolgt weitaus seltener als die Erhebung eines Widerspruchs gegen den Mahnbescheid. ¶

Sollte der Tierhalter nach Erlass des Vollstreckungsbescheides weiterhin nicht feiwillig zahlen, so kann der Tierarzt seinen Honoraranspruch nunmehr durch eine Zwangsvollstreckung durchsetzen (geregelt in den §§ 704 ff. ZPO).

Praxistipp

Beim zuständigen Amtsgericht kann mittels einer Anfrage überprüft werden, ob der Tierhalter in den letzten drei Jahren die eidesstattliche Versicherung abgegeben hat. Zuständig ist das Amtsgericht, in dessen Bezirk der Tierhalter seinen Wohnsitz hat. ¶

Die Zwangsvollstreckung in Forderungsangelegenheiten wird i. d. R. durch die Pfändung von Forderungen gegen Dritte (Pfändungs- und Überweisungsbeschluss) oder durch den Gerichtsvollzieher betrieben.

5.4.3.1 Sachpfändung

Der **Gerichtsvollzieher** ist durch den Vollstreckungsauftrag zur Durchführung der Zwangsvollstreckung befugt. Er handelt dabei als Beamter, d. h. er übt »staatliche Gewalt« aus und wird aufgrund des ihm erteilten Vollstreckungsauftrages versuchen, in das Vermögen des säumigen Tierhalters zu vollstrecken. Der Gerichtsvollzieher ist dabei auf Anordnung eines Richters befugt, die Wohnung des säumigen Tierhalters zu durchsuchen und verschlossene Türen öffnen zu lassen. Widerstand darf er mit Gewalt brechen lassen und dafür polizeiliche Hilfe in Anspruch nehmen. Er muss zunächst jedoch versuchen, den Schuldner zur freiwilligen Leistung zu bewegen. Erst wenn dies scheitert kann er Zwangsmittel einsetzen. Soweit der Gerichtsvollzieher Geld vorfindet, kann er dieses in Besitz nehmen, bei anderen Vermögensgegenständen bringt der Gerichtsvollzieher ein **Pfandsiegel** an. Diese Gegenstände werden dann im Rahmen der Zwangsversteigerung durch den Gerichtsvollzieher verwertet und der Erlös wird abzüglich der Vollstreckungskosten an den Gläubiger ausgekehrt.

5.4.3.2 Pfändungs- und Überweisungsbeschluss

Heutzutage ist die durch den Gerichtsvollzieher durchgeführte Sachpfändung nicht mehr die am meisten Erfolg versprechende Methode der Zwangsvollstreckung, da verwertbare Gegenstände nur sehr selten aufgefunden werden. Wesentlich ergiebiger ist häufig die Forderungspfändung durch einen Pfändungs- und Überweisungsbeschluss. Dem Zugriff des vollstreckenden Gläubigers stehen nämlich neben den beweglichen Sachen des Schuldners auch Forderungen, die dieser gegen Dritte hat, zur Verfügung. Dies können z. B. Gehaltsansprüche oder Kaufpreisansprüche sein. Der Gläubiger kann diese Ansprüche gegenüber Dritten pfänden lassen und versuchen, sie zu verwerten. Die Forderungen des Schuldners gegen einen Dritten werden durch staatlichen Hoheitsakt, der auf Antrag des Gläubigers erfolgt, gepfändet (**Pfändungsbeschluss**) und dem Gläubiger überwiesen (**Überweisungsbeschluss**). In der Regel ergehen beide Beschlüsse gleichzeitig.

5.4.3.3 Eidesstattliche Versicherung

Trotz dieser weit reichenden Befugnisse eines Gerichtsvollziehers bzw. trotz Vorliegens eines Pfändungs- und Überweisungsbeschlusses bietet die Einleitung einer Zwangsvollstreckung nicht die Gewähr dafür, dass der nach wie vor offene Rechnungsbetrag auch vollstreckt werden kann. So kann es durchaus vorkommen, dass die offene Forderung nicht realisiert werden kann, d. h. die Pfändung erfolglos verläuft. In diesem Fall kann der Tierhalter ggf. gezwungen werden, sein gesamtes Vermögen zu offenbaren und die Vollständigkeit des darüber auszufertigenden Verzeichnisses eidesstattlich zu versichern. Durch das Verfahren auf Abgabe einer eidesstattlichen Versicherung wird weiter Druck auf den Tierhalter ausgeübt. Dieser scheut i. d. R. die Abgabe der eidesstattlichen Versicherung, da Auskunfteien und Banken darüber besondere Verzeichnisse führen und insofern die Kreditwürdigkeit des Tierhalters auf Jahre hinaus beeinträchtigt wird.

5.4.4 Zurückbehaltungsrecht

Neben dem Mahn- und Vollstreckungsverfahren gibt es in bestimmten Konstellationen ein weiteres Mittel, um den Honoraranspruch durchzusetzen. Bei einigen Eingriffen ist es notwendig, dass das behandelte Tier nach der Operation noch einige Zeit zur Betreuung in der Praxis verbleibt. Mit Abschluss des Behandlungsvertrages und der Durchführung der Behandlung ist der Anspruch des Tierarztes grundsätzlich fällig, d. h. der Tierarzt kann dann die Bezahlung seiner Leistung verlangen. Stellt er unmittelbar im Anschluss an die Operation, also noch im Laufe der Zeit, in der sich das behandelte Tier zur Betreuung in seiner Praxis befindet die Rechnung und zahlt der Tierhalter die Rechnung nicht, kann der Tierarzt das Tier unter bestimmten Umständen zurückbehalten.

Das Landgericht Mainz hat z. B. in einem Verfahren ein solches Zurückbehaltungsrecht zugunsten des Tierarztes angenommen:

Das Gericht führte in seinem Urteil aus dem Jahre 2002 aus, dass ein Tier grundsätzlich ein tauglicher Gegenstand eines Zurückbehaltungsrechts sei. Die Zurückbehaltung eines Tieres stehe weder generell im Widerspruch zu § 1 Tierschutzgesetz, wonach der Mensch aus Verantwortung für das Tier als Mitgeschöpf dessen Leben und Wohlbefinden zu schützen hat, noch zu § 90a BGB, der besagt, dass Tiere keine Sachen sind, sondern die für Sachen geltenden Vorschriften auf sie nur entsprechend anwendbar sind. Zwar könne aus der gesetzgeberischen Wertung geschlossen werden, dass Tiere rechtlich von Sachen abzugrenzen sind. Andererseits ordne § 90a S. 3 BGB jedoch die entsprechende Anwendung der für Sachen geltenden Vorschriften an. Nach der Begründung des Gerichts soll durch diese Bestimmung gewährleistet sein, dass Tiere trotz ihrer rechtlichen Aufwertung zum Mitgeschöpf weiterhin als Gegenstand verpflichtender Geschäfte und sachenrechtlicher Vorgänge dem Rechtsverkehr zugänglich bleiben. Danach müssten Tiere nach wie vor »Wertsachen« sein und im Regelfall auch entsprechend behandelt werden. Ein Zurückbehaltungsrecht müsse im Einzelfall lediglich dann ausgeschlossen werden, wenn bei dem Tier durch den Verbleib beim Gläubiger Vereinsamungsgefühle, seelischer Schmerz oder gar organische Krankheiten entstehen. Gleiches gilt für den Fall, dass das Tier von einer Person getrennt wird, auf die es besonders fixiert ist. Im zugrunde liegenden Fall war der Tierhalter ein Hobbyzüchter und das Gericht ging daher davon aus, dass eine besondere Bindung an den Tierhalter nicht entstanden sei. Darüber hinaus sei in der Tierärztlichen Klinik eine artgerechte Versorgung des Tieres zu erwarten.

Die dargestellte Konstellation tritt im Bereich einer Kleintierpraxis eher selten auf. In anderen Bereichen kann das Zurückbehaltungsrecht indes eine größere Rolle spielen. In einer Pferdeklinik, in der regelmäßig aufwändige Operationen an Zuchtpferden durchgeführt werden, kann mit diesem Instrument wirksam gegen zahlungsunwillige Tierhalter vorgegangen werden. Es ist allerdings bis heute nicht höchstrichterlich (also von Seiten des Bundesgerichtshofes) entschieden, ob dieses Vorgehen zulässig ist. Insofern besteht ein rechtliches Risiko, welches im Vorfeld mit einem versierten Rechtsanwalt abgeklärt werden sollte.

5.4.5 Verjährung

Das gerichtliche Mahn- und Vollstreckungsverfahren dient vor allem auch der Vermeidung der Verjährung (§§ 194 ff. BGB), also der Sicherung der Forderung. Grundsätzlich beträgt die **Verjährungsfrist bei Honoraransprüchen drei Jahre**. Sie beginnt dabei mit Ablauf des Jahres in dem der Anspruch entstanden ist (also dem Abschluss der Behandlung) und der Gläubiger von den Anspruchsvoraussetzungen sowie der Person des Schuldners Kenntnis erlangt.

Praxisbeispiel

Im Januar 2006 kommt ein Tierhalter mit seinem Tier zum Tierarzt und lässt das Tier behandeln. Zu diesem Zeitpunkt hat der Tierarzt Kenntnis über die den Anspruch begründenden Umstände sowie die Person des Schuldners. Mit Ablauf des 31.12.2006 beginnt damit die Verjährung der Honoraransprüche zu laufen. Der Anspruch ist folglich mit Ablauf des 31.12.2009 verjährt.

Nach Ablauf der Verjährungsfrist kann die Forderung zwar noch geltend gemacht, jedoch nicht mehr durchgesetzt werden, soweit sich der Tierhalter auf die Verjährung beruft. Ist der Tierhalter aufgrund einer Vereinbarung mit dem Tierarzt vorübergehend zur Verweigerung der Leistung berechtigt (z. B. aufgrund einer Stundungsvereinbarung), so ist der Lauf der Verjährungsfrist für die Dauer der Vereinbarung gehemmt, d. h. nach Ablauf der Vereinbarung läuft die Verjährungsfrist weiter. Gleiches gilt bei der Beantragung eines Mahnbescheides bei Gericht oder Erhebung einer Klage durch den Tierarzt. Ein Neubeginn der Verjährungsfrist findet statt, wenn der Tierhalter dem Tierarzt gegenüber den Anspruch z. B. durch Abschlagszahlung anerkennt oder eine gerichtliche oder behördliche Vollstreckungshandlung vorgenommen oder beantragt wird. Der Neubeginn der Verjährungsfrist wird in der Praxis in den meisten Fällen durch die Leistung einer Ratenzahlung durch den Tierhalter erfolgen. ¶

Beachte

Die Zusendung einer Mahnung hat in diesem Zusammenhang keine Auswirkungen. Die Verjährung wird weder gehemmt noch unterbrochen. Ist der Anspruch hingegen durch einen Vollstreckungsbescheid tituliert, kann dieser Anspruch 30 Jahre durchgesetzt werden. ¶

Praxisbeispiel

In der gleichen Situation wie im obigen Beispiel leitet der Tierarzt noch im Laufe des Jahres 2006 ein gerichtliches Mahnverfahren ein. Am 31.12.2006 erlässt das zuständige Amtsgericht einen Vollstreckungsbescheid gegen den Tierhalter. Die Honorarforderungen verjähren nunmehr mit Ablauf des 31.12.2036. ¶

5.5 Fazit

Die Durchsetzung des tierärztlichen Honorars ist u. U. mit einem erheblichen Aufwand und – je nach Höhe der Tierarztrechnung – mit hohen Kosten verbunden. Sofern der Tierhalter außergerichtlichen Zahlungsaufforderungen nicht nachkommt, sollte der Tierarzt zumindest das gerichtliche Mahnverfahren durchführen, um zu einem Vollstreckungstitel zu gelangen. Dies gilt auch dann, wenn bekannt ist, dass der Tierhalter derzeit zahlungsunfähig ist, da ein Vollstreckungstitel die Durchsetzbarkeit der Forderung für 30 Jahre sichert. Eine Zwangsvollstreckung als nächster Schritt sollte hingegen nur dann durchgeführt werden, wenn die Realisierung der Forderung möglich erscheint.

Das gerichtliche Mahnverfahren und insbesondere das sich daran anschließende Vollstreckungsverfahren beinhalten erhebliche Formalitätsanforderungen und juristische »Fallstricke«. Die Verfahren sollten daher nur von denjenigen Tierärzten eigenständig aktiv betrieben werden, die Erfahrungen und Kenntnisse in diesem Bereich haben. Ansonsten empfiehlt es sich, versierte anwaltliche Hilfe in Anspruch zu nehmen. Sofern sich der Tierhalter seinerseits eines Rechtsanwaltes bedient, läuft der nicht anwaltlich vertretene Tierarzt möglicherweise Gefahr, mangels zivilprozessualer Kenntnisse und Erfahrungen seinen Anspruch in formaler Hinsicht nicht richtig und daher nicht erfolgreich geltend zu machen.

6 Tierarzthaftung

6.1 Einleitung

Die Problematik der Haftung aufgrund einer vermeintlich fehlerhaften Behandlung oder einer unzureichenden Aufklärung der Tierhalter tritt für den Tierarzt immer mehr in den Vordergrund. Deshalb ist es wichtig, dass sich der Tierarzt mit dieser Thematik auseinandersetzt, bevor er sich Ansprüchen eines Tierhalters ausgesetzt sieht.

In der Tiermedizin ist ein steter Fortschritt zu verzeichnen. Die diagnostischen Möglichkeiten mittels Laborbefunden, Ultraschall, verbesserter Röntgendiagnostik bis hin zur Computer- und Magnetresonanztomographie sind deutlich verbessert. Auch die therapeutischen Maßnahmen sowohl im konservativen als auch im operativen Bereich entwickeln sich weiter. Mit den erweiterten Möglichkeiten steigt jedoch auch der Erwartungshorizont der Tierhalter in Bezug auf die Sicherheit und die Heilungschance des Tieres. Eine höhere Erwartungshaltung führt dann zwangsläufig schneller zu der Annahme, dem Tierarzt könne bei nicht eintretender Heilung ein Fehler unterlaufen sein.

Die bei einer Auseinandersetzung mit dem Tierhalter im Raume stehenden **Schadensersatzzahlungen** können immens, manchmal auch Existenz bedrohend sein – z. B. bei Zuchtpferden oder Rinder- bzw. Schweinebeständen. Daneben kann jedoch auch die unberechtigte Geltendmachung von Haftungsansprüchen bereits eine große Belastung für den Tierarzt darstellen. So ist schon der zeitliche Aufwand nicht zu unterschätzen. Der Tierarzt muss sich inhaltlich mit den erhobenen Vorwürfen auseinandersetzen, und sich häufig den u. U. lang zurückliegenden Befund- und Behandlungsverlauf wieder vor Augen führen. Hinzu kommt die Wahrnehmung von Terminen bei Gericht und damit ein zeitaufwändiger Einschnitt im Arbeitsalltag.

Häufig stellen die oft sehr scharf formulierten Vorwürfe auch eine psychische Belastung für den Tierarzt dar. Er fühlt sich in seiner Berufsehre verletzt und oftmals lässt ihn der Gedanke nicht mehr los, er habe möglicherweise tatsächlich einen Fehler begangen.

Vorsicht

Mit jeder – zumindest gerichtlichen – Auseinandersetzung besteht die Gefahr, dass die Anschuldigungen an die Öffentlichkeit gelangen. Gerichtsverhandlungen sind grundsätzlich öffentlich, so dass jeder – auch Journalisten – daran teilnehmen dürfen. In solchen Fällen kann der Ruf des Tierarztes auch dann leiden, wenn sich herausstellt, dass die erhobenen Vorwürfe vollkommen unberechtigt sind. Mehren sich bei einem Tierarzt die Streitigkeiten über vermeintliche Haftungsansprüche, besteht zudem die Gefahr, dass die Berufshaftpflichtversicherung den Versicherungsvertrag kündigt.

Dabei ist es für die Versicherung noch nicht einmal entscheidend, ob sie tatsächlich etwas zahlen muss. Vielmehr kann bereits das mit einer Häufung entsprechender Auseinandersetzungen verbundene Risiko weiterer Verfahren für eine Beendigung des Versicherungsverhältnisses ausreichen. In diesem Fall wird der Tierarzt eine neue Versicherung nur unter deutlich schlechteren Bedingungen erhalten. ¶

Es stellen sich für den Tierarzt also folgende Fragen: Wann liegt ein Behandlungsfehler überhaupt vor, welchen Aufklärungspflichten unterliegt er, was kann er zur Vermeidung von entsprechenden Auseinandersetzungen tun und wie hat er sich zu verhalten, wenn es tatsächlich einmal zu einem Behandlungsfehlervorwurf kommt?

6.2 Haftungsgrundlagen

Eine spezielle gesetzliche Grundlage für Schadensersatzansprüche aufgrund einer fehlerhaften tierärztlichen Behandlung gibt es nicht. Anwendung findet vielmehr das Bürgerliche Gesetzbuch (BGB). Hieraus resultiert, dass die Besonderheiten des tierärztlichen Haftungsrechts nicht gesetzlich ausgestaltet sind. Die detaillierten Voraussetzungen der Haftung des Tierarztes gegenüber dem Tierhalter sind im Laufe der Jahre von der Rechtsprechung anhand der Entscheidung konkreter Fälle entwickelt worden. Dabei orientiert sich die Haftung des Tierarztes im Wesentlichen an den zur Haftung des Humanmediziners entwickelten Grundsätzen. Man kann deshalb bei dem tierärztlichen Haftungsrecht von »Richterrecht« sprechen. Der Nachteil liegt darin, dass die Rechtsmaterie relativ unübersichtlich ist. Nur bei Kenntnis der einschlägigen Entscheidungen ist es deshalb möglich, die Voraussetzungen der tierärztlichen Haftung richtig zu beurteilen.

Zwar ist in einem Gutachten des Bundesministeriums für Justiz aus dem Jahre 1981 ein Vorschlag zur gesetzlichen Regelung eines medizinischen Behandlungsvertrages gemacht worden. Eine Umsetzung ist jedoch auch im Rahmen der »großen Schuldrechtsreform« im Jahre 2002 nicht erfolgt. Ganz offensichtlich wird hier kein akuter Reformbedarf gesehen.

Abzugrenzen ist die zivilrechtliche Haftung von der strafrechtlichen Sanktionierung fehlerhaften Verhaltens des Tierarztes. Bei der nachfolgend dargestellten sog. Tierarzthaftung handelt es sich um die Verpflichtung zur Zahlung von Schadensersatz aufgrund eines pflichtwidrigen Verhaltens, also eines Behandlungsfehlers oder eines Aufklärungsversäumnisses. Etwaige Zahlungen werden lediglich zum Ausgleich eines tatsächlich entstandenen materiellen Schadens gezahlt. Das Zivilrecht dient also nicht der Sanktionierung oder Bestrafung fehlerhaften Verhaltens.

Hinweis

Auch im Strafrecht »haftet« der Tierarzt zwar für eine schuldhaft fehlerhafte Handlung. Dabei geht es jedoch nicht um den Ausgleich des entstandenen Schadens. Hierbei übt vielmehr der Staat sein Gewaltmonopol aus, indem er strafbares Handeln sanktioniert. ¶

6.2.1 Vertragliche Ansprüche

Jeder tierärztlichen Behandlung liegt ein zivilrechtlicher Vertrag zugrunde. Der Tierhalter, der sich zur Behandlung in die Praxis begibt oder den Tierarzt in den Stall ruft, äußert damit den Willen, das Tier von dem Tierarzt behandeln zu lassen. Der Tierarzt gibt spätestens mit Behandlungsbeginn zu erkennen, dass er die Verpflichtung zur Behandlung übernehmen will. Beiden Seiten ist dabei klar, dass die Behandlung durch den Tierarzt entgeltlich erfolgt. Die Darstellung dieses typischen Geschehensablaufes zeigt, dass für einen Vertragsschluss keineswegs eine schriftliche Form, und noch nicht einmal Worte erforderlich sind. Der Vertrag kommt – wie in den meisten Fällen – durch sog. konkludentes Verhalten zustande.

Grundsätzlich wird der Vertrag zwischen dem Tierarzt und dem Tierhalter als Dienstvertrag und nicht als Werkvertrag qualifiziert (s. a. Kapitel 5.2). Diese Unterscheidung ist für die Haftung des Tierarztes von entscheidender Bedeutung.

Der entscheidende Unterschied ist, dass beim Dienstvertrag die reine **Tätigkeit** und beim Werkvertrag der **Erfolg** geschuldet wird. Der Tierarzt hat es regelmäßig mit einem durch Krankheit gestörten Organismus eines Tieres zu tun. Die Reaktion des lebenden Organismus ist also jeweils verschieden. Wenn der Tierarzt nun durch eine Behandlung eine Heilung anstrebt, kann er selbst bei sorgfältigster Behandlung das Erreichen dieses Zieles nicht garantieren. Es sind dem Tierarzt bei Ausübung seines Berufs ganz einfach biologische und medizinische Grenzen gesetzt aufgrund der Unterschiedlichkeit eines jeden Organismus und dessen Reaktionen. Für den humanmedizinischen Bereich wurde dieses treffend wie folgt beschrieben (Steffen/Dressler, Arzthaftungsrecht, 9. Auflage, Randnotiz 128):

»Das Krankheitsrisiko wird nicht dadurch, dass der Arzt die Behandlung übernimmt, zum Arztrisiko in dem Sinne, dass er für die trotz der Behandlung verbleibenden Schäden zu haften hätte. Auch nicht, wenn diese erst in der Behandlung gesetzt worden sind, weil Diagnose und Therapie den Patienten mit einem behandlungsspezifischen Fehlschlagrisiko belasten müssen.«

Das heißt, der Tierarzt behandelt einen lebenden Organismus und keine Maschine. Die Reaktionen sind daher auch von einem Fachmann nicht vollständig beherrschbar.

Der Tierarzt schuldet »lediglich« eine Behandlung unter Berücksichtigung der anerkannten Regeln der tierärztlichen Heilkunde, also nach dem tierärztlichen Sorgfaltsmaßstab. Dabei verpflichtet er sich nicht zur Herbeiführung des Heilerfolges. Der Tierarzt ist zu regelrechtem Bemühen um die Wiederherstellung der Gesundheit und nicht zur Wiederherstellung der Gesundheit verpflichtet. ¶

Zwischenergebnis

Der Tierarztvertrag wird grundsätzlich als Dienstvertrag eingeordnet. Hieraus wird der Tierarzt zu regelrechtem Bemühen um Wiederherstellung der Gesundheit des Tieres verpflichtet. Das Ausbleiben des Erfolges der Behandlung oder das Auftreten unerwünschter Nebenfolgen stellt deshalb nicht zwingend eine Vertragsverletzung dar. Unterschreitet der Tierarzt jedoch den tierärztlichen Sorgfaltsmaßstab, kann hierin ein Vertragsverstoß liegen, der zur Verpflichtung auf Schadensersatzzahlung führen kann.

6.2.2 Deliktische Ansprüche

»Wer vorsätzlich oder fahrlässig das Leben, den Körper, die Gesundheit, die Freiheit, das Eigentum ... eines anderen widerrechtlich verletzt, ist dem anderen zum Ersatz des daraus entstehenden Schadens verpflichtet.« (§ 823 BGB)

Die Verletzung des Lebens, des Körpers oder der Gesundheit im Sinne dieser Vorschrift bezieht sich lediglich auf Menschen. Für den Tierarzt steht deshalb bei der (unsachgemäßen) Behandlung eines Tieres die Haftung aufgrund einer Eigentumsverletzung im Raum. Nach dem Gesetz ist ein Tier »eigentumsfähig«. Das Tier steht daher »im Eigentum« des Tierhaltes, § 903 S. 2 BGB. Durch die Vorschrift des § 823 BGB wird daher nicht das Tier selbst, sondern das Eigentum des Menschen geschützt.

Bereits in der Verabreichung einer Spritze oder eines Medikamentes bei dem Tier könnte man eine Eigentumsverletzung des Tierhalters sehen. ¶

Beachte

Vorsicht

Allein dieses führt jedoch nicht zur Haftung des Tierarztes, wenn die Maßnahme vom Auftrag des Tierhalters, also dessen Einwilligung gedeckt ist. Die Einwilligung reicht zur Rechtfertigung nur dann nicht aus, wenn die Behandlungsmaßnahme nicht dem tierärztlichen Sorgfaltsmaßstab entspricht.

Die zivilrechtliche Haftung kann sich also zum einen aus dem zwischen dem Tierarzt und dem Tierhalter geschlossenen Vertrag und zum anderen unmittelbar aus dem Gesetz (§ 823 BGB) ergeben.

Hält der Tierarzt bei der Behandlung den tierärztlichen Sorgfaltsmaßstab nicht ein, verstößt er also gegen die sich aus dem Vertrag ergebenden Pflichten, da er eine Behandlung nach den Regeln der tierärztlichen Heilkunde verspricht. Zudem stellt dieses Handeln einen schuldhaften und rechtswidrigen Verstoß gegen die das Eigentum schützende gesetzliche Norm (§ 823 BGB) dar, da hierunter auch das Tier fällt. Die Unterscheidung zwischen der **Vertragshaftung** und der **Deliktshaftung** ist heute nicht mehr von Bedeutung. In der Regel erfüllt ein Tierarzt, der aufgrund einer fehlerhaften Behandlung seine Pflichten aus dem Vertrag verletzt, gleichzeitig auch die Voraussetzungen der gesetzlich normierten Deliktshaftung. Die Rechtsfolgen aus den Verstößen sind heute im Wesentlichen gleich, d. h. es entsteht ein Anspruch auf Schadensersatz seitens des Tierhalters.

Der Vollständigkeit halber ist darauf hinzuweisen, dass im Deliktsrecht die Möglichkeit der Exkulpation – also der Entlastung – für fremdes Handeln besteht. Lässt z. B. ein Tierarzt eine Behandlung durch einen weisungsabhängigen Assistenten ausführen, so sieht das Gesetz die Möglichkeit einer Befreiung von der Haftung des »Dienstherrn« vor, wenn der »Verrichtungsgehilfe« ordnungsgemäß ausgewählt und überwacht wurde. Die Rechtsprechung hat die Anforderungen an diese Exkulpation im Bereich der Arzthaftung mittlerweile jedoch so eng gesteckt, dass dies nur in Ausnahmefällen zu einer Entlastung des Tierarztes führen kann.

6.3 Behandlungsfehler

6.3.1 Definition

Der Begriff des tierärztlichen Behandlungsfehlers (»Kunstfehler«) ist im Gesetz nicht definiert. Als Behandlungsfehler kann jedoch ein Verstoß gegen die dem Tierarzt bei Ausübung seines Berufes obliegenden Pflichten angesehen werden.

Hinweis

Die tierärztlichen Pflichten stellen sich wie folgt dar: Der Tierarzt schuldet eine sorgfältige und gewissenhafte Untersuchung und Behandlung des anvertrauten Tieres unter Einsatz der von einem gewissenhaften Veterinärmediziner zu erwartenden tiermedizinischen Kenntnisse und Erfahrungen *(BGH, Urteil vom 12.04.1983, Az. VI ZR 197/81, VersR 83, 665).* ¶

Der Begriff des tierärztlichen Behandlungsfehlers bezeichnet somit das nach dem Standard der Tiermedizin unsachgemäße und schädigende Verhalten des Tierarztes oder kurz: Die Verletzung der gebotenen Sorgfalt.

Ob die Behandlung fehlerhaft ist, hängt entscheidend von dem Sorgfaltsmaßstab ab, der an die Tätigkeit des Tierarztes angelegt wird. Entscheidend sind dabei die **»von einem gewissenhaften Veterinärmediziner zu erwartenden tiermedizinischen Kenntnisse und Erfahrungen«**. Entscheidend ist also nicht das Maß an Sorgfalt, dass der einzelne Tierarzt individuell aufzubringen vermag, vielmehr wird der Tierarzt immer – ohne Rücksicht auf seine individuellen Fähigkeiten – an der Sorgfalt des erfahrenen und gewissenhaften Fachvertreters gemessen.

Praxisbeispiel

Durch eine allergische Reaktion, einen Schock o. Ä. gerät ein Tier in Lebensgefahr. Die Bewältigung dieser unvorhergesehenen Notsituation übersteigt aufgrund des zeitlichen und psychischen Drucks die individuellen Fähigkeiten des Tierarztes, so dass er die erforderlichen Notmaßnahmen nicht oder nicht richtig ergreift. Trägt das Tier nun eine Schädigung davon, so haftet der Tierarzt, da hier ein Verstoß gegen den **objektiven Sorgfaltsmaßstab** vorliegt, auch wenn der Tierarzt seine individuellen Fertigkeiten ausgeschöpft hatte.

Der Sorgfaltsmaßstab wird daher grundsätzlich nicht von den Gerichten bestimmt. Die Regeln, an denen der Tierarzt seine Behandlung auszurichten hat, werden vielmehr von der Veterinärmedizin selbst aufgestellt. ¶

Maßstab für das korrekte Handeln des Tierarztes ist keineswegs das unter Tierärzten »Übliche«. Unterschreitet der Tierarzt den objektiv geforderten Sorgfaltsmaßstab, so kann er sich nicht damit rechtfertigen, dass »das alle machen«. Auch ein kollektives Unterschreiten des Sorgfaltsmaßstabs kann also einen Behandlungsfehler darstellen.

Unter dem Begriff des Behandlungsfehlers fällt nicht nur die Vornahme eines sachwidrigen, sondern auch das Unterlassen einer sachlich gebotenen Maßnahme. Es wird somit grundsätzlich das Handeln dem Unterlassen gleichgestellt. Entgegen dem Wortlaut beschränkt sich die Möglichkeit eines Behandlungsfehlers auch nicht nur auf den therapeutischen Bereich. Ein solcher kann auch bei diagnostischen Maßnahmen, bei der Organisation von Abläufen o. Ä. unterlaufen. ¶

Im Hinblick auf einen möglichen Behandlungsfehler bei Stellung der Diagnose gilt etwas Besonderes: Es wird vom Tierarzt nicht gefordert, dass er stets bereits bei der ersten Untersuchung die richtige Diagnose erstellt. Dabei wird dem Umstand Rechnung getragen, dass man sich erst im Verlauf der Behandlung oder nach weiterer Beobachtung auf eine einzige Diagnose festlegen kann. Ein solcher »Diagnoseirrtum« ist also noch nicht stets mit dem Vorwurf eines Behandlungsfehlers behaftet. Der Vorwurf kann sich jedoch darauf richten, dass notwendige Befunderhebungen oder Untersuchungen nicht durchgeführt oder veranlasst worden sind. ¶

6.3.2 Praxisbeispiele

Nachfolgend sollen zur Verdeutlichung einige Beispiele dargestellt werden, in denen Gerichte – grundsätzlich sachverständig beraten – über die Frage zu entscheiden hatten, ob ein Behandlungsfehler des Tierarztes vorliegt oder nicht.

Praxistipp

6.3.2.1 Intravenöse Injektion

Ein auf den Hof gerufener Tierarzt verabreichte einem Hengst eine intravenöse Spritze. Nachdem das Pferd wieder in seine Stallbox zurückgeführt worden war, erlitt es starke Krämpfe, brach zusammen und verstarb. Unabhängig von der Frage, ob hier die Gabe eines Medikamentes überhaupt indiziert gewesen war – so das Gericht –, sei in jedem Fall die Darreichungsform in Form einer intravenösen Gabe fehlerhaft gewesen. Nach den Herstellerangaben im Beipackzettel sei die Verabreichung des Medikaments oral, intramuskulär und intravenös gleichermaßen möglich gewesen. Zwischen den verschiedenen Darreichungsformen habe auch hinsichtlich der erwarteten Therapiewirkung kein wesentlicher Unterschied bestanden, weil durch die Dosierung ein Ausgleich zwischen den Alternativen zu erreichen sei. Jede intravenöse Injektion sei jedoch als besonders Risiko behaftetes Therapieverfahren anzusehen, weil dadurch ein anaphylaktisches oder allergisches Schockgeschehen ausgelöst werden könne. Der Tierarzt müsse mit einer individuell nicht kalkulierbaren Reaktion des Tieres rechnen und deshalb besonders sorgfältig überlegen, ob in einem zur Behandlung anstehenden Fall eine intravenöse Injektion überhaupt nötig sei, um den gewünschten therapeutischen Effekt zu erzielen. Der Tierarzt sei verpflichtet, die Integritätsinteressen des Pferdeeigentümers zu wahren. Insoweit müsse er die von einem gewissenhaften Veterinärmediziner zu erwartenden tierärztlichen Kenntnisse, Fähigkeiten und Erfahrungen einsetzen. Hierbei habe er seine Tätigkeit u. a. auch an wirtschaft-

Hinweis

lichen Erwägungen auszurichten. Unter Berücksichtigung dieser Grundsätze ist das Gericht zu dem Ergebnis gelangt, dass kein Anlass bestanden habe, eine intravenöse Injektion zu verabreichen. Der Tierarzt wurde deshalb verurteilt, Schadensersatz in Höhe des Wertes des Pferdes zu zahlen, welcher mit 25.000,– DM bemessen wurde *(OLG Düsseldorf, Urteil vom 19.01.1989, Az. 8 U 89/87, VersR 1989, 859)*.

6.3.2.2 Pflicht zum Töten eines Tieres

Einem Tierarzt wurde ein Pferd zur stationären Behandlung übergeben. Die anfangs als eitriger Nasenausfluss und röchelndes Atemgeräusch umschriebenen Krankheitszeichen des Fohlens wurden zunächst mit Inhalationen und Langzeitantibiotika-Serien symptomorientiert behandelt. Dieses wurde durch den vom Gericht beauftragten Sachverständigen noch als korrekt angesehen. Allerdings hätte das Pferd beim Ausbleiben eines durchschlagenden Behandlungserfolges nicht über einen Zeitraum von 15 Wochen hinweg behandelt werden dürfen. Vielmehr hätte die Behandlung – auch aus tierschützerischen Gründen – vorher abgebrochen werden müssen. Im Allgemeinen sei – so das sachverständig beratene Gericht – die Behandlung nach 3 bis 4 Wochen zu beenden, wenn der Zustand sich nicht bessere oder gar verschlechtere. Spätestens nach der dritten beendeten Langzeitantibiotika-Serie hätte erkannt werden müssen, dass die bisherigen Therapieversuche erfolglos geblieben seien. Aufgrund dessen hat das Gericht den Tierarzt als berechtigt und sogar verpflichtet angesehen, das Tier zu töten, da weitere Behandlungsmaßnahmen keinen Erfolg mehr versprachen und dem Tier längere Qualen erspart werden sollten. Dieses setzt allerdings eine sorgfältige Beobachtung der Krankheitsentwicklung unter Einschluss der im Rahmen des Behandlungsauftrags gebotenen Befunderhebungen voraus. Die hier postulierte Pflicht zur Tötung des Tieres ergebe sich zum einen aus den wirtschaftlichen Interessen des Auftraggebers und zum anderen aber auch – im Lichte des heutigen Tierschutzverständnisses – daraus, die Qualen des betreffenden Tieres zu lindern und/oder ihm weitere Qualen zu ersparen. Das vom Tierarzt geforderte Honorar wurde ihm deshalb nur für die erste Zeit zugesprochen *(OLG Stuttgart, Urteil vom 14.06.1995, Az. 14 U 26/94, VersR 1996, 1029)*.

6.3.2.3 Kosmetische Operation

Ein Tierarzt sollte einen Toypudelrüden behandeln, der bereits eine Vielzahl von Wettbewerben gewonnen hatte. Es lag aufgrund einer Beißerei mit einem anderen Hund eine Verletzung des Zahnes P2 vor. Der Tierarzt implantierte dem Pudel einen Edelstahlstift im Bereich des Zahnes. Eine Stabilisierung des Zahnes konnte jedoch trotz mehrfacher weiterer Zahnversorgungen nicht erreicht werden. Der Zahn ging stets immer wieder verloren.

Das Gericht ist zu dem Ergebnis gekommen, dass die Behandlung des Hundes nicht dem tierärztlichen Standard entsprochen habe. Wenn der Zahn zu Beginn der Behandlung noch vorhanden gewesen sein sollte, wäre es regelgerecht gewesen, den Zahn zu ziehen und die verbleibende Lücke zu versorgen. Wenn der Zahn jedoch nicht mehr vorhanden gewesen sein sollte, dann wäre lediglich die Lücke zu versorgen gewesen. Die Versorgung mit einem Stiftzahn oder einem Implantat hätte aus tiermedizinischer Sicht unterbleiben müssen. Die Verankerung mit einem Stiftzahn habe überhaupt nicht zu einer ausreichenden Stabilisierung führen können. Diese Lösung habe nur dazu gedient, das Gebiss des Pudels für die jeweilige Ausstellung kurzfristig als vollzahnig erscheinen zu lassen. Für eine solche Versorgung habe es aus tierärztlicher Sicht keinen vernünftigen Grund gegeben. Eine Stiftzahn- und Implantatversorgung allein aus kosmetischen Gründen durchzuführen, stelle keinen vernünftigen Grund, sondern einen Verstoß gegen das Tierschutzgesetz dar. Der Tierarzt habe bei der Behandlung auch die rechtlichen und sittlichen Gebote des Tierschutzes zu berücksichtigen.

Der Tierarzt wurde trotzdem nicht zur Zahlung des eingeklagten Schadensersatzes in Höhe von 38.638,60 DM aufgrund des behaupteten Wertverlustes und der nicht mehr zu erzielenden Decktaxe verklagt. Dies deshalb, weil – so das Gericht – der Eigentümerin des Hundes diese Abweichung vom tierärztlichen Standard bekannt war und zudem von ihr gewollt war, dass die Behandlung allein kosmetischen Zwecken dienen sollte. Es habe nicht die Schmerzbehandlung, sondern allein die kosmetische Versorgung im Vordergrund gestanden *(OLG Hamm, Urteil vom 28.03.2001, Az. 3 U 117/00, NJW-RR 2001, 1172)*.

6.3.2.4 Unrichtige Auswertung einer eindeutigen Röntgenaufnahme

Auf einem in einer Tierärztlichen Klinik gefertigten Röntgenbild sei ein beginnender Knochenzuwachs als Folge einer Knochenhautentzündung **eindeutig** erkennbar gewesen, was – so der Sachverständige – selbstverständlich auch vom Tierarzt der Tierärztlichen Klinik hätte gesehen werden können. Infolge dessen hat es das Gericht in diesem Fall als Behandlungsfehler angesehen, dass die röntgenologisch erkennbar beginnende Knochenzubildung als Reaktion auf eine Knochenhautentzündung nicht erkannt wurde – obwohl Diagnosefehler eines Tierarztes nicht in jedem Fall als schuldhafte Behandlungsfehler anzusehen sind. Jedoch sei hier der Tierarzt seiner Verpflichtung, sein Können und Wissen gerade auch bei der Diagnosestellung sorgfältig einzusetzen, nicht hinreichend nachgekommen. Durch diesen Fehler sei es zu einer fortschreitenden Schalenbildung am rechten Vorderfuß des Pferdes gekommen *(OLG Stuttgart, Urteil vom 13.06.1991, Az. 14 U 51/90; VersR 1992, 979)*.

6.3.2.5 Vorsorgliche Tetanusimpfung

Ein Tierarzt wurde zu einem Hengstjährling gerufen, der auf dem linken Vorderbein lahmte. Er untersuchte den linken Huf und das linke Vorderbein auf äußere Verletzungen, ohne solche zu entdecken. Die festgestellte Schwellung des Fesselkopfes behandelte der Tierarzt mit Kortikosteroiden und Antiphlogistika sowie mit Azetatverbänden. Später musste das Pferd mit schweren Verkrampfungen der Atemmuskulatur aufgrund eines Wundstarrkrampfes getötet werden.

Sowohl das erstinstanzliche als auch das zweitinstanzliche Gericht hatten den Tierarzt zunächst zum Schadensersatz verurteilt, da eine Wundstarrkrampfinfektion nicht sicher ausgeschlossen werden konnte und der Tierarzt aufgrund des hohen Risikos eines Verlustes des Tieres die einfache und billige Tetanusimpfung hätte vorschlagen und vornehmen müssen. Diese Entscheidungen wurden jedoch letztinstanzlich aufgehoben. Eine Verpflichtung zur Beratung einer vorsorglichen Tetanusimpfung oder die Vornahme einer solchen habe nicht bestanden. Es hätten hier keine Anzeichen für die Gefahr einer Tetanusinfektion vorgelegen. Solche lägen nur dann vor, wenn der Tierarzt bei der Untersuchung äußere Verletzungen finde. Deshalb müsse der Tierarzt bei einer Schwellung des Fesselgelenkes zwar nach solchen Verletzungen suchen. Wenn sich jedoch keine Anhaltspunkte für äußere Verletzungen ergäben, sei eine vorbeugende Tetanusimpfung aus tierärztlicher Sicht nicht notwendig. Es habe deshalb auch nicht die Verpflichtung des Tierarztes bestanden, in diesem Falle nachzufragen, ob das Pferd eine Tetanusschutzimpfung erhalten habe oder eine solche Impfung vorzuschlagen. Die Klage gegen den Tierarzt wurde deshalb abgewiesen *(BGH, Urteil vom 12.04.1983, Az. IV ZR 197/81; VersR 1983, 665)*.

6.4 Kausalität

Neben dem Vorliegen eines Behandlungsfehlers ist eine weitere Voraussetzung für die Haftung des Tierarztes, dass zwischen dem Behandlungsfehler und dem geltend gemachten Schaden ein Kausalzusammenhang besteht. Häufig bereitet es in der Praxis wesentlich größere Probleme, einen Zusammenhang der Beeinträchtigung oder des Todes des Tieres mit der fehlerhaften Maßnahme des Tierarztes herzustellen, als die Frage des Behandlungsfehlers zu beantworten.

Praxistipp

Der Tierarzt behandelt i. d. R. einen bereits erkrankten Organismus. Selbst wenn ihm dabei ein Fehler unterläuft, dürfen ihm die Folgen dieser Grunderkrankung nicht zugerechnet werden.

Schwierigkeiten bereitet deshalb oftmals die Abgrenzung zwischen den Folgen der Grunderkrankung und Folgen des Sorgfaltspflichtverstoßes. ¶

Praxisbeispiel

Ein Tierarzt wurde zu einem Pferd gerufen, das an einer Erkrankung der Atemwege litt. Der Tierarzt stellte veränderte Atemgeräusche fest und führte in seinem Untersuchungsraum eine Spiegelung der Luftröhre durch. Anschließend injizierte er eine Ampulle Terosot® sowie 5 ml Predixon®. Das Pferd wurde wieder verladen und in seine Box gebracht, wo es kurz darauf verendete. Das Gericht hat eine Haftung des Tierarztes selbst für den Fall verneint, dass der Tierarzt die Schwere des Krankheitsbildes verkannt und gebotene weitergehende Behandlungen versäumt haben sollte. Es habe nämlich ein Kausalzusammenhang dieser Versäumnisse mit dem Eintritt des Todes des Pferdes nicht bestanden. Der Tod sei hier nämlich nicht durch die unzureichend behandelte Grunderkrankung – Infektion der oberen Atemwege – verursacht worden. Dabei handele es sich um eine von Pferden im Allgemeinen leicht zu überwindende Krankheit, die nach allgemeiner Erfahrung nicht zu einem plötzlich eintretenden Tod führe. Vielmehr müsse der plötzlich eintretende Tod auf einen durch eine Unverträglichkeitsreaktion hervorgerufenen anaphylaktischen oder phylaktoiden Schock zurückgeführt werden. Dieser sei jedoch nicht Folge der Versäumnisse des Tierarztes *(OLG Oldenburg, Urteil vom 13.05.1997, Az. 12 U 7/97, VersR 1998, 902).* ¶

Im Rahmen einer Haftungsauseinandersetzung ist aus der Sicht des Tierarztes deshalb ein großes Augenmerk auf die Frage der Kausalität zu werfen, wodurch die Zahlung von Schadensersatz häufig erfolgreich abgewehrt werden kann.

6.5 Aufklärungspflicht

Eine Haftung des Tierarztes kommt selbst dann in Frage, wenn eine Behandlung indiziert war und die Behandlung der eines gewissenhaften Veterinärmediziners entsprochen hat. Auch allein aufgrund einer Aufklärungspflichtverletzung kann sich der Tierarzt schadensersatzpflichtig machen.

6.5.1 Art und Umfang

Der Tierarzt, der es seinem Auftraggeber gegenüber übernimmt, ein Tier zu behandeln und ggf. an diesem eine Operation durchzuführen, schuldet in erster Linie den Einsatz der von einem gewissenhaften Veterinärmediziner zu erwartenden tiermedizinischen Kenntnisse und Erfahrungen. Außerdem ist es im Allgemeinen auch seine Aufgabe, seinen Auftraggeber über die Behandlungsmethoden und ihre Gefahren zu beraten; denn diese Beratung ist die Voraussetzung dafür, dass der Auftraggeber entscheiden kann, welche Behandlung er für sein Tier anstreben soll. Hierzu gehört die Erörterung der Art und Weise eines geplanten Eingriffs in groben Zügen, seiner Erfolgsaussichten und seiner Risiken. Stehen mehrere Behandlungsmethoden zur Auswahl, müssen auch diese Alternativen erörtert werden, denn nur so kann der Auftraggeber für sich abwägen, welche der vorgeschlagenen Behandlungsmaßnahmen für ihn aus wirtschaftlichen oder anderen Gründen wünschenswert sind und in welche Eingriffe des Tierarztes er demgemäß einwilligen will.

Verletzt der Tierarzt seine Beratungs- und Aufklärungspflichten schuldhaft, können gegen ihn vertragliche Schadensersatzansprüche seines Auftraggebers entstehen. ¶

Nach dieser vertraglichen Interessenlage richten sich Art und Umfang der tierärztlichen Aufklärungspflicht über mögliche Risiken bei der Operation des Tieres. Zwar geht es bei der Tätigkeit des Tierarztes auch und vor allem um die Erhaltung und Heilung eines lebenden Organismus, aber eben nicht um menschliche Geschöpfe. Deshalb hat sich deren Erhaltung weiterhin auch nach wirtschaftlichen Erwägungen zu richten, begrenzt durch die rechtlichen und sittlichen Gebote des Tierschutzes. Deshalb können die in der Rechtsprechung entwickelten Grundsätze über Art und Umfang der humanärztlichen Aufklärungspflicht nicht ohne weiteres auf die Tiermedizin übertragen werden. Steht in der Humanmedizin das Selbstbestimmungsrecht des Patienten, also seine Personalität im Vordergrund, welche aus sittlichen Gründen zu achten ist, so spielt dieser Moment in der Tiermedizin keine Rolle. Dort geht es um wirtschaftliche Interessen, selbst wenn gefühlsmäßige Bindungen des Tierhalters an sein Tier im Einzelfall dominieren mögen. Von diesen verschiedenen Ausgangspunkten her müssen Art und Umfang der tierärztlichen Aufklärungspflicht im Einzelfall nach den für den Tierarzt erkennbaren Interessen seines Auftraggebers oder nach dessen geäußerten Wünschen bestimmt werden. Dabei kann auch der materielle oder ideelle Wert des Tieres für den Auftraggeber eine Rolle spielen *(BGH, Urteil vom 18.03.1980, Az. VI ZR 39/79, VersR 1980, 652)*.

6.5.2 Praxisbeispiele

6.5.2.1 Aufklärung im Zusammenhang mit einer Narkose

Vorsicht

In der in Kapitel 6.5.1 zitierten Entscheidung des Bundesgerichtshofes sollte ein Tierarzt eine wuchernde Warze am rechten Hinterbein eines Pferdes in der Reithalle entfernen, nachdem konservative Behandlungsmaßnahmen erfolglos waren. Noch während der Narkose kam es zum Atemstillstand, woraufhin das Pferd verendete. Das Gericht hat hier eine Aufklärung über das normale Risiko einer Vollnarkose nicht für erforderlich gehalten. Da jedermann über ein solches allgemeines Risiko Bescheid wisse, habe der Tierarzt dieses Wissen auch bei der Eigentümerin voraussetzen dürfen. Eine Risikoaufklärung wäre nur dann geboten gewesen, wenn aufgrund der Art der vorgesehenen Narkose das Risiko vergrößert gewesen sei, was auf den vorliegenden Fall jedoch nicht zugetroffen habe. Auch eine Pflicht zur Aufklärung über die Möglichkeit einer Operation unter örtlicher Betäubung habe nicht bestanden. Eine solche Operation habe nur in der Tierärztlichen Klinik mit besonderem Aufwand durchgeführt werden können. Diese aus wirtschaftlichen und tiermedizinischen Gründen nicht sinnvolle Maßnahme habe der Tierarzt unerörtert lassen dürfen.

6.5.2.2 Keine Aufklärungspflicht bei rektaler Trächtigkeitsuntersuchung des Pferdes

In dem entschiedenen Fall sollte eine Vollblutaraberstute, die bereits Fohlen geworfen hatte, erneut gedeckt werden. Da sie jedoch abschlug, sollte der Tierarzt feststellen, ob die Stute schon vorher wieder trächtig geworden war. Bei der daraufhin vom Tierarzt vorgenommenen rektalen Untersuchung kam es zu einer Darmverletzung, woran das Pferd starb. Das Gericht kam – sachverständig beraten – zu dem Ergebnis, dass hier eine Aufklärung über das Risiko einer Mastdarmperforation nicht erfolgen musste. Das Risiko einer Mastdarmperforation bei rektalen Untersuchungen wird mit 0,001 % angegeben. Im Wesentlichen beruht die Begründung der Entscheidung darauf, dass die statistische Wahrscheinlichkeit der Verwirklichung dieses Risikos als äußerst gering eingeschätzt werden müsse *(OLG Celle, Urteil vom 21.12.1988, Az. 1 U 29/88, VersR 1989, 640).*

6.5.2.3 Aufklärung bei Kastration eines Hengstes im Stehen

Ein Tierarzt kastrierte einen zweijährigen Araberhengst auf einem landwirtschaftlichen Anwesen nach Sedierung und örtlicher Betäubung aber ohne Verabreichung einer Vollnarkose im Stehen. Am späten Abend wurde der Tierarzt wegen auftretender Komplikationen nochmals zum Pferd gerufen, woraufhin es in die Tierärztliche Klinik verbracht wurde. Später verendete das Pferd aufgrund Verblutens in die Bauchhöhle aus der rechten Arteria spermatica. Eine Verletzung der Pflicht zur präoperativen Risikoaufklärung hat das Gericht hier nicht gesehen, obwohl es sich bei der Kastration im Stehen um eine risikobehaftete Methode handelt. Die Eigentümerin hatte sich vor der Beauftragung des Tierarztes bereits eingehend darüber informiert, dass dieser Tierarzt nur eine Kastration im Stehen vornehmen könne. In einer solchen Situation müsse ohne entsprechende Nachfrage nicht noch über andere in Betracht kommende Kastrationsmethoden oder die jeweiligen Vor- und Nachteile informiert werden. Eine Beratungs- und Aufklärungspflichtverletzung sah das Gericht jedoch für den Zeitraum nach der Operation. Der Tierarzt müsse nach der Kastration eines Hengstes den Pferdehalter auf die Gefahr des Verblutens nach dem Eingriff hinweisen und ihm die Merkmale einer außergewöhnlichen Blutung, welche einen neuen Eingriff erforderlich macht, verdeutlichen *(OLG Zweibrücken, Urteil vom 02.04.1996, Az. 5 U 46/94, VersR 1996, 1030).*

Die Frage der präoperativen Risikoaufklärung vor der Kastration eines Hengstes wird in der Rechtsprechung jedoch ganz offensichtlich nicht einheitlich gesehen. So wurde in einem anderen Fall die Verpflichtung zur präoperativen Risikoaufklärung und über die Alternative einer Kastration unter Vollnarkose bejaht *(OLG Düsseldorf, Urteil vom 18.01.1990, 8 U 79/88, VersR 1992, 206).*

Praxistipp

Die Aufklärung kann und muss sogar mündlich in einem Gespräch erfolgen. Es ist jedoch sinnvoll, wenn der Tierarzt im Anschluss einen entsprechenden Vermerk in die Unterlagen einfügt und darin in kurzen Stichworten das Aufklärungsgespräch skizziert.

Nach der Rechtsprechung spielt die statistische Häufigkeit des Eintritts eines Risikos – im Gegensatz zur Humanmedizin – eine entscheidende Rolle. Demnach muss über äußerst seltene Risiken nicht aufgeklärt werden.

Über Risiken, von denen man ausgehen darf, dass sie allgemein bekannt sind, muss nicht aufgeklärt werden, so z. B. das allgemeine Narkoserisiko.

Grundsätzlich ist der Tierarzt in der Wahl der Methode frei. Über alternative Behandlungsmöglichkeiten muss deshalb nur dann aufgeklärt werden, wenn mehrere gleichwertige Methoden mit unterschiedlichen Risiken bestehen, z. B. konservative oder operative Behandlung; intravenöse oder orale Gabe eines Medikamentes.

Je höher der materielle Wert eines Tieres oder die ideellen Interessen sind, desto schärfere Anforderungen werden an die Aufklärungspflicht gestellt.

Bei einem Beratungs- oder Aufklärungsversäumnis entfällt eine Haftung, wenn der Tierhalter auch bei ordnungsgemäßer Belehrung in die Maßnahme eingewilligt hätte.

Als Hilfe können dem Tierarzt auch die »Leitlinien zur Aufklärungspflicht in der Pferdepraxis« dienen, die auf den Empfehlungen der Gesellschaft für Pferdemedizin basieren (Deutsches Tierärzteblatt 11/2002, S. 1150). ¶

6.6 Dokumentationspflicht

Die Pflicht zur ordnungsgemäßen Dokumentation stellt sich bereits als eine originäre Berufspflicht des Tierarztes dar. Diese ist in der Musterberufsordnung der Bundestierärztekammer ausdrücklich normiert und in den einzelnen Berufsordnungen der Landestierärztekammern übernommen worden. § 5 (1) der Musterberufsordnung lautet:

»Der Tierarzt hat über die in Ausübung seines Berufes gemachten Feststellungen und getroffenen Maßnahmen Aufzeichnungen zu fertigen und diese mindestens fünf Jahre aufzubewahren; diese Frist gilt auch für technische Dokumentationen.«

Die Gerichte sehen auch für den Tierarzt die **Dokumentationspflicht** als eine Nebenpflicht aus dem zwischen Tierarzt und Tierhalter geschlossenen Vertrag. Hieraus ergibt sich, dass die Dokumentation auch im Interesse des Tierhalters zu führen ist. Dabei betont die Rechtsprechung jedoch immer wieder, dass Krankenaufzeichnungen auch als Rechenschaftspflicht gegenüber den Tierhaltern ausschließlich der medizinischen Seite der Behandlung verhaftet sind. Sie zielen nicht auf die Beweissicherung für einen eventuellen Haftungsprozess des Tierhalters. Deshalb ist eine Dokumentation, die medizinisch nicht erforderlich ist, auch nicht aus Rechtsgründen geboten.

Der Tierarzt hat eine Dokumentation über die **wesentlichen medizinischen Aspekte** bezüglich der Behandlung des Tieres zu führen. Es besteht also die Verpflichtung, die wichtigsten diagnostischen und therapeutischen Maßnahmen und Verlaufsdaten festzuhalten. An Art und Umfang der Dokumentation dürfen jedoch nicht gleich hohe Anforderungen wie an die eines Humanmediziner gestellt werden. Es kommt hierbei nicht darauf an, ob die Dokumentation für den Tierhalter verständlich ist.

Praxistipp

Maßstab ist, dass der Tierarzt selbst oder ein Fachkollege die erhobenen Befunde und den bisherigen Krankheitsverlauf sowie die gestellte Diagnose und die eingeschlagene Therapie nachvollziehen kann. Die Dokumentation soll dabei nur die wesentlichen Aspekte unter Außerachtlassung der Selbstverständlichkeiten in der Behandlung des Tieres umfassen. Dabei ist eine Aufzeichnung in Stichworten ausreichend, wobei anhand derer ein Nachbehandler die Behandlung aufnehmen und weiterführen können soll *(OLG Hamm, Urteil vom 22.04.2002, Az. 3 U 1/01, VersR 2003, 1139).* ¶

Mit der Dokumentationspflicht korrespondiert das Recht des Tierhalters auf Einsichtnahme in die Unterlagen. Früher wurde das Einsichtsrecht in die tierärztlichen Behandlungsunterlagen teilweise verneint, da es nicht – im Gegensatz zur Humanmedizin – um das Selbstbestimmungsrecht eines Patienten, sondern in erster Linie um wirtschaftliche Interessen ging. Mittlerweile dürfte es als allgemein anerkannt gelten, dass auch in die **tierärztlichen Behandlungsunterlagen** Einsicht zu gewähren ist. Auch die tiermedizinische Dokumentation ist keine bloße Gedächtnisstütze des Tierarztes, sondern soll dem Tierhalter auch zur Entscheidung über eine Weiterbehandlung des Tieres oder auch zur selbständigen Prüfung von Schadensersatzansprüchen dienen. Dabei muss der Tierarzt auch die Gefahr einer Selbstbezichtigung hinnehmen, weil nur so im Tierarzthaftungsprozess dem Grundsatz der Waffengleichheit Rechnung getragen werden könne. Anderenfalls habe der Tierarzt im Vergleich zum Tiereigentümer einen ähnlich großen Wissensvorsprung wie der Arzt gegenüber seinem Patienten *(OLG Frankfurt, Urteil vom 20.09.1991, Az. 25 U 263/90)*.

Beachte

Sollte sich ein Tierhalter mit dem Wunsch auf Einsichtnahme in die Behandlungsunterlagen an den Tierarzt wenden, sollte dieser sich nicht verweigern. Es ist nicht sinnvoll, eine drohende Auseinandersetzung bereits hier eskalieren zu lassen.

Der Tierarzt sollte jedoch niemals die Original-Unterlagen herausgeben. Der Tierhalter kann die Unterlagen entweder in der Praxis einsehen oder sich Kopien übermitteln lassen. Für tatsächlich angefallene Kopier- und Portokosten kann der Tierarzt Erstattung verlangen. ¶

6.7 Beweislast

6.7.1 Allgemeines

Die Frage, wer das Vorliegen bzw. das Nichtvorliegen der Voraussetzungen für einen **Schadensersatzanspruch** zu beweisen hat, hat in der juristischen Auseinandersetzung eine große Bedeutung. Wie in den vorherigen Abschnitten bereits dargestellt, treten häufig große Schwierigkeiten bei der nachträglichen Klärung eines Behandlungsfehlers, eines Aufklärungsversäumnisses oder des sog. Kausalzusammenhangs auf. Kann auch nach Einholung von Sachverständigengutachten oder der Vernehmung von Zeugen nicht mit der erforderlichen Sicherheit gesagt werden, dass der Tierarzt tatsächlich nicht hinreichend sorgfältig gehandelt hat oder zwischen dem Behandlungsfehler und dem Gesundheitsschaden ein Zusammenhang besteht, so geht dies zu Lasten desjenigen, der den Beweis zu führen hat.

Praxistipp

Sowohl für die Frage eines Behandlungsfehlers als auch des Zusammenhangs zwischen dem Behandlungsfehler und der Schädigung des Tieres ist grundsätzlich der Eigentümer beweispflichtig. Der Tierarzt muss nicht sein richtiges Handeln beweisen, weshalb ihm in diesen Auseinandersetzungen zunächst auch die eher passive Rolle zukommt. Sollte also in einem Gutachten ein Behandlungsfehler nicht mit Sicherheit oder zweifelsfrei festgestellt werden können, darf der Tierarzt grundsätzlich nicht verurteilt werden.

Hervorzuheben ist, dass auch im Hinblick auf eine unzureichende Beratung oder Aufklärung durch den Tierarzt der Tierhalter beweispflichtig ist. Dieses stellt einen wichtigen Unterschied zur Arzthaftung im humanmedizinischen Bereich dar, in der der Arzt den Beweis einer ordnungsgemäßen Aufklärung zu führen hat. Da im Bereich der Tiermedizin das Selbstbestimmungsrecht des Patienten keine Rolle spielt, bleibt auch in diesem Bereich die Beweislast beim Tierhalter. ¶

6.7.2 Beweislastumkehr

Die Rechtsprechung erkennt jedoch durchaus die Schwierigkeiten der Beweisführung für die Tierhalterseite. Zum einen ist der Tierhalter i. d. R. medizinischer Laie, wodurch es ihm naturgemäß schwer fällt, einen Behandlungsablauf richtig nachvollziehen zu können. Zum anderen weiß er häufig nicht exakt, welche Behandlungsschritte erfolgt sind. Um diesen Nachteil auszugleichen und die »Waffengleichheit« zu wahren, gibt es für den Tierhalter unter gewissen Voraussetzungen Beweiserleichterungen bis hin zur Beweislastumkehr.

6.7.2.1 Dokumentationsmangel

Sind in den Behandlungsunterlagen Umstände nicht festgehalten worden, obwohl sie dokumentationspflichtig sind, so ergibt sich hieraus zunächst keine eigenständige Haftung des Tierarztes. Vielmehr wird zugunsten des Tierhalters zunächst einmal unterstellt, dass eine dokumentationspflichtige, aber nicht dokumentierte Maßnahme auch tatsächlich nicht erfolgt ist. Dieses hält die Rechtsprechung aus dem vorher bereits dargestellten Grund der »**Waffengleichheit**« für gerechtfertigt. Dem Tierhalter, dem typischerweise schon Schwierigkeiten bei dem Beweis eines tierärztlichen Pflichtverstoßes zukommen, wird durch eine unzureichende Dokumentation der Beweis noch weiter erschwert. Deshalb indizieren Dokumentationsversäumnisse i. d. R. das Unterbleiben aufzeichnungspflichtiger Maßnahmen.

Praxisbeispiel

Ein Tierarzt hat den klinisch erhobenen pathologischen Befund am Vorderbein eines Tieres in den Behandlungsunterlagen nicht dokumentiert. Kommt es bei der Frage der Indikation der nachfolgend vorgenommenen Operation jedoch auf diesen Befund an, so wird zugunsten des Tierhalters zunächst unterstellt, dass ein positiver Befund nicht vorlag und somit die Indikation zur Operation in Frage steht. ¶

Die negativen Folgen eines Dokumentationsmangels muss der Tierarzt jedoch keineswegs tatenlos hinnehmen. Er ist lediglich in der unangenehmen Situation, dass nun er den Beweis erbringen muss, dass ein bestimmter Befund vorgelegen hat oder eine bestimmte Maßnahme tatsächlich ausgeführt wurde. Er muss deshalb versuchen, seine zwar durchgeführte aber nicht dokumentierte Maßnahme anders zu beweisen. Für das vorstehende Praxisbeispiel bedeutet das Folgendes: Kann der Tierarzt, etwa durch die Zeugenvernehmung eines Assistenten oder durch ein Röntgenbild, beweisen, dass tatsächlich ein pathologischer operationspflichtiger Befund vorgelegen hat, so würde der Dokumentationsmangel für den Tierarzt ohne negative Folgen bleiben.

6.7.2.2 Unterlassen zweifelsfrei gebotener Befunderhebungen

Die gleiche beweisrechtliche Folge wie ein Dokumentationsmangel hat der Umstand, dass ein Tierarzt gebotene Untersuchungen oder Befunderhebungen gar nicht erst vornimmt *(OLG Hamm, Urteil vom 03.12.2003, Az. 3 U 108/02)*. Danach führt ein Verstoß gegen die Pflicht zur Erhebung und Sicherung medizinischer Befunde zu einer Umkehr der Beweislast zu Lasten des Tierarztes, falls die Befunderhebung mit hinreichender Wahrscheinlichkeit zu einem positiven Ergebnis geführt hätte und sich dessen Verkennung als fundamental fehlerhaft darstellen müsste.

6.7.2.3 Grober Behandlungsfehler

Ein Behandlungsfehler wird als »grob« bezeichnet, wenn der Tierarzt eindeutig gegen bewährte tierärztliche Behandlungsregeln oder gesicherte veterinärmedizinische Erkenntnisse verstößt und einen Fehler begangen hat, der aus objektiver Sicht nicht mehr verständlich erscheint, weil er dem Tierarzt schlechterdings nicht unterlaufen darf.

Liegt ein solcher »grober« Fehler vor, kehrt die Rechtsprechung die Beweislast für die Frage des Zusammenhangs zwischen einem Behandlungsfehler und einem Gesundheitsschaden des Tieres zugunsten des Tierhalters um. Es reicht dann aus, dass der grobe Behandlungsfehler **geeignet** ist, den geltend gemachten Schaden verursacht zu haben. Es wird also zugunsten des Tierhalters die Kausalität unterstellt, soweit der Tierarzt nicht beweisen kann, dass ein solcher Zusammenhang hier nicht vorliegt.

Praxisbeispiel

Ein Tierarzt wurde aufgrund von Koliken eines Pferdes in den Stall gerufen. Er ließ sich das Pferd vorführen und injizierte ein Medikament. Eine rektale Untersuchung nahm er nicht vor. Erst bei der zweiten Konsultation am Abend aufgrund erneuter schwerer Koliken, starker Unruhe und Schweißausbrüchen nahm der Tierarzt auch eine rektale Untersuchung vor, nachdem das Pferd in die Tierärztliche Klinik verbracht wurde. Bei einer noch am Abend durchgeführten Operation zeigte sich eine vollständige Drehung des Dickdarms, woraufhin das Pferd am nächsten Tag verendete. Die Unterlassung der rektalen Untersuchung bei der ersten Konsultation wurde vom Gericht als grober Behandlungsfehler angesehen. Eine solche Untersuchung habe eindeutig zu den gebotenen diagnostischen Maßnahmen gehört, die der Tierarzt in der damaligen Situation hätte ergreifen müssen. Die Unterlassung sei aus Sicht eines Fachkollegen nicht mehr verständlich und ein unter keinen Umständen zu vertretender Verstoß gegen die veterinärmedizinischen Regeln. In diesem zu entscheidenden Fall war es dem Tierarzt jedoch aufgrund sachverständiger Feststellungen gelungen zu beweisen, dass sich der Behandlungsverlauf auch bei sofortig durchgeführter rektaler Untersuchung nicht geändert hätte *(OLG Düsseldorf, Urteil vom 18.05.1989, Az. 8 U 157/86, VersR 1990, 867).* ¶

6.8 Prophylaxe von Haftpflichtfällen

Bei Beachtung der nachstehend aufgeführten Punkte lässt sich das Risiko minimieren, Behandlungsfehler vorgeworfen zu bekommen.

Als Tierarzt sollte man sich vor Augen führen, dass die Berücksichtigung dieser Ratschläge in der konkreten Situation möglicherweise einen gewissen erhöhten Zeitaufwand mit sich bringt, dadurch jedoch die Gefahr einer Auseinandersetzung mit den bereits dargestellten Folgen minimiert wird.

6.8.1 Kommunikation

Sollte die Behandlung des Tieres nicht den gewünschten Erfolg gehabt haben, sind unerwünschte Nebenfolgen aufgetreten oder ist es sogar zum Verenden des Tieres gekommen, ist es hilfreich, sich vorzustellen, wie eine solche Situation vom Tierhalter wahrgenommen wird. Es kann sich hieraus für den Tierarzt die Chance ergeben, durch ein richtiges Verhalten in dieser für beide Seiten unschönen Situation eine streitige Auseinandersetzung zu vermeiden. Für diesen Themenkreis liegen Untersuchungen im humanmedizinischen Bereich vor, welche sicherlich übertragen werden können. Dabei steht nach den Untersuchungen folgendes im Vordergrund:

- Unzufriedenheit mit Ausmaß, Verständlichkeit und Genauigkeit der Information.
- Frustration darüber, keine überzeugende Erklärung für das Geschehen zu erhalten.
- Als Motivation für eine gerichtliche Auseinandersetzung wird angegeben:
  - 50 %: Ermittlung der genauen Umstände des Geschehens,
  - 46 %: Wunsch nach Ausdruck des Bedauerns,
  - 38 %: dezidierte Erklärung, was bei Behandlung genau geschehen ist,
  - 33 %: finanzielle Entschädigung.

Diese Statistik macht deutlich, dass eine Behandlung, die nicht zu dem gewünschten Erfolg führt, keineswegs zwingend zu einem Konflikt mit dem Tierhalter über die Zahlung von Schadensersatz führen muss. Ein großes **Bedürfnis der Eigentümer** liegt vielmehr darin, nachvollziehen zu können, wie es zu diesem Ergebnis kommen konnte. Sie wollen auch – befreit von allen unverständlichen Fachtermini – wissen, wie bei der Behandlung vorgegangen wird bzw. wurde. Wenn etwas »schief« gelaufen ist, ist es dem Tierhalter ganz offensichtlich wichtig, dass der Tierarzt darüber nicht einfach hinweggeht, sondern auch sein Bedauern zum Ausdruck bringt.

Fazit: Die entscheidende Triebfeder des Tierhalters, eine Auseinandersetzung mit dem Tierarzt einzugehen, ist häufig die **unzureichende Kommunikation**. Da dieser Faktor vom Tierarzt beeinflusst werden kann, sollte hierauf entsprechender Wert gelegt werden.

Zwischen Tierhalter und Tierarzt sollte deshalb eine ständige Kommunikation stattfinden. Bereits vor der Behandlung versteht es sich fast schon von selbst, dass der Tierhalter über den Befund aufgeklärt wird. Hat sich der Tierhalter für eine bestimmte Therapieform entschieden, so sollte ihm – für den medizinischen Laien verständlich – dargelegt werden, welche Maßnahmen im Rahmen der Behandlung durchgeführt werden sollen. Im Weiteren sollte der Tierarzt auch während der Behandlung die einzelnen Behandlungsabschnitte kurz darstellen. Der Tierhalter sollte nie das Gefühl haben, dass etwas mit seinem Tier geschieht, von dem er nichts weiß, er also »fremdbestimmt« ist.

Extrem wichtig und sicherlich besonders schwierig ist ein Gespräch, wenn es zu Schwierigkeiten bei oder nach der Behandlung gekommen ist. Hier mag zunächst der Wunsch vorherrschen, ein solches »Problemgespräch« zu vermeiden. Dieses Verhalten wäre jedoch falsch.

Praxistipp

Der behandelnde Tierarzt muss sich gerade jetzt dem Gespräch stellen und versuchen darzulegen, warum es zu Nebenfolgen, Nachbehandlungsnotwendigkeiten o. Ä. kommen konnte. Dem Tierhalter sollte zudem stets das Gefühl vermittelt werden, dass sich der Tierarzt speziell um sein Tier kümmert und die Situation ernst nimmt. ¶

Häufig sind es Kleinigkeiten, die zwar mit der unmittelbaren Behandlung nichts zu tun haben, die bei dem Tierhalter aber eine solche Unzufriedenheit hervorrufen, dass er sie auf die Behandlung überträgt.

Praxisbeispiel

Der Tierhalter muss unvorhergesehener Weise eine längere **Wartezeit** in Kauf nehmen: Wartezeiten lassen sich nicht immer vermeiden. Der Tierhalter sollte jedoch nicht über längere Zeit im Ungewissen gelassen werden. Vielmehr sollte er nach einem gewissen Zeitraum zum einen über den Umstand informiert werden, dass er mit einer Wartezeit rechnen müsse und zum anderen sollte ihm auch ein Grund hierfür angegeben werden. ¶

Praxisbeispiel

Durchführung von Maßnahmen durch einen Assistenten oder eine TFA anstatt durch den Tierarzt selbst: Der Tierarzt kann und muss nicht jede Behandlung selbst durchführen. Der Tierhalter sollte jedoch kurz von dem Tierarzt selbst darauf hingewiesen werden, dass sich nun ein anderer kompetenter Kollege oder Mitarbeiter um das Tier kümmern wird. ¶

6.8.2 Äußerungen über Kollegen

Häufiger Ausgangspunkt für eine Haftpflichtauseinandersetzung sind auch Äußerungen eines Tierarztes über die Vorbehandlung eines Kollegen. Keineswegs sind hier nur die Fälle gemeint, in denen der nachbehandelnde Tierarzt von einer fehlerhaften Arbeit des Kollegen spricht. Es reichen oftmals schon kleine Kommentare oder Bemerkungen, die vom Tierhalter dahingehend ausgelegt werden, dass bei dem vorherigen Tierarzt etwas falsch gelaufen sei.

Vorsicht

Es muss dringend empfohlen werden, sich mit Bemerkungen über eine durch einen anderen Tierarzt durchgeführte Behandlung zurückzuhalten. ¶

Dieses soll keineswegs eine Aufforderung zu übertriebenem Standesdenken sein. Bei einer ganz offensichtlich unzureichenden Behandlung des Kollegen soll dieser keineswegs »gedeckt« werden. Die Fälle einer ganz offensichtlich fehlerhaften Behandlung dürften jedoch äußerst selten sein.

Praxistipp

Bei Berücksichtigung dieser Regel wird der Tierarzt zwar keine Konflikte für sich selbst vermeiden. Hält sich jedoch jeder Tierarzt daran, wird sich das für die Tierärzteschaft insgesamt günstig auswirken.

6.8.3 »Wunschbehandlungen«

Bei vom Tierhalter geäußerten **»Wunschbehandlungen«** ist höchste Vorsicht geboten. Der Tierarzt kommt immer wieder in die Situation, dass er von seinem Behandlungskonzept etwas abweicht, da der Tierhalter gewisse Änderungswünsche vorbringt. Dabei weicht er zwangsläufig von der optimalen Lösung auf eine etwas minderwertigere Behandlungsform aus, um den Wünschen des Eigentümers gerecht zu werden. Kommt es in einem solchen Fall nun aufgrund von Beanstandungen des Tierhalters zur Erstellung eines Gutachtens, wird der Gutachter wahrscheinlich genau diese Änderung beanstanden.

Praxisbeispiel

Trotz der Notwendigkeit einer stationären Einweisung lässt sich der Tierarzt überreden, das Tier weiterhin ambulant zu behandeln.

Beachte

In einer solchen Situation muss der Tierarzt zunächst überlegen, ob die von dem Tierhalter gewünschte Behandlungsform veterinärmedizinisch vertretbar ist. Sollte dies nicht der Fall sein, macht sich der Tierarzt selbst dann schadensersatzpflichtig, wenn er den Tierhalter intensiv und eindringlich darauf hinweist, dass diese Behandlung veterinärmedizinisch kontraindiziert ist.

Sollte die von dem Tierhalter gewünschte Behandlungsform vertretbar sein, so trifft den Tierarzt ein Behandlungsfehlervorwurf nur dann nicht, wenn er den Tierhalter intensiv aufklärt. ¶

Die **Aufklärung** hat zu beinhalten, dass die vom Tierhalter gewünschte Behandlungsform die veterinärmedizinisch schlechtere und die vom Tierarzt vorgeschlagene Alternative die bessere Lösung ist. Zudem muss auf die kurz-, mittel- und langfristigen negativen möglichen Folgen der von dem Tierhalter gewählten Behandlungsform schonungslos hingewiesen werden. ¶

Die Rechtsprechung sieht es als nicht ausreichend an, wenn dem Tierhalter lediglich dargestellt wird, dass er sich für die schlechtere Alternative entschieden hätte. Es wird gefordert, dass die Vorteile der vorgeschlagenen Lösung und vor allen Dingen die mit der »Wunschbehandlung« verbundenen Gefahren deutlich gemacht werden.

6.8.4 Dokumentation

Ein ganz entscheidender Aspekt, durch den sich bei Vorwürfen eine Haftung vermeiden lässt, ist die **ordnungsgemäße Dokumentation**. Zu Umfang und Erfüllung der Dokumentationspflichten siehe Kapitel 6.6.

Mit den negativen Folgen einer unzureichenden Dokumentation korrespondiert auch ein großer Vorteil für den Tierarzt, wenn lückenlose Aufzeichnungen vorliegen. Die Rechtsprechung misst der ordnungsgemäßen tierärztlichen Dokumentation einen sehr hohen Beweiswert bei. Daraus folgt: Grundsätzlich gilt in einer Haftpflichtauseinandersetzung, dass das, was dokumentiert ist, auch tatsächlich erfolgte. Dies gilt selbst dann, wenn dieses von Seiten des Eigentümers angezweifelt oder bestritten wird. Deshalb sollte der Tierarzt die Chancen nutzen, die sich aus einer ordnungsgemäßen Dokumentation ergeben. Er sollte daher lieber etwas mehr als zu wenig festhalten. Da sich im Zeitpunkt der Behandlung i. d. R. noch nicht absehen lässt, was später einmal von Relevanz sein könnte, sollte generell die notwendige Zeit für eine sorgfältige Karteiführung aufgebracht werden. ¶

6.9 Schadensmanagement

Haben dennoch alle Sorgfalt bei der tierärztlichen Behandlung und alle Vorsorgemaßnahmen zur Vermeidung eines Haftpflichtfalles nicht gefruchtet, kann der Tierarzt eines Tages z. B. folgendes Schreiben eines Rechtsanwaltes erhalten:

»Sehr geehrter Herr Dr. Vet,

wir zeigen Ihnen an, dass wir die rechtlichen Interessen der Frau Krawall vertreten. Eine uns legitimierende Vollmachtsurkunde sowie eine Schweigepflichtentbindungserklärung fügen wir in Ablichtung bei.

Der Königspudel von Frau Krawall befand sich am 24.03., 27.03., 08.04. und 16.05.04 in tierärztlicher Behandlung. Sie hatten das Tier unserer Mandantin wegen einer Durchfallerkrankung medikamentös behandelt. Es stellt sich nun heraus, dass in der Folge das Fell des Königspudels seinen Glanz verloren hat. Wir gehen deshalb davon aus, dass die Behandlung bei Ihnen fehlerhaft war und Sie verpflichtet sind, Schadensersatz zu zahlen, da der Hund an Wettbewerben nicht mehr teilnehmen kann.

Wir fordern Sie zunächst auf, uns vollständige Ablichtungen der Behandlungsunterlagen zuzusenden. Des Weiteren fordern wir Sie auf, die Ansprüche dem Grunde nach anzuerkennen.

Wir haben uns hierfür eine Frist von zwei Wochen notiert.

Mit freundlichen Grüßen
Rechtsanwalt Haudrauf«

Der Beginn einer Auseinandersetzung kann selbstverständlich auch in anderer Form stattfinden: in lautstarken Äußerungen eines Tierhalters in der Praxis, durch die Aufforderung eines ohne Wissen des Tierarztes eingeschalteten Gutachters nach Übersendung der Behandlungsunterlagen oder gar durch die Zustellung einer Klageschrift durch das Gericht.

Im Rahmen des Schadensmanagements sollten folgende Schritte getan und beachtet werden (s. a. nachfolgende Kapitel):

- Ruhe bewahren,
- Meldung bei der Haftpflichtversicherung,
- Stellungnahme,
- eventuell Anstrebung eines Vergleichs,
- Gerichtsverfahren,
- Sachverständigengutachten.

6.9.1 Ruhe bewahren

»Ruhe bewahren« – dieser Ratschlag ist keine leere Floskel, da viel Wahres dahinter steckt. Allein der Erhalt eines anwaltlichen Schreibens oder die formelle Zustellung einer Klageschrift führen oft zu großer Aufregung. Die häufig sehr scharfen, emotionalen und oft auch noch falschen Vorwürfe und Anschuldigungen tun ihr übriges, so dass der betroffene Tierarzt sehr aufgewühlt ist. Falsch wäre es, aus dieser Gefühlslage heraus unüberlegt und emotional zu reagieren. Man sollte sich in dieser Situation vor Augen führen, dass es bei der Ausübung des tierärztlichen Berufes keineswegs eine Seltenheit darstellt, wenn man sich entsprechenden Anschuldigungen von Tierhaltern ausgesetzt sieht. Im Gegenteil geht es vielen Berufskollegen ebenso. Zudem stellt sich am Ende – bei richtigem Verhalten im Konfliktfall – der weitaus größere Teil der Haftpflichtfälle als unbegründet heraus, so dass sich weder ein Behandlungsvorwurf bestätigt noch Schadensersatz zu leisten ist.

Verkehrt wäre es, dem Eigentümer gegenüber sofort einen Fehler einzugestehen. Es fehlt dem Betroffenen in der ersten Aufregung möglicherweise der genügende Abstand, um die Angelegenheit hinreichend objektiv zu beurteilen. Inwiefern tatsächlich ein Behandlungsfehler und die weiteren Voraussetzungen für eine Schadensersatzpflicht vorliegen, ist i. d. R. ohne eine gründliche Prüfung nicht zu beurteilen. Bei einem **Anerkenntnis** könnte es deshalb zu einer Zahlungsverpflichtung kommen, obwohl sich später herausstellt, dass die Voraussetzungen einer Tierarzthaftung gar nicht erfüllt sind.

Noch wichtiger ist der Aspekt, dass der Tierarzt zudem Gefahr läuft, den Versicherungsschutz zu verlieren. In § 5 Nr. 5 der Allgemeinen Versicherungsbedingungen für die Haftpflichtversicherung heißt es:

»…. der Versicherungsnehmer ist nicht berechtigt, ohne vorherige Zustimmung des Versicherers einen Haftpflichtanspruch ganz oder zum Teil oder vergleichsweise anzuerkennen oder zu befriedigen. Bei Zuwiderhandlungen ist der Versicherer von der Leistungspflicht frei, es sei denn, dass der Versicherungsnehmer nach den Umständen die Befriedigung oder Anerkennung nicht ohne offenbare Unbilligkeit verweigern konnte.«

Diese Verpflichtung bedeutet nicht, dass der Tierarzt seine Behandlungsmaßnahmen für sich selbst nicht einer kritischen Prüfung unterziehen soll. Wenn sich dabei herausstellt, dass in der Tat etwas falsch gelaufen ist und der geltend gemachte Schaden daraus resultiert, kann auch zu diesem Zeitpunkt eine Anerkennung der Ansprüche erfolgen, womit u. U. langwierige Auseinandersetzung vermieden werden. Dieses muss jedoch zwingend nach Rücksprache und in Abstimmung mit der Haftpflichtversicherung erfolgen.

Dem Tierarzt steht es aufgrund der dargestellten Obliegenheit gegenüber seiner Haftpflichtversicherung ebenfalls frei, dem Eigentümer gegenüber sein Bedauern auszudrücken, wenn der Behandlungserfolg nicht eingetreten oder es zu einer unerwünschten Nebenfolge gekommen ist. Hierin ist noch kein Anerkenntnis eines Fehlverhaltens zu sehen und es kann wesentlich zur Lösung eines sich anbahnenden Konfliktes beitragen.

6.9.2 Meldung bei der Haftpflichtversicherung

Eine weitere wichtige Verpflichtung gegenüber der Haftpflichtversicherung besteht darin, mögliche Behandlungsfehler **unverzüglich zu melden**. So heißt es in § 5 Nr. 2 der Allgemeinen Versicherungsbedingungen für die Haftpflichtversicherung:

»Jeder Versicherungsfall ist dem Versicherer unverzüglich, spätestens innerhalb einer Woche schriftlich anzuzeigen. Wird ein Ermittlungsverfahren eingeleitet oder ein Strafbefehl oder ein Mahnbescheid erlassen, so hat der Versicherungsnehmer dem Versicherer unverzüglich Anzeige zu erstatten, auch wenn er den Versicherungsfall selbst bereits angezeigt hat.

Macht der Geschädigte seinen Anspruch gegenüber dem Versicherungsnehmer geltend, so ist dieser zur Anzeige innerhalb einer Woche nach der Erhebung des Anspruchs verpflichtet. Wird gegen den Versicherungsnehmer ein Anspruch gerichtlich geltend gemacht, die Prozesskostenhilfe beantragt oder wird ihm gerichtlich der Streit verkündet, so hat er außerdem unverzüglich Anzeige zu erstatten. Das Gleiche gilt im Falle eines Arrestes, einer einstweiligen Verfügung oder eines Beweissicherungsverfahrens.«

Eine Missachtung dieser Obliegenheit hat zur Folge, dass dem Tierarzt der Versicherungsschutz entzogen werden kann.

Exkurs: Berufshaftpflichtversicherung

Grundsätzlich gewährt die Berufshaftpflichtversicherung des Tierarztes Versicherungsschutz für den Fall seiner zivilrechtlichen Inanspruchnahme wegen eines Behandlungsfehlers. Dabei erstreckt sich der **Deckungsschutz** des freiberuflich tätigen Tierarztes nicht nur auf eigene Behandlungsfehler, sondern grundsätzlich auch auf Tätigkeiten eines Praxisvertreters, eines Assistenten oder einer Tiermedizinischen Fachangestellten. Die Haftpflichtversicherung übernimmt Schadensersatz, wenn tatsächlich ein Verstoß gegen die Regeln der tierärztlichen Heilkunde, ein Verschulden sowie ein Kausalzusammenhang zwischen dem Behandlungsfehler und dem geltend gemachten Schaden vorliegen.

Die **Gefahr einer Versicherungslücke** besteht für den Fall, dass der Tierarzt seine Berufstätigkeit aufgibt. Nach § 9 IV AHB erlischt der Versicherungsschutz, wenn versicherte Risiken vollständig oder dauernd in Wegfall kommen. Das bedeutet: Bei Beendigung der tierärztlichen Tätigkeit z. B. durch Praxisaufgabe, erlischt das versicherte Risiko der Berufshaftpflicht und damit die Versicherung. Es besteht die Gefahr einer Versicherungslücke für das Geltendmachen nachträglich bekannt werdender oder angemeldeter Schäden. Hier hilft eine sog. »Nachhaftungsversicherung«. Damit ist ein ausreichender Versicherungsschutz auch für den Fall gewährleistet, dass der Tierarzt sich erst Jahre nach Beendigung der beruflichen Tätigkeit Ansprüchen aus zurückliegenden Behandlungen ausgesetzt sieht.

Für Tierärzte, die auch im Ruhestand noch gelegentlich tierärztlich tätig sind, z. B. Gefälligkeitsbehandlungen, Notfallbehandlungen oder Praxisvertretungen durchführen, bietet sich zur Absicherung der dabei vorgenommenen Behandlungen zusätzlich eine sog. **»Ruhestandsversicherung«** an, die mit der Nachhaftungsversicherung kombiniert werden kann.

Im Übrigen sind die Versicherer verpflichtet, den Versicherungsnehmer bei Risikenwegfall auf die Möglichkeit des Abschlusses einer »Nachhaftungsversicherung« hinzuweisen. Die Verletzung dieser Pflicht kann dem Versicherungsnehmer einen Schadensersatzanspruch gegen die Versicherung geben.

Der Haftpflichtversicherer ist berechtigt und verpflichtet, eine umfassende Prüfung der Haftpflichtfrage sowie die Verhandlungen mit der Gegenseite vorzunehmen. Es wird jedoch nicht empfohlen, dass sich der betroffene Tierarzt damit begnügt, dem Versicherer eine Stellungnahme sowie Ablichtungen der Krankenunterlagen zukommen zu lassen und im Übrigen lediglich auf die Mitteilung des abschließenden Ergebnisses wartet. Die Abwicklung sollte nicht allein der Versicherung überlassen werden. Auf jeden Fall sollte der Tierarzt von seiner Versicherung verlangen, dass er stets über jeglichen Schriftverkehr der Versicherung mit der Gegenseite informiert wird und Entscheidungen über eine Regulierung auf jeden Fall vorher mit ihm abgesprochen werden. Unter Umständen ist es auch ratsam, qualifizierte anwaltliche Hilfe zu suchen.

6.9.3 Stellungnahme

Bei Abgabe einer **Stellungnahme** ist Vorsicht geboten. Diese sollte auf jeden Fall nur in Absprache mit der Haftpflichtversicherung oder einem beratenden Rechtsanwalt erfolgen.

Beachte

! Was und wie viel an Informationen der Gegenseite mitgeteilt werden soll, muss gründlich durchdacht sein. ¶

Grundsätzlich ist der Tierhalter verpflichtet darzulegen, was bei der Behandlung falsch gelaufen sein soll und inwieweit daraus ein konkreter Schaden resultiert. Der Tierhalter hat jedoch ein Wissensdefizit sowohl was die veterinärmedizinische Fachkenntnis als auch das exakte

Behandlungsgeschehen angeht. Insofern ist es für ihn auch schwierig, konkrete Vorwürfe zu erheben. Diese sind daher i. d. R. sehr pauschal gehalten. Zwar trägt die Rechtsprechung diesem Umstand Rechnung, indem die Anforderungen an die Darlegungspflicht des Tierhalters sehr gering gehalten werden. Jedoch wäre es fatal, wenn der Gegenseite durch eine übereifrige Stellungnahme erst der Stoff geliefert wird, um Vorwürfe zu konkretisieren oder auch neue Vorwürfe zu erheben.

Praxistipp

Der Tierhalter ist in der Pflicht, einen Behandlungsfehler zu beweisen und nicht umgekehrt der Tierarzt das richtige Handeln. Deshalb muss der Tierarzt keine Aktion ergreifen. Er kann sich zunächst auf die bloße Reaktion beschränken. Dieser Vorteil sollte genutzt werden, indem die Stellungnahme umso allgemeiner ausfällt, je weniger konkret die von der Gegenseite erhobenen Vorwürfe sind. ¶

6.9.4 Vergleich?

Spätestens wenn die ersten formalen Schritte erledigt sind, wird der Tierarzt i. d. R. seine Behandlung einer kritischen Überprüfung unterziehen. Sollte er dabei zu dem Ergebnis kommen, dass tatsächlich etwas falsch gelaufen ist – was dem besten Tierarzt passieren kann – und der geltend gemachte Schaden auch mit diesem Fehler in Zusammenhang steht, so sollte dieses auch der Haftpflichtversicherung gegenüber zum Ausdruck gebracht werden. In der Regel wird es dann unproblematisch zu einer Regulierung kommen und die Angelegenheit sich sehr schnell erledigen.

Im umgekehrten Fall – es ist alles vollkommen korrekt erfolgt und auch die Dokumentation ist lückenlos – sollte dieses der Gegenseite dargestellt und die Ansprüche abgelehnt werden. In diesem Fall wird man das Risiko eingehen müssen, dass der Eigentümer versucht, seinen Anspruch gerichtlich durchzusetzen.

Die weitaus häufigsten Fälle werden jedoch genau in der Mitte liegen: eine sichere Aussage über den Ausgang einer Auseinandersetzung kann nicht getroffen werden. Gerade das Ergebnis eines in solchen Streitigkeiten einzuholenden Gutachtens kann oft nicht mit letzter Sicherheit vorausgesagt werden. Es sollte deshalb überlegt werden, ob man mit der Gegenseite einen außergerichtlichen Vergleich anstrebt oder das Risiko eines Gerichtsverfahrens eingeht. Bei dieser Entscheidung muss auch berücksichtigt werden, dass das Gerichtsverfahren ein öffentliches Verfahren ist, also entsprechende Nachteile für den Ruf der Praxis bzw. des Tierarztes entstehen können.

Sollte die Entscheidung für einen **Vergleich** ausfallen, sind einige wichtige Grundregeln zu beachten:

Eine einvernehmliche Einigung, bei der beide Seiten nachgeben – nichts anderes ist ein Vergleich –, macht für den Tierarzt i. d. R. nur dann Sinn, wenn damit alle möglichen Ansprüche des Tierhalters aus der beanstandeten Behandlung erledigt sind. Nur so kann verhindert werden, dass möglicherweise zu einem späteren Zeitpunkt Nachforderungen gestellt werden. Ein solcher Vergleich sollte deshalb immer den Passus enthalten, dass damit alle Ansprüche, ob bekannt oder unbekannt auch für die Zukunft endgültig erledigt sind. Hierbei muss der Tierarzt darauf achten, ob noch Honorarforderungen gegen den Eigentümer offen sind, da ansonsten die Gefahr besteht, dass auch diese mit dem Vergleich abgegolten sind.

In einem Vergleich sollte auch eine Kostenregelung darüber getroffen werden, wer und ggf. zu welchen Anteilen die angefallenen Rechtsanwaltskosten übernimmt. Auch dieser Aspekt ist eine Frage der Verhandlung zwischen den Parteien. Für den Teil, für den die Haftpflichtversicherung Deckungsschutz gewährt, übernimmt diese i. d. R. die Kosten des gegnerischen Rechtsanwaltes zu einem Gegenstandswert, welcher dem Vergleichsbetrag entspricht.

Ein Vergleich darf nicht ohne Rücksprache mit der Haftpflichtversicherung abgeschlossen werden, da sonst Gefahr besteht, dass die Versicherung von ihrer Leistungspflicht frei wird.

Der Vorteil des Gerichtsverfahrens kann – je nach Ausgang – darin liegen, dass die Tierhalterklage vollständig abgewiesen und der Tierarzt bezüglich des Behandlungsfehlervorwurfs vollständig »rehabilitiert« wird.

6.9.5 Gerichtsverfahren

Die Mehrzahl der Tierarzthaftungsangelegenheiten können erledigt werden, ohne dass die Gerichte bemüht werden. Kommt es jedoch zu einem Gerichtsverfahren, ist es wichtig, dass der Tierarzt – i. d. R. zeitlich begrenzt durch kurze, vom Gericht gesetzte Fristen – die richtigen Maßnahmen trifft.

Das Gerichtsverfahren beginnt für den Tierarzt mit der Zustellung der Klage durch das zuständige Amts- oder Landgericht. Bei Streitigkeiten bis 5.000,– € ist das Amtsgericht, bei Streitigkeiten, die diesen Streitwert übersteigen, das Landgericht zuständig. Die **Zustellung** erfolgt in einem farbigen Umschlag, der gut aufzubewahren ist. Auf diesem ist das Datum vermerkt, an dem dem Tierarzt die Klage zugestellt wurde. Dieses Datum ist für die Berechnung der gerichtlich gesetzten Fristen ausschlaggebend.

Zuerst muss der Betroffene seine **Haftpflichtversicherung** von dem Erhalt der Klage **unterrichten**. Sodann ist dem Gericht anzuzeigen, dass sich der Tierarzt **gegen die Klage verteidigen** möchte. Dieses kann bei einem Verfahren vor dem Amtsgericht durch den Tierarzt selbst, bei einem Verfahren vor dem Landgericht nur durch einen Rechtsanwalt geschehen. ¶

In diesem ersten Schreiben an das Gericht muss i. d. R. inhaltlich noch nicht Stellung genommen werden. Dieses erfolgt in einem gesonderten Schriftsatz, der nach gründlicher Besprechung durch den Rechtsanwalt erstellt werden sollte.

Stets wird im Rahmen des Gerichtsverfahrens eine **mündliche Verhandlung** durchgeführt. Ordnet das Gericht das persönliche Erscheinen ausdrücklich an, so hat der Tierarzt an dem Verhandlungstermin teilzunehmen. Ansonsten ist ihm dies freigestellt. Ratsam ist eine Teilnahme des Tierarztes sicherlich dann, wenn ein Sachverständiger mündlich angehört wird.

Grundsätzlich ist das Gericht verpflichtet, ein **Sachverständigengutachten** einzuholen. Es fehlt ihm an der eigenen Sachkunde, die Frage zu klären, ob ein tierärztliches Fehlverhalten vorliegt oder nicht. Diese Frage ist nämlich primär keine juristische, sondern eine veterinärmedizinische. Bei Verfahren vor den Amtsgerichten wenden sich die Richter i. d. R. an die entsprechende Tierärztekammer mit der Bitte um Benennung eines Gutachters. Den Parteien wird sodann der in Aussicht gestellte Gutachter mit der Möglichkeit der Stellungnahme mitgeteilt. Das Gutachten erfolgt i. d. R. zunächst schriftlich. Sobald das Gutachten vorliegt, wird dieses den Parteien mit der Möglichkeit zur Stellungnahme übersandt.

Praxistipp

Wichtig ist, dass sowohl der Tierarzt als auch der Rechtsanwalt eine gründliche Auswertung des Gutachtens vornehmen, um ggf. die dagegen zu erhebenden Argumente mitzuteilen. ¶

Praxistipp

Werden von den Parteien erhebliche Einwendungen vorgebracht, so wird der Gutachter aufgefordert werden, eine zusätzliche Stellungnahme entweder schriftlich oder durch mündliche Anhörung im Termin abzugeben.

Gegen ein Endurteil der Amts- und Landgerichte ist sodann das Rechtsmittel der **Berufung** gegeben, wenn derjenige, der Berufung einlegen möchte, durch das erstinstanzliche Urteil mit mindestens 600,– € beschwert wird.

6.9.6 Sachverständigengutachten

Jede Entscheidung im Rahmen einer Tierarzthaftungsangelegenheit – ob mit oder ohne gerichtliche Hilfe – steht und fällt mit der Beurteilung des Sachverständigen in einem Gutachten. Es ist deshalb für den Tierarzt wichtig zu wissen, worauf bei Beurteilung eines solchen Gutachtens besonderer Wert gelegt werden muss.

Der Sachverständige muss für die Erstellung des Gutachtens die **erforderliche Qualifikation** haben. Grundsätzlich kann theoretisch jeder approbierte Tierarzt zum tierärztlichen Sachverständigen berufen werden, da er zumindest formal durch seine Ausbildung über die hinreichenden Kenntnisse verfügt. Tatsächlich wäre es jedoch nicht angebracht, z. B. einen jungen Tierarzt zum Sachverständigen zu benennen, wenn dieser gerade erst seine berufliche Tätigkeit aufgenommen hat. Teilweise reicht auch die Qualifikation »Tierarzt« für die Bestellung eines Sachverständigen nicht aus. So kann es um die Beurteilung sehr komplizierter und spezieller Behandlungsabläufe gehen. Ist z. B. die anspruchsvolle und schwierige Operation eines Pferdes zu beurteilen, so ist es erforderlich, dass auch der Sachverständige in diesem Gebiet besonders qualifiziert und erfahren ist. Gegebenenfalls ist der Sachverständige aufzufordern, seine Erfahrungen und Kenntnisse auf dem speziellen Gebiet näher darzulegen.

Dem Gutachter sollten die **vollständigen Unterlagen** (Karteikarte, Röntgenaufnahmen etc.) bezüglich der zu beurteilenden Behandlung vorgelegen haben. Nur mittels dieser Unterlagen kann er den Befund- und Behandlungsverlauf so gut als möglich rekonstruieren und seiner Beurteilung zugrunde legen. Häufig ist zu beobachten, dass sich Sachverständige mit Kostenrechnungen oder Befundberichten anderer Tierärzte begnügen. Dies ist jedoch unzureichend. Vielfach ist es auch erforderlich, dass die Behandlungsunterlagen des nachbehandelnden Tierarztes beigezogen werden. Die von einem nachbehandelnden Tierarzt erhobenen Befunde können für die Beurteilung von großer Bedeutung sein.

Der Sachverständige darf **nicht einseitig** den vom Tierhalter dargestellten Befund-, Behandlungs- und Beschwerdeverlauf unterstellen. Besonders in Gutachten, die außerhalb eines gerichtlichen Verfahrens eingeholt werden, ist es keine Seltenheit, dass der Sachverständige seine Beurteilung an dem vom Tierhalter dargestellten Sachverhalt ausrichtet. Gerade das tatsächliche Geschehen ist zwischen den Parteien Tierarzt und Tierhalter jedoch häufig streitig. Der Sachverständige muss dann ggf. eine alternative Beurteilung vornehmen. Dabei hat er seiner Beurteilung einmal die Darstellung der einen Seite und einmal der anderen Seite zugrunde zu legen. Unverzichtbare Voraussetzung für ein ordnungsgemäßes Gutachten ist ebenfalls, dass vorher auch dem Tierarzt die Gelegenheit zur Abgabe einer Stellungnahme gegeben wird.

Von entscheidender Bedeutung ist auch, **mit welchen Fragen** sich der Sachverständige in seinem Gutachten auseinandersetzt. So kommt es in einer Tierarzthaftungsangelegenheit letztlich auf die Frage an, ob dem Tierarzt ein schuldhafter Verstoß gegen die Regeln der tierärztlichen Heilkunde nachzuweisen ist und ob zwischen diesem Behandlungsfehler und dem eingetretenen Schaden ein Kausalzusammenhang besteht.

Selbstverständlich sollte es sein, dass die vom Sachverständigen vorgenommene Wertung **nachvollziehbar und wohlbegründet** ist. Es ist unzureichend, wenn sich der Gutachter auf die Darstellung des Ergebnisses beschränkt, ohne dass für den Leser des Gutachtens erkennbar ist, woraus sich die Beurteilung herleitet.

Der Gutachter hat sich juristischen Wertungen zu enthalten. Ein Sachverständigengutachten soll allein die Fragen klären, die in das veterinärmedizinische Fachgebiet fallen. In einem Gerichtsverfahren soll es Grundlage für das Gericht sein, eine eigenständige Entscheidung über die Frage der Haftung zu treffen. Die Fragen einer ordnungsgemäßen Risikoaufklärung oder der Einordnung eines Fehlverhaltens als »groben Behandlungsfehler« sind juristischer Natur. Auch darf der Gutachter keine Beweiswürdigung etwa in der Art vornehmen, dass er bei unterschiedlichen Tatsachendarstellungen der einen Schilderung den Vorzug vor der anderen gibt. In solchen Fällen kann sich der Gutachter dem Vorwurf der Besorgnis der Befangenheit ausgesetzt sehen.

7 Haftung des Tierarztes bei der tierärztlichen Kaufuntersuchung

Es wurde eingangs bereits erwähnt, dass sich aufgrund der Umgestaltung des Schuldrechts die Rechtslage beim Viehkauf und insbesondere beim Pferdekauf in erheblichem Maße verändert hat. Tierärzte sehen sich so im Bereich der Kaufuntersuchung eines Pferdes einer zunehmenden Verantwortung für beide Kaufvertragsparteien ausgesetzt. Es wird nicht verkannt, dass in erheblichem Maße Viehkäufe getätigt werden. Die Bedeutung einer Kaufuntersuchung ist allerdings im Bereich des Pferdehandels ungleich größer als etwa bei Geschäften im Zusammenhang mit Rindern oder Schweinen. Aus diesem Grunde soll nachfolgend im Wesentlichen die Haftung des Tierarztes im Zusammenhang mit dem Kauf von Pferden dargestellt werden.

7.1 Hintergrund: Das neue Kaufrecht

In Folge einer **Richtlinie der Europäischen Union zum Verbrauchsgüterkauf** wurden die kaufrechtlichen Vorschriften des Bürgerlichen Gesetzbuches (BGB) geändert. Durch das Schuldrechts-Modernisierungsgesetz, das am 01.01.2002 in Kraft getreten ist, wurden alle Spezialvorschriften, die bisher den Tierkauf betrafen, ersatzlos gestrichen. Dazu gehört auch die kaiserliche »Verordnung, betreffend die Hauptmängel und Gewährfristen bei Viehkauf« von 1899, in der die Viehmängel im Einzelnen aufgelistet waren (Rotz, Dummkoller, Dämpfigkeit, Kehlkopfpfeifen, periodische Augenentzündung und Koppen).

Für diese Änderungen gibt es praktische Gründe. Die in der kaiserlichen Viehmängelverordnung geregelten Hauptmängel existieren z. T. nicht mehr oder sind zumindest wirtschaftlich nicht mehr relevant. Die demgegenüber heute relevanten Erkrankungen (z. B. chronische Lahmheiten, MKS, BSE) zeigen sich allerdings i. d. R. nicht innerhalb der bis dato geltenden Gewährfrist von zwei Wochen und stellten nach dem bis zum 31.12.2001 geltenden Recht sogar keinen Mangel dar. Schließlich dienen einige Vieharten – dazu gehören insbesondere Pferde – i. d. R. nicht mehr dem Lebensunterhalt des Menschen, sondern sind als Liebhabertiere anzusehen. Aus diesem Grunde bestand keine rechtliche Notwendigkeit mehr, diese Tiere im Kaufrecht anders zu behandeln als Hunde, Katzen und andere Tierarten.

Vor diesem Hintergrund werden seit dem 01.01.2002 insbesondere auch Pferde als »Sachen« behandelt, so dass der Käufer eines mangelhaften Pferdes zukünftig unter denselben Voraussetzungen und mit der gleichen Wirkung Rechte geltend machen kann, wie der Käufer von Gebrauchsgegenständen.

Nach der bisherigen Rechtslage bestand die Hauptpflicht des Verkäufers darin, dem Verkäufer die Sache zu übergeben und ihm das Eigentum daran zu verschaffen. Dabei galt bisher beim Verkauf von Tieren nach den §§ 481 ff. BGB a.F. das sog. »deutsch-rechtliche Gewährleistungsprinzip«. Danach wurde lediglich für bestimmte Mängel – die sog. Hauptmängel – gehaftet, die kraft Gesetzes erheblich waren. Diese Haftung bestand nur innerhalb kurzer Gewährsfristen, innerhalb derer der Mangel auftreten musste. Unter bestimmten Umständen wurde zugunsten des Käufers vermutet, dass ein Hauptmangel, der innerhalb der Gewährsfrist aufgetreten ist, bereits zum Zeitpunkt des Gefahrübergangs vorhanden war.

Nach der neuen Rechtslage wird der Verkäufer neben der Pflicht zur Übergabe der Sache und der Pflicht zur Verschaffung des Eigentums darüber hinaus verpflichtet, die Sache – also hier das Pferd – **»mängelfrei«** zu liefern. Der Tierverkäufer haftet somit für jeden Mangel. Für die Beantwortung der Frage, wann ein Pferd frei von Sachmängeln ist, wird regelmäßig ein Drei-Stufen-Schema herangezogen. Dieses Drei-Stufen-Schema orientiert sich an dem Begriff des (Sach-)Mangels des § 434 BGB.

Zunächst wird überprüft, welche Beschaffenheit die Kaufvertragsparteien ausdrücklich oder stillschweigend vereinbart haben. Das Pferd gilt sodann als mangelfrei, wenn es zum Zeitpunkt der Übergabe die zwischen den Parteien vereinbarte Beschaffenheit aufweist (z. B. Farbe, Größe, Ausbildungsstand, Turniererfolge, verladefromm, geländesicher, schmiedefromm) (**Stufe 1**).

Sofern die Parteien keine Beschaffenheit vereinbart haben, ist das Pferd frei von Sachmängeln, wenn es sich für die nach dem Vertrag vorausgesetzte Verwendung eignet (§ 434 Abs. 1 Satz 2 Nr. 1 BGB) (**Stufe 2**).

Sofern weder die Beschaffenheit vertraglich festgehalten wurde noch eine bestimmte Verwendung vorausgesetzt wurde, gilt das Pferd als frei von Sachmängeln, wenn es sich »für die gewöhnliche Verwendung eignet und eine Beschaffenheit aufweist, die bei Sachen gleicher Art üblich ist und die der Käufer nach der Art der Sache erwarten kann (§ 434 Abs. 1 Satz 2 Nr. 2 BGB) (**Stufe 3**).

Sind diese Voraussetzungen erfüllt, gilt das Pferd als mangelfrei. Hier stellt sich die Frage, welche Ansprüche der Käufer im Falle eines Mangels des Pferdes geltend machen kann. Der Käufer kann zunächst primär gemäß § 439 BGB **Nacherfüllung** verlangen. Er kann somit wahlweise entweder die Beseitigung des Mangels oder die Lieferung eines mangelfreien Pferdes verlangen. Der Käufer wird dazu allein aufgrund des Vorliegens eines Mangels berechtigt. Erst wenn die begehrte Nacherfüllung nicht realisiert werden kann, kann der Käufer vom Vertrag **zurücktreten** (§§ 437, 439 BGB) oder den Kaufpreis gemäß § 441 BGB mindern. Insbesondere die Minderung war im bisherigen Viehmängelrecht nicht vorgesehen.

Zusätzlich hat der Käufer neben dem Rücktritts- bzw. dem Minderungsrecht einen **Schadensersatzanspruch**, wenn eine Pflichtverletzung (= Lieferung eines mangelhaften Pferdes) vorliegt und der Verkäufer diese Pflichtverletzung zu vertreten hat (§ 437 Nr. 3 in Verbindung mit §§ 440, 280, 281, 283 BGB). Dabei hat der Käufer die Mangelhaftigkeit des Pferdes und das Bestehen des Mangels im Zeitpunkt des »Gefahrübergangs« zu beweisen. Unter einem »Gefahrübergang« ist der Zeitpunkt der Übergabe der Kaufsache durch den Verkäufer bzw. die Inbesitznahme des Pferdes durch den Käufer zu verstehen.

Während grundsätzlich der Käufer nach den allgemeinen Beweislastregeln den Beweis dafür anzutreten und zu führen hat, dass das Pferd bereits im Zeitpunkt des Gefahrübergangs einen Mangel hatte, wird bei einem sog. »Verbrauchsgüterkauf« zu Lasten des Verkäufers vermutet, dass ein Mangel, der sich innerhalb von sechs Monaten seit Gefahrübergang des Pferdes zeigt, bereits bei der Übergabe vorgelegen hat. Ein solcher »Verbrauchsgüterkauf« im Sinne der §§ 474 ff. BGB liegt dann vor, wenn ein »Verbraucher« (also z. B. ein privater Käufer) von einem »Unternehmer« (also z. B. einem gewerblichen Pferdehändler) ein Pferd kauft. Die Rechte des Käufers hängen daher u. a. davon ab, ob er das Pferd bei einem privaten oder einem gewerblichen Verkäufer erwirbt.

7.2 Arten und Bedeutung der Kaufuntersuchung

Aufgrund der dargestellten neuen Rechtslage (Verkäufer haftet für Lieferung einer mangelbehafteten Sache) stellt der Verkauf eines Pferdes für einen Verkäufer immer dann ein Risiko dar, wenn entweder ihm bekannte Unzulänglichkeiten nicht in den Vertrag aufgenommen wurden oder ihm Beeinträchtigungen des Pferdes nicht bekannt sind. Seit Inkrafttreten des beschriebenen Schuldrechts-Modernisierungsgesetzes ist somit immer häufiger zu beobachten, dass Vieh- und insbesondere Pferdekäufe nicht mehr – wie früher üblich – allein per Handschlag, sondern unter Abfassung eines schriftlichen Kaufvertrages getätigt werden. Dies bedeutet nicht, dass mündliche Kaufverträge oder Verträge »per Handschlag« in rechtlicher Hinsicht nicht mehr möglich und zulässig sind. Wegen der Auswirkungen eines Mangels und aus Gründen der späteren Beweisbarkeit ist allerdings dringend zu empfehlen, sämtliche Vereinbarungen und Absprachen zwischen Käufer und Verkäufer detailliert und insbesondere schriftlich festzuhalten. Grundsätzlich dürften beide Vertragsparteien ein Interesse daran haben, aufgrund eines schriftlichen Kaufvertrages die möglichen eigenen Rechte abzuschätzen und abzusichern.

Bei dem Abschluss eines schriftlichen Kaufvertrages werden häufig Musterverträge auf der Grundlage von Empfehlungen der Deutschen Reiterlichen Vereinigung (FN) verwendet. In diesen Verträgen wird die tierärztliche Untersuchung regelmäßig im Zusammenhang mit einer aufschiebenden oder auflösenden Bedingung gesehen. Bei einem solchen Vertrag vereinbaren der Käufer und der Verkäufer also, die Gültigkeit des Kaufvertrages vom Ergebnis einer tierärztlichen Untersuchung abhängig zu machen.

Formulierungsvorschlag

»Für den Fall, dass die Parteien die Durchführung einer tierärztlichen Untersuchung vereinbaren, gilt Folgendes:

Der vorstehende Kaufvertrag wird erst wirksam, wenn das Pferd durch den vom Verkäufer/Käufer zu beauftragenden Tierarzt Dr. ..... untersucht ist und wenn sich der Käufer nach Bekanntgabe des Untersuchungsergebnisses entscheidet, das Pferd zu übernehmen. Der Käufer hat dem Verkäufer seine Entscheidung unverzüglich mitzuteilen. In jedem Fall wird der Verkäufer von seiner Verkaufsverpflichtung freigestellt, wenn der Käufer seine Entscheidung nicht innerhalb von ..... Tagen nach dem Zeitpunkt der tierärztlichen Untersuchung dem Verkäufer mitgeteilt hat.« ¶

Der tierärztlichen Untersuchung kommt somit eine zunehmende Bedeutung zu. Auf der einen Seite dient das Ergebnis der Untersuchung dem Käufer bei der Einschätzung der gesundheitlichen Beschaffenheit. Auf der anderen Seite hilft eine ausführliche und sachgerechte tierärztliche Untersuchung, das Pferd aufgrund des positiven Ergebnisses der Untersuchung (gewissermaßen als »Werbeaussage«) besser zu veräußern und zusätzlich nachträgliche Auseinandersetzungen zwischen Käufer und Verkäufer über die Beschaffenheit des Pferdes zum Zeitpunkt des Gefahrübergangs zu vermeiden. Somit haben beide Vertragsparteien ein erhebliches Interesse daran, eine tierärztliche Untersuchung des Pferdes vornehmen zu lassen.

Angesichts der z. T. unterschiedlichen Interessenlagen von Käufer und Verkäufer und je nach Zeitpunkt der tierärztlichen Kaufuntersuchung unterscheidet man eine »**Verkaufsuntersuchung**« und eine »**Ankaufsuntersuchung**«.

Eine Verkaufsuntersuchung erfolgt regelmäßig vor dem Verkauf. Der Tierarzt wird dabei von dem Verkäufer beauftragt. Die Verkaufsuntersuchung bietet somit dem Verkäufer die Möglichkeit, insbesondere die gesundheitliche Beschaffenheit des Tieres zu dokumentieren und somit möglicherweise zu seinen Gunsten die vertragliche Abwicklung des Kaufs zu erleichtern oder sogar einen höheren Kaufpreis zu erzielen. Ein Verkäufer ist grundsätzlich nicht zu einer Verkaufsuntersuchung verpflichtet. Eine Verpflichtung kann lediglich dann angenommen werden, wenn abzuklärende »Verdachtsmomente« bestehen. Dazu gehören insbesondere gesundheitliche Mängel (z. B. Lahmheiten, angelaufene Sehnen, kränkliche Gesamterscheinung, Husten).

Praxistipp

Obwohl der Verkäufer nicht zur Durchführung einer Verkaufsuntersuchung verpflichtet ist, stellt diese angesichts der zivilrechtlichen Haftung im Falle der Lieferung eines mangelhaften Pferdes für den Verkäufer in jedem Falle eine gewisse Sicherheit dar. Er tut somit gut daran, vor dem Verkauf eine tierärztliche Untersuchung durchführen zu lassen, um den möglichen haftungsrechtlich vorgegebenen Ansprüchen des Käufers zu entgehen. ¶

Von der »Verkaufsuntersuchung« ist die »Ankaufsuntersuchung« zu unterscheiden. Als Ankaufsuntersuchung wird die tierärztliche Untersuchung im Zusammenhang mit einem aufschiebend oder auflösend bedingten Pferdekauf (s. o.) bezeichnet. Sofern sich im Rahmen einer Ankaufsuntersuchung gesundheitliche Mängel des Tieres feststellen lassen, wird der Kaufvertrag wegen der aufgenommenen Bedingung möglicherweise unwirksam oder von den Vertragsparteien in Ansehung des Ergebnisses der Ankaufsuntersuchung wieder aufgehoben.

7.3 Haftung des Tierarztes

7.3.1 Untersuchungsvertrag = Werkvertrag

Im vorangehenden Kapitel wurde die zivilrechtliche Haftung des Tierarztes im Zusammenhang mit der Behandlung eines Tieres aufgrund eines Behandlungsvertrages umfassend dargestellt. Von dieser Haftung ist grundsätzlich die Haftung des Tierarztes bei der tierärztlichen Kaufuntersuchung zu unterscheiden. Die Haftungsvoraussetzungen und der Haftungsumfang bestimmen sich jeweils nach dem zugrunde liegenden vertraglichen Verhältnis. Der einer Behandlung des Tieres zugrunde liegende Behandlungsvertrag wird rechtlich als sog. **Dienstvertrag** gemäß § 611 ff. BGB qualifiziert. Der Tierarzt schuldet daher die reine tierärztliche Tätigkeit als solche.

Demgegenüber ist der Vertrag im Zusammenhang mit der tierärztlichen Kaufuntersuchung als sog. **Werkvertrag** gemäß §§ 631 ff. BGB zu qualifizieren. Im Gegensatz zu der sonstigen Tätigkeit der Heilbehandlung schuldet der Tierarzt im Rahmen der Kaufuntersuchung die Erbringung eines Werkes, also die Erstellung eines Gutachtens über den Gesundheitszustand des Pferdes zum Zeitpunkt der Untersuchung. Dabei schuldet der Tierarzt – anders als bei dem Behandlungsvertrag – den »Erfolg«. Es besteht somit die Pflicht des Tierarztes, dem Besteller (Verkäufer oder Käufer) das Werk (Gutachten über den Gesundheitszustand) frei von Mängeln zu verschaffen.

Für den dabei anzulegenden Maßstab ist es unerheblich, ob der Tierarzt durch den Verkäufer oder den Käufer mit der Erstellung eines Gutachtens beauftragt wurde. Die Rechtsprechung sieht den zugrunde liegenden Werkvertrag in den meisten Fällen als Vertrag mit Schutzwirkung für Dritte an, so dass es für die Geltendmachung von Schadensersatzansprüchen gegen den Tierarzt nicht darauf ankommt, ob das Gutachten durch den Käufer oder den Verkäufer bestellt wurde. Bei einem solchen Vertrag mit Schutzwirkung zugunsten Dritter erhält der Dritte (es kann sich dabei sowohl um den Käufer als auch um den Verkäufer handeln) zwar keinen eigenen Leistungsanspruch auf die Erbringung der Leistung. Der Dritte kann jedoch, wenn der Tierarzt die Leistung schlecht erbringt, eigene vertragliche Schadensersatzansprüche geltend machen, obwohl er selbst nicht Vertragspartei ist.

Praxisbeispiel

Ein Verkäufer beauftragt den Tierarzt mit der Erstellung eines tierärztlichen Gutachtens über den Gesundheitszustand eines Pferdes und gibt dem Tierarzt dabei zu verstehen, dass er die Absicht hat, das Pferd auf der Grundlage der Untersuchung an einen Käufer zu veräußern. ¶

In diesem Beispiel wird der Werkvertrag zur Erbringung eines Gutachtens zwischen dem Verkäufer einerseits und dem Tierarzt andererseits abgeschlossen. Lediglich diese beiden Personen sind Parteien des Werkvertrages. Der potentielle oder spätere Käufer ist demgegenüber nicht Vertragspartei. Er ist somit als »Dritter« anzusehen. Gleichwohl kann der Käufer auch als »Dritter« eigene Schadensersatzansprüche geltend machen, sofern der Tierarzt seine vertraglichen Pflichten nicht erfüllt.

Dies ist allerdings an bestimmte Voraussetzungen geknüpft. Zum einen wird vorausgesetzt, dass die Partei des Kaufvertrags, die nicht als Besteller des Werkvertrages mit dem Tierarzt auftritt (in dem genannten Beispiel also der Käufer) mit der Leistung des Tierarztes in Berührung kommt. Diese Voraussetzung ist in dem Praxisbeispiel bereits dadurch erfüllt, dass das Ergebnis des Gutachtens – bekanntermaßen – Grundlage eines späteren Kaufs sein soll. Die weitere Voraussetzung besteht darin, dass der Besteller (also der Verkäufer) ein Interesse an der Einbeziehung des Dritten (also des Käufers) in den Schutzbereich des Werkvertrags hat. Die Drittbezogenheit ist für den Tierarzt also erkennbar. Auch diese Voraussetzung ist in dem genannten Praxisbeispiel gegeben, da dem Tierarzt bekannt ist, dass das tierärztliche Gutachten Grundlage eines Kaufgeschäfts mit einem Käufer sein soll. Schließlich muss der Dritte (also der Käufer) schutzbedürftig sein, d. h. keine eigenen vertraglichen Ansprüche gegen den Tierarzt haben. Davon ist regelmäßig bereits dann auszugehen, wenn eine Partei eines Kaufvertrages anlässlich des zu tätigenden Kaufs ein tierärztliches Gutachten anfertigen lässt. Der Bundesgerichtshof (BGH) hat sich bereits mehrfach zu der Problematik des Vertrages mit Schutzwirkung zugunsten Dritter geäußert, so z. B. in einer Entscheidung vom 10.11.1994 (Az. III ZR 50/94). Der BGH führt dort aus, dass es im Falle von Wertgutachten ausreichend sei, dass es dem Gutachter – hier dem Tierarzt – bekannt ist, dass sein Gutachten für potentielle Käufer bestimmt ist. Dabei ist es nicht erforderlich, dass der Tierarzt den potentiellen Käufer kennt. Diese Rechtsprechung des BGH wird von nahezu allen Obergerichten geteilt, so z. B. von dem Oberlandesgericht Köln in einer Entscheidung vom 19.06.1991 (Az. 11 U 88/90).

7.3.2 Vorliegen eines Mangels

Der Tierarzt ist aufgrund eines geschlossenen Untersuchungsvertrages verpflichtet, dem Besteller das Gutachten **frei von Mängeln** zu verschaffen. Auch hier stellt sich die Frage, wann das Gutachten als mangelhaft anzusehen ist. Bei der Beurteilung eines Mangels im Werkvertragsrecht wird nahezu die identische Prüfung vorgenommen wie im Kaufvertragsrecht. Insofern ist auf die obige Darstellung des neuen Kaufrechts zu verweisen. Es erfolgt auch hier anhand des bereits dargestellten Drei-Stufen-Schemas eine Überprüfung nach folgenden Punkten:

- Weist das Gutachten die vertraglich vereinbarte Beschaffenheit auf (**Stufe 1**)?
- Eignet sich das Gutachten nach der für den Vertrag vorausgesetzten Verwendung, sofern die Parteien keine Beschaffenheit vertraglich vereinbart haben (**Stufe 2**)?
- Eignet sich das Gutachten für die gewöhnliche Verwendung, sofern die Beschaffenheit weder vertraglich vereinbart wurde, noch eine bestimmte Verwendung vorausgesetzt wurde (**Stufe 3**)?

Dabei geht wiederum die vertraglich vereinbarte Beschaffenheit des Gutachtens der nach dem Vertrag vorausgesetzten Verwendung sowie der gewöhnlichen Verwendung vor.

Beispiele für eine mangelhafte Begutachtung:

- Der BGH hat es in einer Entscheidung vom 18.02.1986 (Neue Juristische Wochenschrift – Rechtssprechungsreport 1986, S. 1115) als Mangel angesehen, dass ein Tierarzt ohne Entnahme einer Gewebsprobe eine wallnussgroße Veränderung des Unterkiefers eines wertvollen Pferdes als gutartig attestierte. Der BGH nahm hier sogar zu Lasten des Tierarztes ein sittenwidriges Handeln aufgrund einer leichtfertigen Begutachtung an und führte dazu aus: »*Wenn ein Gutachter wichtige Fragen zu untersuchen hat und vom Ergebnis des Gutachtens wirtschaftliche Folgen für die Beteiligten abhängen, so ist eine leichtfertige Begutachtung im Sinne einer sittenwidrigen Schädigung zu bejahen, wenn der Schädiger mit Rücksicht auf Ansehen oder seinen Beruf eine Vertrauensstellung einnimmt*«.

In dem dargestellten Fall entspricht das Gutachten sicherlich weder der vereinbarten Beschaffenheit noch ist es für die nach dem Vertrag vorausgesetzte Verwendung geeignet noch eignet es sich für die gewöhnliche Verwendung. Damit lag ein Mangel vor.

- Das Oberlandesgericht Köln hat in einer Entscheidung vom 19.06.1991 (Az. 11 U 88/90) das Vorliegen eines Mangels in einem Fall bejaht, in dem der betreffende Tierarzt anlässlich einer Kaufuntersuchung eine röntgenologisch dargestellte und sichtbare »deutliche Veränderungen an den Sprunggelenken eines Pferdes im Sinne von Spat« nicht als solche erkannt hat.

  Auch in diesem Fall ist das tierärztliche Gutachten gemäß dem Drei-Stufen-Schema als mangelhaft zu bezeichnen.

7.3.3 Rechtsfolgen der Mangelhaftigkeit

Sofern das tierärztliche Gutachten mangelhaft sein sollte, stellt das Gesetz dem Auftraggeber eine Reihe unterschiedlicher Rechte zur Seite. Zunächst kann der Auftraggeber – ähnlich wie im Kaufrecht – nur **Nacherfüllung** verlangen. Gemäß § 635 Abs. 1 BGB hat der in Anspruch genommene Tierarzt die Wahl zwischen einer Beseitigung des Mangels oder der Erstellung eines vollständig neuen Gutachtens. Erst nachrangig kann der Auftraggeber die **Mängelbeseitigung** selbst vornehmen oder vom Vertrag **zurücktreten**, die Vergütung **mindern** oder **Schadensersatz** verlangen. Die vorgenannten Rechtsfolgen sind in § 634 Abs. 1 Nr. 1–4 BGB geregelt. Die gesetzlich vorgesehenen Rechte der Selbstvornahme der Mängelbeseitigung durch den Auftraggeber, der Rücktritt vom Vertrag sowie die Minderung der Vergütung spielen in der juristischen Praxis keine große Rolle. Bedeutsamer ist dagegen die gesetzlich vorgesehene Möglichkeit, den Tierarzt wegen einer Schlechtleistung auf Schadensersatz gem. § 634 Abs. 1 Nr. 4 BGB in Anspruch zu nehmen. Ein derartiger Schadensersatzanspruch setzt allerdings voraus, dass der Tierarzt **schuldhaft** die Leistung nicht oder nicht wie geschuldet erbringt. Schuldhaft bedeutet gem. § 276 Abs. 1 BGB entweder **Vorsatz** oder **Fahrlässigkeit**. Fahrlässig handelt dabei bereits der Tierarzt, der »die im Verkehr erforderliche Sorgfalt außer Acht lässt« (§ 276 Abs. 2 BGB). Bei der Verschuldensfrage ist daher auch zu prüfen, welche Sorgfalt »im Verkehr« erforderlich ist. Dies wird nicht nur durch Rechtsvorschriften normiert, sondern z. T. auch von Vorschriften und Maßstäben begründet, die als solche zunächst keine rechtliche Relevanz besitzen. Wenn somit z. B. von Fachverlagen auf der Grundlage wissenschaftlicher Erkenntnisse und Erfordernisse standardisierte Untersuchungsprotokolle veröffentlicht und diese von den meisten Tierärzten genutzt werden, so definieren derartige Protokolle die »im Verkehr erforderliche Sorgfalt« und setzten damit mittelbar Haftungsmaßstäbe.

Sofern ein Tierarzt somit die »im Verkehr erforderliche Sorgfalt« außer Acht lässt und damit schuldhaft ein mangelhaftes Gutachten erstattet, sieht er sich grundsätzlich diversen Ansprüchen ausgesetzt, insbesondere einem Schadensersatzanspruch des Auftraggebers sowie möglicherweise auch des »Dritten« (z. B.

des Käufers). Je nach Fallgestaltung können sich die daraus resultierenden finanziellen Forderungen empfindlich auswirken.

Praxisbeispiel

Ein Käufer erwirbt von einem Tierarzt ein als gesund attestiertes Dressurpferd zu einem Preis von 30.000,– €. Im Nachhinein stellt sich heraus, dass das tierärztliche Gutachten fehlerhaft war und das gekaufte Dressurpferd aufgrund eines gesundheitlichen Schadens nur einen Wert von 5.000,– € hat. Unter bestimmten Voraussetzungen kann der Tierarzt sodann in Höhe der Differenz zwischen dem vereinbarten Kaufpreis und dem tatsächlichen Wert, somit in Höhe von 25.000,– €, in Anspruch genommen werden. ¶

7.3.4 Vertragliche Haftungsausschlüsse

Angesichts der dargestellten Folgen mangelhafter Gutachten ist das Interesse des Tierarztes nachvollziehbar, seine Haftung möglichst auszuschließen oder zumindest zu begrenzen. Eine Vereinbarung über einen Haftungsausschluss kommt nur dann nicht in Betracht und ist gem. § 639 BGB nur dann unwirksam, wenn der Tierarzt den Mangel des Gutachtens kennt und arglistig verschweigt oder eine Garantie für die Beschaffenheit des Gutachtens übernommen hat. Im Übrigen ist es grundsätzlich rechtlich zulässig, mit dem Auftraggeber einen Haftungsausschluss zu vereinbaren.

Viele Tierärzte verwenden zur Vereinfachung und Vereinheitlichung der Untersuchung Formulare sowohl für den eigentlichen Untersuchungsvertrag als auch für das Untersuchungsprotokoll. Derartige Untersuchungsvertragsformulare enthalten häufig zugunsten des Tierarztes Formulierungen, mit denen die Haftung des Tierarztes vertraglich begrenzt oder gar ausgeschlossen werden soll und sind insoweit höchst problematisch.

Vorsicht

Sofern der Tierarzt bei der Durchführung von Kaufuntersuchungen regelmäßig derartige Formulare verwendet, so handelt es sich nicht mehr um einen Individualvertrag zwischen dem Tierarzt und dem Auftraggeber. Vielmehr stellt die Benutzung derartiger Formulare die Verwendung »**Allgemeiner Geschäftsbedingungen**« dar, so dass die gesetzlichen AGB-Regelungen der §§ 305 ff. BGB zur Anwendung kommen. Danach sind formularvertragliche Haftungsausschlüsse zugunsten des Tierarztes grundsätzlich unwirksam. ¶

Dies gilt gemäß § 309 Abs. 1 Nr. 7b BGB insbesondere für den Ausschluss der Haftung für Pflichtverletzungen des Tierarztes, die auf grober Fahrlässigkeit und Vorsatz beruhen.

Ob und inwieweit der Tierarzt bei der Verwendung von Formularverträgen die Haftung für leichte Fahrlässigkeit ausschließen kann, ist nicht eindeutig gesetzlich geregelt. Nach der Vorschrift des § 309 Abs. 1 Nr. 7b BGB ist ein derartiger Ausschluss für leichte Fahrlässigkeit möglich. Ein solcher Ausschluss dürfte allerdings wiederum gegen § 307 Abs. 2 Nr. 2 BGB verstoßen. Danach sind solche Bestimmungen in allgemeinen Geschäftsbedingungen unwirksam, die zulasten einer Partei in »wesentliche Rechte oder Pflichten« eingreifen und daher eine unangemessene Benachteiligung darstellen. Die höchstrichterliche Rechtsprechung geht davon aus, dass formularmäßige Haftungsausschlüsse bei schuldhaften Verstößen gegen **wesentliche** Vertragspflichten unwirksam sind. Die Pflicht des Tierarztes zur sorgfältigen Untersuchung stellt aber sicherlich eine wesentliche Pflicht im Rahmen der Kaufuntersuchung dar (*OLG Stuttgart, Urteil vom 13.06.1991, Az. 14 U 51/90*).

Der Verweis des Tierarztes auf formularvertragliche Regelungen zum Haftungsausschluss hilft daher aufgrund der Unwirksamkeit der Regelungen nicht weiter.

Hinweis

Die dargestellten Haftungsbegrenzungen bzw. Haftungsausschlüsse sind sogar dann unwirksam, wenn der Tierarzt mit dem Auftraggeber des Gutachtens eine individuell vertragliche Vereinbarung dergestalt trifft, dass auf einen vorformulierten Vertrag oder auf empfohlene Vertragsklauseln zurückgegriffen wird, die sodann handschriftlich in den Vertrag eingearbeitet werden. Auch in diesem Falle kommen die gesetzlichen Regelungen für allgemeine Geschäftsbedingungen zur Anwendung. ¶

Dies wird damit begründet, dass der Auftraggeber beim Abschluss des tierärztlichen Untersuchungsvertrages keinen Einfluss auf den Inhalt der bereits vorgegebenen Vertragsklauseln hat. Insofern spielt es keine Rolle, ob ein vorformulierter und gedruckter Vertrag oder aber ein handschriftlich gefertigter Vertrag unter Verwendung vorgegebener Vertragsklauseln verwendet wird.

Praxistipp

Vor dem Hintergrund der eingeschränkten Möglichkeit einer Haftungsbegrenzung bzw. eines Haftungsausschlusses kommt dem Abschluss eines Haftpflichtversicherungsvertrages große Bedeutung zu. Während Leistungserbringer in anderen Berufssparten (z. B. Ärzte, Zahnärzte, Rechtsanwälte, Architekten) nahezu ausnahmslos haftpflichtversichert sind, setzt sich in der Tierärzteschaft – unverständlicherweise – nach wie vor ein erheblicher Anteil von Tierärzten täglich einem Haftungsrisiko aus, ohne haftpflichtversichert zu sein. Hinsichtlich der möglichen finanziellen Folgen wird auf das vorangehende Kapitel verwiesen. ¶

7.4 Umfang der Kaufuntersuchung

Hinsichtlich des Umfangs der Kaufuntersuchung sollte der Tierarzt zunächst wissen, dass es hierfür keinen einheitlichen Maßstab gibt. Der Umfang der Untersuchung hängt zum einen meist vom Wert des Tieres und zum anderen häufig von dem Nutzungszweck ab. So kann der Untersuchungsumfang z. B. bei einem wertvollen Turnierpferd oder angesichts der zukünftigen Verwendung als Zuchtpferd größer sein als bei einem älteren Freizeitpferd. Aufgrund der Ausweitung der Haftung des Verkäufers und der dargestellten Rechtsfolgen erscheint es aus juristischer Sicht in jedem Falle sinnvoll, das gesamte Pferd zu untersuchen. Dies dürfte sich allerdings in der Praxis häufig aus zeitlichen und insbesondere finanziellen Gründen äußerst schwierig gestalten.

Im allgemeinen Sprachgebrauch werden häufig eine **»kleine« Ankaufsuntersuchung** (»kleiner TÜV«) und eine **»große« Ankaufsuntersuchung** (»großer TÜV«) unterschieden. Wenn auch die sog. »große« Ankaufsuntersuchung nach dem allgemeinen Sprachgebrauch regelmäßig eine umfangreiche Röntgenuntersuchung beinhaltet, so ist gleichwohl eine genaue Abgrenzung zu einer sog. »kleinen« Ankaufsuntersuchung nicht festgelegt. Der Tierarzt sollte daher in jedem Fall mit den Kaufvertragsparteien detailliert abklären, welchen genauen Umfang die Untersuchung haben soll.

Der Tierarzt ist darüber hinaus nicht nur zu einer fachgerechten Untersuchung des Pferdes verpflichtet, sondern schuldet zudem auch im Vorfeld der Untersuchung eine Beratung über den Umfang der Untersuchung. Aus diesem Grunde sollte der Tierarzt dem Auftraggeber die verschiedenen Möglichkeiten des Untersuchungsumfangs darstellen und anbieten und dem Auftraggeber nach einer entsprechenden Beratung die Auswahl überlassen.

Praxistipp

Die vor der Untersuchung durchgeführte Beratung durch den Tierarzt, die Aufklärung über verschiedene Untersuchungsalternativen und die sich daran anschließende Entscheidung des Auftraggebers sollten in jedem Falle in einem schriftlichen Protokoll festgehalten und ausführlich dokumentiert werden. ¶

Praxisbeispiel

Ein Auftraggeber beauftragt den Tierarzt mit der Durchführung einer tierärztlichen Kaufuntersuchung, will dabei allerdings aus Kostengründen auf eine umfangreiche Röntgenuntersuchung verzichten. Die klinische Untersuchung verläuft ohne besondere Befunde. Später stellt sich heraus, dass das Pferd unter einer röntgenologisch nachweisbaren krankhaften Veränderung des Sprunggelenks leidet. ¶

Sofern der Auftraggeber wie im vorliegenden Fall lediglich eine klinische Untersuchung wünscht, so haftet der Tierarzt auch nur für solche Mängel, die bei dieser Untersuchungsart zu entdecken sind. Er haftet insofern nicht für Mängel, die zum Untersuchungszeitpunkt nicht durch die beauftragte klinische Untersuchung, sondern lediglich durch die nicht in Auftrag gegebene Röntgenuntersuchung feststellbar sind. Sofern der Tierarzt in dem Untersuchungsprotokoll die Aufklärung des Auftraggebers und dessen Willen, die Untersuchung trotzdem auf eine klinische Untersuchung zu beschränken, schriftlich dokumentiert hat, kann der Tierarzt wegen der nur röntgenologisch feststellbaren Beeinträchtigung nicht regresspflichtig gemacht werden.

Vorsicht

Der Tierarzt darf sich nicht einseitig auf den vereinbarten Untersuchungsumfang beschränken, wenn bestimmte Umstände hinzutreten, welche weitergehende Untersuchungen notwendig erscheinen lassen. Es können sich z. B. innerhalb des vereinbarten Untersuchungsumfangs Hinweise auf das Vorliegen einer Erkrankung ergeben, die eine eingehende Untersuchung nötig machen. Dann ist der Tierarzt verpflichtet, den Auftraggeber hierauf hinzuweisen und entsprechend aufzuklären, dass Verdachtsmomente bestehen, deren Abklärung eine weitergehende – bisher nicht vereinbarte – Untersuchung bedürfen. ¶

Hierbei sollten auch die sich ergebenden Verdachtsmomente, die Aufklärung durch den Tierarzt und die Entscheidung des Auftraggebers schriftlich dokumentiert werden. Lehnt der Auftraggeber die als weitere Möglichkeit dargestellte ergänzende Untersuchung ab, so kann der Tierarzt auch insoweit später nicht in die Haftung genommen werden.

In haftungsrechtlicher Hinsicht kommt somit der Dokumentation bei der Kaufuntersuchung eine ebenso große Bedeutung zu, wie derjenigen bei der tierärztlichen Behandlung. Die Dokumentation sollte daher in jedem Falle schriftlich erfolgen und möglichst umfassend die einzelnen Umstände des Untersuchungsauftrages und der Untersuchung beinhalten.

In der Praxis verwenden viele Tierärzte formulartige **Vordrucke für Untersuchungsprotokolle**, z. B. das Formular der Hippiatrika Verlagsgesellschaft mbH. Der in diesem Vordruck dargestellte Untersuchungsumfang entspricht im Regelfall dem eingeführten Untersuchungsstandard unter Berücksichtigung wissenschaftlicher Erkenntnisse, haftungsrechtlicher Notwendigkeit und des finanziellen Aufwandes.

Die Untersuchungsprotokolle sehen auch die Angabe der Untersuchungsformalien vor, so insbesondere Angaben zum Auftraggeber, zum untersuchenden Tierarzt, zum möglichen »Dritten«, zum Ort und Tag der Untersuchung, zu den Untersuchungsbedingungen, zum Untersuchungsauftrag (z. B. klinische Untersuchung, Endoskopie der oberen Atemwege, Standard-Röntgenuntersuchung, ergänzende Röntgenaufnahmen) sowie Angaben zu dem zu untersuchenden Pferd.

Die eigentliche Untersuchung lässt sich nach folgenden Untersuchungsabschnitten und Kriterien dokumentieren:

1) Allgemeinuntersuchung
- Pflegezustand
- Ernährungszustand
- Haut und Haarkleid
- auffällige Narben
- Hauttumoren
- Körperinnentemperatur
- Puls
- Atmung
- Mandibularlymphknoten
- Jugularvenen
- Nasenausfluss
- spontaner Husten

2) Untersuchung in Ruhe
- Nervensystem (Anzeichen für Nervenlähmungen und Erkrankungen)
- Augen (Anzeichen einer Erkrankung von Konjunktiven, Hornhaut, vorderer Augenkammer, Iris, Linse, Glaskörper, Augenhintergrund)
- Verhalten
- Atmungssystem (auslösbarer Husten, Trachealauskultation, Lungenauskultation, nach Atemstimulierung)
- Herz
- Maulhöhle, Gebiss
- äußere Geschlechtsorgane
- Kot
- Blutprobe

3) Untersuchung des Bewegungsapparates
- Adspektion und Palpation des Rückens
- Adspektion und Palpation der Gliedmaßen
- Beschlag
- Beurteilung im Schritt und Trab an der Hand, auf der Geraden, auf hartem Boden
- Provokationsproben (Wendeschmerz, Beugeproben der Gliedmaßen)

4) Untersuchung von Herz, Atemsystem und Bewegungsapparat unter Belastung (Bewertung bis zum Eintritt intensiver Atmung)
- Bewegungsstörungen
- abnormes Atemgeräusch
- Atembeschwerden
- Husten, Nasenausfluss
- Auskultation von Herz und Lunge
- Puls und Atemfrequenz nach Belastung im Trab/Galopp (Ruhefrequenz, sofort nach der Belastung, nach mehreren Minuten)

5) Besondere Untersuchungen
- Standard-Röntgenuntersuchung: Zehe (90°, Übersicht), Oxspring, Sprunggelenk (2 Ebenen: 45–70° und 90–115°)
- zusätzliche Röntgenaufnahmen: Strahlbein, Hufgelenk (gehalten), Fesselgelenk (4 Ebenen), Sprunggelenk (3 Ebenen), Kniegelenk (2 Ebenen), Dornfortsätze (BWS/LWS)
- Endoskopie der oberen Atemwege
- Laboruntersuchungen
- Rektale Untersuchung
- Sonstige Untersuchungen

Exkurs

Viele Tierärzte orientieren sich bei der Röntgenbefundbeschreibung und der Röntgenbefundbeurteilung an der Gruppeneinteilung gemäß den vereinheitlichten Empfehlungen der Bundestierärztekammer. Diese sind wie folgt erarbeitet und von Röntgenkommissionen aktualisiert worden:

Klasse I: Röntgenologisch ohne besonderen Befund und Befunde, die als anatomische Formvarianten eingestuft werden.

Klasse II: Befunde, die gering von der Norm abweichen, bei denen klinische Erscheinungen unwahrscheinlich sind.

Klasse III: Befunde, die deutlich von der Norm abweichen, bei denen klinische Erscheinungen wenig wahrscheinlich sind.

Klasse IV: Befunde, die erheblich von der Norm abweichen, bei denen klinische Erscheinungen wahrscheinlich sind

Dabei sind weitere Unterteilungen in Klassen I–II, II–III und III–IV möglich. Die Verwendung dieser Gruppeneinteilung führt sicherlich zu einer Vereinheitlichung der Beurteilung.

Gleichwohl gibt es auch hier z. T. erhebliche Unterschiede. Diese ergeben sich u. U. daraus, dass ein »unerschrockener« Tierarzt einen Röntgenbefund in die Klasse I einstuft, während sein »ängstlicher« Kollege aus Angst vor einer haftungsrechtlichen Inanspruchnahme denselben Befund in die Röntgenklasse I–II oder gar II einordnet. Die unterschiedliche Einstufung hat in der Praxis weit reichende Folgen und kann einerseits zu einem höheren Kaufpreis und andererseits zu einer Abstandnahme vom beabsichtigten Kauf führen.

Die tierärztliche Kaufuntersuchung dient der Feststellung des aktuellen Gesundheitszustandes eines Pferdes und stellt somit in jedem Fall eine diagnostische Momentaufnahme dar. Aus diesem Grunde ist der untersuchende Tierarzt gehalten, die vorgefundenen Untersuchungsergebnisse fachlich zu bewerten und objektiv darzustellen. Diese kritische und objektive Bewertung ist ebenso wie die zuvor durchgeführte Untersuchung wesentliche vertragliche Pflicht. Aus diesem Grunde sollte auch die zusammenfassende Bewertung schriftlich dokumentiert werden. ¶

Der dargestellte mögliche Umfang einer Kaufuntersuchung geht selbstverständlich von dem Leitbild einer idealen Kaufuntersuchung aus. Es wird nicht verkannt, dass in der Praxis zwischen dem Auftraggeber und dem Tierarzt sehr häufig ein (z. T. erheblich) geringerer Umfang vereinbart wird. Jedoch kann sich auch in diesen Fällen die Verwendung der beschriebenen Vordrucke anbieten. Weitere Informationen zur Notwendigkeit und Durchführung bestimmter Untersuchungen sowie deren Dokumentation sind z. B. zu erfragen bei der Bundestierärztekammer, der Gesellschaft für Pferdemedizin oder unter www.Pferdeheilkunde.de.

7.5 Fazit

Hinweis

Die haftungsrechtliche Relevanz der Kaufuntersuchung hat aufgrund der Änderung des Schuldrechts zugenommen. Jeder untersuchende bzw. begutachtende Tierarzt sollte daher stets seine eigene diesbezügliche Qualifikation kritisch hinterfragen. Im Übrigen sollte der Tierarzt die Aufklärung der Vertragsparteien, die Untersuchung als solche, die Erhebung und Beurteilung der Befunde sowie die Mitteilung der Befunde an die Vertragsparteien möglichst gewissenhaft durchführen. Dadurch kann meist bereits der Vorwurf einer Verletzung vertraglicher Pflichten vermieden werden. Sollte ein solcher Vorwurf dennoch erhoben werden, so ist es umso wichtiger, dass der Tierarzt eine lückenlose Dokumentation nachweisen kann. Insofern wird auf die Ausführungen in den Kapiteln 6.8 und 6.9 verwiesen.

8 Der Tierarzt und das Straf- und Ordnungswidrigkeitenrecht

8.1 Einleitung

8.1.1 Bedeutung und Grundstruktur

Heilberufler sehen sich einer zunehmenden staatlichen Kontrolle ausgesetzt. Hier bilden die Tierärzte keine Ausnahme – ganz im Gegenteil. Gerade im Zusammenhang mit der wachsenden Industrialisierung der Tierhaltung wird der Pflichtenkreis der Tierärzte als Hauptverantwortliche für die Tiergesundheit kontinuierlich erweitert. Die besondere Verantwortung des Tierarztes bringt es mit sich, dass der Staat Pflichtverletzungen erheblich sanktioniert. Diese Sanktionen finden sich namentlich im **Strafrecht** und im **Ordnungswidrigkeitenrecht**. Beide Rechtsgebiete ähneln sich strukturell, da sie bestimmte Formen des Fehlverhaltens mit Sanktionen belegen. Der zentrale Unterschied besteht darin, dass das Strafrecht gleichsam das »schärfere Schwert« des Staates darstellt. Als Sanktionen stehen hier die Freiheitsstrafe und die Geldstrafe zur Verfügung. Hinzukommen können Existenz bedrohende Nebenfolgen wie z. B. ein Berufsverbot. Ordnungswidrigkeiten können demgegenüber ausschließlich mit Geldbußen geahndet werden. Straftatbestände können bereits dann erfüllt sein, wenn sie lediglich versucht oder nur fahrlässig verwirklicht werden. Ordnungswidrigkeiten sind dagegen nur bei vorsätzlicher Begehung ahndungsfähig.

8.1.2 Überblick nach Rechtsgebieten

Ein einheitliches tierärztliches Straf- und Ordnungswidrigkeitenrecht existiert nicht. Die einschlägigen Vorschriften sind über eine Vielzahl von Gesetzen und Rechtsverordnungen verstreut, was den Überblick erschwert und die Vorhersehbarkeit von Sanktionen für die Tierärzteschaft beeinträchtigt. Das Bedürfnis, hier für mehr Klarheit zu sorgen, ist daher offenkundig.

Von den in der (sanktionsrechtlichen) Praxis bedeutsamsten Regelungen ist zunächst das **Arzneimittelrecht** hervorzuheben. Es sanktioniert die unzulässige Abgabe, Verschreibung und Anwendung von Arzneien. Besonders der leichte Zugriff auf Medikamente im Rahmen der tierärztlichen Hausapotheke und das praktische Bedürfnis der Tierhalter nach einer unkomplizierten Versorgung der Tiere mit Medikamenten führt hier leicht auf unsicheres Terrain.

In engem Zusammenhang mit diesem Sektor stehen das **Fleischhygienerecht**, das **Futtermittelrecht** und das **Tierseuchenrecht**. Auch dort finden sich eine Reihe von Sanktionsbestimmungen, die sich leicht als Fallen für die tierärztliche Tätigkeit darstellen können. Daneben existiert eine Reihe von weiteren einzelnen Bestimmungen, von denen im Folgenden ebenfalls einige dargestellt werden.

8.2 Wichtige Vorschriften des tierärztlichen Straf- und Ordnungswidrigkeitenrechts

8.2.1 Arzneimittelrecht

8.2.1.1 Überblick über die Rechtsquellen

Im Zentrum des Arzneimittelrechts steht das **Arzneimittelgesetz** (AMG). Zweck des AMG ist es, im Interesse einer ordnungsgemäßen Arzneimittelversorgung von **Mensch und Tier** für die Sicherheit im Verkehr mit Arzneimitteln zu sorgen. Zu diesen sicherheitsrelevanten Faktoren zählen vor allem: Qualität, Wirksamkeit und Unbedenklichkeit der Arzneimittel.

Die Intensität der Pflichten und – damit einhergehend – die Schärfe der Sanktionen diffe-

Vorsicht

renziert sich im tierärztlichen Bereich vor allem danach, ob:

- Tiere behandelt werden, die der Lebensmittelgewinnung dienen,
- Arzneien betroffen sind, die verschreibungspflichtig sind.

Aus dem hieraus folgenden Grad der Gefährdung lässt sich leicht ableiten, dass z. B. die unkontrollierte Abgabe von Antibiotika für einen größeren Schweinebestand deutlich schärferen Anforderungen unterliegt, als die Abgabe von Vitaminpräparaten an einen Hundebesitzer.

Das Arzneimittelgesetz ist nicht auf alle Arzneimittel nach landläufigem Begriffsverständnis anwendbar. So gelten z. B. für Impfstoffe spezielle Regelungen. Darüber hinaus betreffen die Vorschriften des AMG nur solche Arzneimittel, die dazu bestimmt sind, in Verkehr gebracht zu werden. Arzneimittel, die der Tierarzt selber herstellt und anwendet (also nicht abgibt), fallen nicht hierunter (§ 4a Nr. 3 AMG). Die Regelung betrifft jedoch nur Fertigarzneimittel, so dass für Tierärzte eine »Rohstoffverarbeitung« grundsätzlich unzulässig ist (§ 59a Abs. 2 AMG), denn seit der 11. AMG Novelle aus dem Jahre 2002 dürfen Tierärzte nur noch solche apothekenpflichtigen Stoffe beziehen, die als Arzneimittel bereits zugelassen oder von der Zulassung freigestellt sind.

Das AMG enthält in den §§ 95 ff. Kataloge von sanktionsbewehrten Verhaltensweisen. Abgestuft nach der Schwere des Deliktes sind sie als **Straftaten** oder **Ordnungswidrigkeiten** eingeordnet. Im Zentrum steht **§ 95 AMG**, der eine Freiheitsstrafe von bis zu drei Jahren oder eine Geldstrafe vorsieht, wenn gegen eine der dort genannten Pflichten (z. B. unerlaubter Handel mit Arzneimitteln, unzulässige Abgabe von Arzneimitteln an Tierhalter) verstoßen wird.

Nach § 95 Abs. 2 AMG reicht bereits der **Versuch** einer solchen Tat aus, um die Strafbarkeit zu begründen. Selbst **fahrlässige** Pflichtverstöße sind insoweit mit bis zu einem Jahr Freiheitsstrafe oder Geldstrafe strafbewehrt (§ 95 Abs. 4 AMG). Daher kann mangelnde Sorgfalt, d. h. auch ein Handeln ohne jede böse Absicht, hier die Staatsanwaltschaft auf den Plan rufen. ¶

Der § 96 AMG enthält ebenfalls verschiedene Straftatbestände, welche nur dann strafbar sind, wenn sie vorsätzlich begangen werden. Bei Fahrlässigkeit erfolgt gemäß § 97 AMG eine »Umwandlung« in eine Ordnungswidrigkeit, für die maximal eine Geldbuße von bis zu 25.000,– € vorgesehen ist (§ 97 Abs. 3 AMG). Darüber hinaus enthält § 97 AMG weitere eigenständige Bestimmungen, bei deren Verletzung der gleiche Sanktionsrahmen eröffnet ist.

Eine weitere bedeutsame Rechtsquelle des Arzneimittelrechts stellt in diesem Zusammenhang die **Verordnung über die tierärztlichen Hausapotheken** (TÄHAV) dar. Diese Verordnung basiert auf § 54 Abs. 2 Nr. 12 AMG und konkretisiert die Pflichten, die der Tierarzt im Rahmen des Betriebs seiner Hausapotheke zu beachten hat. Sie ist in engem Zusammenhang mit dem tierärztlichen **Dispensierrecht** (§ 43 Abs. 4 AMG) zu sehen, das die wichtigste Ausnahme zur in der Humanmedizin üblichen Trennung zwischen ärztlicher und pharmazeutischer Tätigkeit darstellt. Es umfasst das Recht zum Bezug von Arzneimitteln zur Anwendung an von dem Tierarzt selbst behandelten Tieren; das Recht, Arzneimittel an Halter behandelter Tiere abzugeben sowie die Befugnis, zur Anwendung von behandelten Tieren Arzneimittel selbst herzustellen. Diese Befugnisse stellen eine Ausnahme vom Apothekenmonopol dar und bestehen nur im Rahmen einer nach § 67 AMG angezeigten und ordnungsgemäß geführten tierärztlichen Hausapotheke. Die TÄHAV enthält in § 15 einen umfangreichen Katalog von Tatbeständen, die als **Ordnungswidrigkeiten** geahndet werden können. Darüber hinaus werden mit ihrer Hilfe auch strafrechtlich relevante Begriffe des AMG präzisiert (z. B. § 12 TÄHAV: »behandeln«).

8.2.1.2 Verschreibung, Abgabe und Anwendung von Arzneimitteln

Im Mittelpunkt des tierärztlichen Arzneimittelstrafrechts steht die Regelung des **§ 56a AMG**, die erst jüngst durch die 13. AMG-Novelle (am 02. September 2005 in Kraft getreten) abermals inhaltliche Änderungen erfahren hat. Kommt es entgegen der Bestimmung des § 56a Abs. 1 AMG zu einer Verschreibung, Abgabe oder Anwendung von Arzneimitteln, so macht sich ein Tierarzt – abhängig von der Schwere des Gesetzesverstoßes – strafbar oder zumindest bußgeldpflichtig (§ 95 Abs. 1 Nr. 8 bzw. § 97 Abs. 2 Nr. 21 AMG). Im Einzelnen ergeben sich hieraus die nachfolgend aufgeführten Vorgaben.

Voraussetzungen im Regelfall

Beabsichtigt ein Tierarzt, für den Verkehr außerhalb der Apotheken nicht freigegebene Arzneimittel einem Tierhalter zu verschreiben oder an ihn abzugeben, so ist dies nur unter engen Voraussetzungen zulässig:

- Die Arznei ist für die von dem Tierarzt selbst **behandelten** Tiere bestimmt;
- das Arzneimittel ist zugelassen (Entsprechendes gilt in bestimmten Fällen für zulassungsfreie Arzneien);
- die Arznei muss nach ihrer Zulassung für das Anwendungsgebiet der behandelten Tierart bestimmt sein;
- die Anwendung der Arznei nach dem **Anwendungsgebiet** und der Menge muss nach dem Stand der veterinärmedizinischen Wissenschaft gerechtfertigt sein, um das Behandlungsziel zu erreichen. Demnach ist insbesondere eine ohne konkreten Anlass durchgeführte Vorratsverschreibung unzulässig.

Praxisbeispiel

Ein Pferd leidet unter einer Sehnenverletzung. Der Tierarzt wird gerufen. Obwohl zugelassene Mittel zur Verfügung stehen, händigt der Tierarzt dem Pferdehalter ein Präparat aus den USA aus, das weder in Deutschland noch in der EU zugelassen ist. Es sei jedoch hochwirksam und besonders Erfolg versprechend.

Dieses Vorgehen ist unzulässig. Selbst ein Therapienotstand (dazu später mehr) hätte den Einsatz des Medikamentes nicht gerechtfertigt, da es auch nicht in einem anderen Mitgliedstaat des Europäischen Wirtschaftsraums (EWR), d. h. in der EU, Island, Norwegen oder Liechtenstein, zugelassen war. ¶

Entsprechende Voraussetzungen gelten für den Fall der eigenen **Anwendung** von apothekenpflichtigen Arzneimitteln durch den Tierarzt.

Die Handhabung dieser scheinbar klaren Regelungen wirft immer wieder Probleme auf. Diese beginnen bei der Frage, unter welchen Voraussetzungen davon auszugehen ist, dass der Tierarzt ein bestimmtes Tier oder einen Bestand »behandelt« hat. Die Rechtsprechung greift für die Auslegung dieses Begriffs auf die Bestimmung des § 12 TÄHAV zurück *(BGH, Urteil vom 3. Juli 2003, 1 StR 453/02)*. Wörtlich heißt es hierzu in der Rechtsprechung des Bundesgerichtshofes (a.a.O.):

»Nach dem eindeutigen Wortlaut dieser Rechtsvorschriften [scil.: § 12 TÄHAV] begründet daher nicht jede beliebige Behandlung ein Dispensierrecht. Erforderlich ist vielmehr einerseits, dass das Tier nach den Regeln der tierärztlichen Wissenschaft in einem angemessenen Umfang untersucht werden muss (§ 12 Abs. 2 Nr. 1 TÄHAV). Außerdem muss der Tierarzt die Anwendung der Arzneimittel sowie den Behandlungserfolg kontrollieren (§ 12 Abs. 2 Nr. 2 TÄHAV). Bei der Behandlung von Großtierbeständen, die die TÄHAV in § 12 Abs. 3 ausdrücklich in ihren Anwendungsbereich ein-

bezieht, ist danach zwar nicht die Untersuchung jedes einzelnen Tieres erforderlich; der Tierarzt muss aber die Bestandsuntersuchung nach den Regeln der Tiermedizin vornehmen und die Anwendung sowie den Behandlungserfolg kontrollieren.«

Hinweis

Den Rahmen für die Beurteilung, ob überhaupt eine Behandlung vorliegt, bilden somit die Maßstäbe der veterinärmedizinischen Wissenschaft. Diese werden insbesondere durch die im Rahmen der 13. AMG-Novelle neu geschaffene »Tierarzneimittelanwendungskommission« definiert. Es ist keineswegs ausreichend, wenn der Tierarzt sich in diesem Zusammenhang auf die Angaben der Tierhalter verlässt, wenn ihm die Tiere unbekannt sind. Dies gilt umso mehr, wenn ihm auch die Halter der Tiere nicht bekannt sind. Gefahren birgt demnach auch eine mangelnde Kontrolle des Behandlungserfolgs.

Praxisbeispiel

Um schnell zu helfen, gibt eine Tierärztin an den Halter einer Schafherde ein Arzneimittel ab, ohne den Bestand vorher in Augenschein genommen zu haben. Zuvor war ein Schaf verendet; die Tierärztin hatte gehört, das staatliche Veterinäruntersuchungsamt habe bei diesem Schaf Lippengrind diagnostiziert.

Die Tierärztin hätte **selbst** den Bestand **vor** der Abgabe der Medikamente untersuchen müssen. Die nachträgliche Bestandsschau war nicht ausreichend. Die Arzneimittel waren daher nicht für von ihr behandelte Tiere bestimmt. ¶

Verschärfte Voraussetzungen gelten für die Behandlung von Tieren, die der Gewinnung von Lebensmitteln dienen. Grundsätzlich darf die verschriebene bzw. abgegebene Menge verschreibungspflichtiger Arzneimittel hier nur zur Anwendung der auf die Abgabe folgenden 31 Tage bestimmt sein. Noch enger sind die Voraussetzungen bei solchen Arzneimitteln, die antimikrobiell (antibakteriell) wirksame Stoffe enthalten und nach den Zulassungsbedingungen nicht ausschließlich zur lokalen Anwendung (also systemisch) vorgesehen sind. Um hier einer weiteren Zunahme von Resistenzen entgegenzuwirken, hat der Gesetzgeber festgelegt, dass eine Abgabe nur zur Anwendung innerhalb der auf die Abgabe folgenden sieben Tage bestimmt sein darf. In beiden Fällen kann allerdings eine Verschreibung bzw. Abgabe für einen längeren Zeitraum erfolgen, wenn die Zulassungsbedingungen eine längere Anwendungsdauer vorsehen.

Die differenzierte Regelung (verschärfte Anforderungen bei antibakteriell und systemisch wirkenden Arzneien) ist das Ergebnis der 13. AMG-Novelle. Zuvor war durch die 11. AMG-Novelle für Lebensmittel liefernde Tiere durchgängig im Regelfall eine Sieben-Tage-Regelung vorgesehen. ¶

Sollen die Tiere bzw. der Tierbestand in einem Behandlungsfall über einen längeren Zeitraum mit Arzneimitteln versorgt werden, so müssen die Tiere bzw. der Bestand zumindest alle 31 Tage untersucht werden. Nur dann ist eine erneute Verschreibung bzw. Anwendung des Arzneimittels zulässig.

Eine Sonderregelung für die Verschreibung und Abgabe sieht das Gesetz für **Arzneimittelvormischungen** vor. Diese darf der Tierarzt dem Tierhalter in keinem Fall verschreiben bzw. an ihn abgeben, wenn diese nicht zugleich als Fertigarzneimittel zugelassen sind (§ 56a Abs. 1 S. 4 AMG).

Therapienotstand

Nicht immer steht bei einer ernstlichen Gefährdung von Tieren ein zugelassenes oder für das konkrete Anwendungsgebiet vorgesehenes

Arzneimittel zur Verfügung. Tritt dieser Fall ein, so liegt ein sog. »**Therapienotstand**« vor (§ 56a Abs. 2 AMG). Das Gesetz erlaubt hier eine Abweichung von den oben skizzierten Regelungen des § 56a Abs. 1 AMG, wenn eine Gefährdung für die Gesundheit von Mensch und Tier nicht zu befürchten ist. Dem Tierarzt ist es dann bei Einzeltieren oder Tieren eines bestimmten Bestandes gestattet, von dem Gebot abzuweichen, dass nur solche Arzneimittel verschrieben, angewendet oder auch abgegeben werden dürfen, die *»nach der Zulassung für das Anwendungsgebiet bei der behandelten Tierart bestimmt sind«*.

Die Voraussetzungen für ein zulässiges Abweichen vom gesetzlichen Normalfall orientieren sich hierbei an einer **Stufenregelung**, der sog. **»Umwidmungskaskade«**. Sie folgt dem Prinzip, dass im Therapienotstand stets zunächst die Versorgungsmöglichkeit auszuschöpfen ist, die dem gesetzlichen Regelfall am nächsten kommt. Nur wenn ein solches Arzneimittel nicht verfügbar ist, kann auf Alternativen zurückgegriffen werden, die sich vom gesetzlich vorgesehenen Regelfall weiter entfernen. Dieses Stufensystem stellt sich im Einzelnen wie folgt dar:

Stufe 1: Grundvoraussetzung für das Eingreifen einer Ausnahme ist der Umstand, dass ein zugelassenes Arzneimittel für die betreffende Tierart und das betreffende Anwendungsgebiet nicht zur Verfügung steht. Ist dies der Fall, so darf ein Arzneimittel mit der Zulassung für die betreffende Tierart und ein **anderes Anwendungsgebiet** angewendet werden.

Stufe 2: Ist ein nach Stufe 1 geeignetes Arzneimittel für die betreffende Tierart nicht vorhanden, so darf ein für eine **andere Tierart** zugelassenes Arzneimittel eingesetzt werden.

Stufe 3: Steht auch ein Mittel der Stufe 2 nicht zur Verfügung, so dürfen (im Inland) zugelassene Humanarzneimittel oder solche Arzneimittel eingesetzt werden, die in einem anderen Mitgliedstaat der Europäischen Union (EU) oder des Europäischen Wirtschaftsraumes (EWR) zur Anwendung bei Tieren zugelassen sind. Sollen allerdings Tiere behandelt werden, die der Gewinnung von Lebensmitteln dienen, so können nur solche Arzneimittel verwendet werden, die in einem anderen EU- oder EWR-Mitgliedstaat zur Anwendung bei Lebensmittel liefernden Tieren zugelassen sind.

Stufe 4: Besteht auch auf der Grundlage der Stufe 3 keine Zugriffsmöglichkeit für ein Arzneimittel, so ist es zulässig, ein in einer Apotheke oder durch einen Tierarzt im Wege der Verdünnung (nach § 13 Abs. 2 S. 1 Nr. 3 Buchst. d AMG) hergestelltes Arzneimittel zu verwenden.

Lebensmittel liefernde Tiere dürfen stets nur mit solchen Arzneimitteln behandelt werden, die Wirkstoffe enthalten, die näher in der EG-Verordnung 2377/90 (z. B. www.vetion.de/gesetze) aufgeführt sind. In diesen Fällen ist somit eine Anwendung von Humanarzneimitteln ausgeschlossen.

Rechtsfolgen von Verstößen

Missachtet der Tierarzt die soeben skizzierten Regelungen des § 56a Abs. 1 AMG vorsätzlich und ist kein Therapienotstand gegeben, so sieht das Gesetz eine Bestrafung bzw. die Verhängung eines Bußgeldes vor. Das Gesetz differenziert insoweit einmal hinsichtlich der Verschreibungspflichtigkeit der betreffenden Arzneimittel und zum anderen hinsichtlich des Umstandes, ob das Arzneimittel zur Anwendung bei Tieren bestimmt war, die der Gewinnung von Lebensmitteln dienen.

Eine **Straftat** liegt gemäß § 95 Abs. 1 Nr. 8 AMG vor, wenn in unzulässiger Weise Arzneimittel verschrieben, abgegeben oder angewendet werden, die einerseits zur Anwendung bei Lebensmittel liefernden Tieren bestimmt sind **und** andererseits verschreibungspflichtig sind. Hier droht eine Freiheitsstrafe von bis zu drei Jahren oder eine Geldstrafe.

Hinweis

Die Regelung ist das Ergebnis der 13. AMG-Novelle und stellt eine deutliche **Entschärfung** der bisherigen Rechtslage dar. Zuvor erstreckte sich dieselbe Strafandrohung auf **jeden** Verstoß mit einem verschreibungspflichtigen Arzneimittel. ¶

In **besonders schweren Fällen** (z. B. Gesundheitsgefährdung einer großen Zahl von Menschen; Verursachung einer Todesgefahr oder einer schweren Gesundheitsschädigung; Erlangung großer Vermögensvorteile aus grobem Eigennutz) reicht die Strafandrohung von einem Jahr bis zu zehn Jahren Freiheitsstrafe.

Bestraft werden selbstverständlich vorsätzliche Gesetzesverstöße. »Vorsätzlich« ist hierbei jedoch nicht nur im Sinne einer zielgerichteten Absicht zu verstehen; ausreichend ist vielmehr, dass der Tierarzt bewusst einen Verstoß gegen die Vorschriften in Kauf nimmt. Zu beachten ist ferner, dass im Falle eines vorsätzlichen Handelns eine endgültig eingetretene Gesetzesverletzung nicht erforderlich ist, um ein strafbares Verhalten zu begründen. Bereits der bloße **Versuch** eines Verstoßes gegen die genannten Vorschriften ist strafbar (§ 95 Abs. 2 AMG).

Darüber hinaus können auch völlig unbeabsichtigte, aber durch unsorgfältiges Handeln (**Fahrlässigkeit**) bedingte Verstöße gegen § 56a Abs. 1 AMG eine Strafbarkeit begründen. Der § 95 Abs. 4 AMG sieht insoweit vor, dass bei einer fahrlässigen Gesetzesverletzung eine Freiheitsstrafe bis zu einem Jahr oder eine Geldstrafe zu verhängen ist.

Nicht strafbar, aber **ordnungswidrig** und damit bußgeldpflichtig sind Verstöße gegen § 56a Abs. 1 AMG mit nicht verschreibungspflichtigen Arzneimitteln oder solchen Arzneimitteln, die nicht zur Anwendung bei Lebensmittel liefernden Tieren bestimmt sind (§ 97 Abs. 2 Nr. 21 AMG). Auch hier stellt das Gesetz klar, dass nicht nur vorsätzliches, sondern auch fahrlässiges Handeln mit Sanktionen zu belegen ist. Verstöße können mit einer Geldbuße von bis zu 25.000,– € geahndet werden. Die Höhe der Geldbuße hängt davon ab, wie gravierend der Verstoß war. Ordnungswidrig ist es schließlich auch, Arzneimittelvormischungen, die nicht zugleich als Fertigarzneimittel zugelassen sind, an Tierhalter abzugeben oder solche Arzneien zu verschreiben (§ 97 Abs. 2 Nr. 21a AMG).

8.2.1.3 Unzulässiges Verschreiben von Fütterungsarzneimitteln

Einen reinen Ordnungswidrigkeitentatbestand, für den ein Bußgeldrahmen von bis zu 25.000,– € eröffnet ist, stellt das vorsätzliche oder fahrlässige unzulässige Verschreiben von Fütterungsarzneimitteln dar. Die Kriterien für die ordnungsgemäße Verschreibung nach § 56 Abs. 5 AMG ähneln denen nach § 56a AMG. So müssen auch hier die Arzneimittel für die vom Tierarzt behandelten Tiere bestimmt sein. Ferner muss die Verschreibung hinsichtlich Tierart und Anwendungsgebiet der Packungsbeilage entsprechen. Die Verschreibung muss sich im Rahmen des medizinisch Notwendigen halten. Handelt es sich um ein verschreibungspflichtiges Medikament, so gilt hier die Sieben-Tage-Regel entsprechend. In gleicher Weise gilt auch die »Umwidmungskaskade«, so dass im Falle eines Therapienotstandes Ausnahmen greifen.

8.2.1.4 Unerlaubtes Handeltreiben mit Arzneimitteln

Das Inverkehrbringen von Arzneimitteln durch Tierärzte ist allgemein durch § 43 AMG geregelt. Wer über die Grenzen des Dispensierrechts nach § 43 Abs. 4 AMG hinaus mit Arzneimitteln, die nur auf Verschreibung an Verbraucher abgegeben werden dürfen, Handel treibt, macht sich daher gemäß § 95 Abs. 1 Nr. 4 AMG in Verbindung mit § 43 Abs. 1 AMG strafbar. Das Dispensierrecht erlaubt eine Abgabe nur im Rahmen des aufgrund der tierärztlichen Indikation festgestellten Bedarfs.

Der Unterschied des »Handeltreibens« zur bloßen Abgabe besteht darin, dass das Handeltreiben eine besondere Gewinnerzielungsabsicht erfordert. Die Einräumung der Verfügungsgewalt über Arzneimittel reicht daher nicht aus *(BGH, Urteil vom 3. Juli 2003, Az. 1 StR 453/02, S. 23)*. Eine Abgabe zum Zwecke der Behandlung ist daher kein Handeltreiben. Darüber hinaus erlangt das Verbot des Handeltreibens dann eigenständige Bedeutung, wenn Arzneimittel nicht an Tierhalter, sondern andere Tierärzte veräußert werden.

8.2.1.5 Abgabe zu Dopingzwecken an Menschen

Häufig enthält die tierärztliche Hausapotheke Arzneimittel, die zum Doping von Menschen geeignet sind. Nach § 6a AMG besteht jedoch ein allgemeines Verbot des Inverkehrbringens, Verschreibens oder gar der Anwendung **bei anderen** zu Dopingzwecken **im Sport**. Verstöße gegen dieses Verbot zur Fremdanwendung zu sportlichen Zwecken sind gem. § 95 Abs. 1 Nr. 2 AMG strafbar.

Hinweis

Das Tierdoping ist nicht von dieser Bestimmung erfasst, sondern stellt einen Arzneimittelmissbrauch dar, der unter das Verbot nach § 56a Abs. 1 AMG fällt. ¶

8.2.1.6 Abgabe nicht zugelassener Arzneimittel

Tierarzneimittel sind grundsätzlich zulassungspflichtig. Das vorsätzliche Inverkehrbringen nicht zugelassener, aber zulassungspflichtiger Arzneimittel wird nach § 96 Nr. 5 AMG mit einer Freiheitsstrafe bis zu einem Jahr oder mit einer Geldstrafe bestraft. Fahrlässige Verstöße gegen dieses Verbot sind ordnungswidrig und können mit einer Geldbuße von bis zu 25.000,– € geahndet werden (§ 97 Abs. 1, Abs. 3 AMG).

Eine wichtige **Ausnahme** vom Grundsatz der Zulassungspflichtigkeit (und somit auch von der Sanktionsandrohung) gilt für solche Arzneimittel, die für Einzeltiere oder Tiere eines bestimmten Bestandes in Apotheken oder tierärztlichen Hausapotheken hergestellt werden. Die Zulassungsfreiheit greift für diese Fälle aber nur unter den Voraussetzungen eines Therapienotstandes (s. Kapitel Therapienotstand), dann ist eine Herstellung in öffentlichen Apotheken erlaubt. Entgegen der bisherigen Rechtslage gilt diese Ausnahme seit der 13. AMG-Novelle nunmehr auch für Lebensmittel liefernde Tiere, um im Therapienotstand auch für diese die arzneiliche Versorgung sicherzustellen.

8.2.1.7 Verschreibung oder Abgabe bestimmter Arzneimittel

Der § 56a Abs. 3 AMG gibt dem Bundesministerium für Verbraucherschutz, Ernährung und Landwirtschaft die Ermächtigung an die Hand, durch eine Rechtsverordnung bestimmte Arzneimittel festzulegen, die **nur** durch den Tierarzt **selbst** angewandt werden dürfen. § 56a Abs. 4 AMG verbietet die Verschreibung oder die Abgabe solcher Arzneimittel an Tierhalter ausdrücklich. Verstößt der Tierarzt hiergegen, indem er solche Arzneimittel dem Tierhalter verschreibt oder sie an ihn abgibt, so macht er sich nach § 96 Nr. 11a AMG strafbar. Hier droht eine Freiheitsstrafe von bis zu einem Jahr oder eine Geldstrafe. Dies gilt allerdings nur für einen vorsätzlichen Verstoß. Für einen fahrlässigen Verstoß gegen die genannte Verpflichtung wird die Sanktion in eine Geldbuße »umgewandelt«. Diese kann bis zu 25.000,– € betragen (§ 97 Abs. 1 und 3 AMG).

Hinweis

Am 06. September 2005 ist die **14. AMG-Novelle** in Kraft getreten. Tierärzte sind jedoch nur am Rande von Vorschriften dieser Novelle betroffen; insbesondere die oben genannten Bestimmungen werden hierdurch nicht berührt. ¶

8.2.1.8 Führung der tierärztlichen Hausapotheke

Zur Ausübung ihres Dispensierrechtes sind Tierärzte berechtigt und verpflichtet, eine tierärztliche Hausapotheke zu führen. Während das AMG lediglich die zentralen Regelungen über die Rechte und Pflichten beim Betrieb der tierärztlichen Hausapotheke trifft, ergeben sich Einzelheiten aus der »Verordnung über den Betrieb der tierärztlichen Hausapotheken« (TÄHAV), die auf der Grundlage von § 54 Nr. 12 AMG vom zuständigen Bundesministerium für Gesundheit erlassen worden ist.

Die TÄHAV enthält insbesondere Vorschriften über den Erwerb, die Herstellung, die Prüfung, die Aufbewahrung und die Abgabe von Arzneimitteln durch Tierärzte. Ferner enthält sie ergänzende Bestimmungen für die Verschreibung und Anwendung durch Tierärzte. Der § 15 TAHÄV benennt die Verpflichtungen, deren Missachtung als Ordnungswidrigkeit geahndet wird. Die Vorschrift zielt auf eine Einhaltung der zentralen Verpflichtungen, die der Betrieb der tierärztlichen Hausapotheke mit sich bringt und sieht daher sowohl für vorsätzliche als auch für fahrlässige Pflichtverstöße die Verhängung einer Geldbuße von bis zu 25.000,– € vor (§ 15 TAHÄV in Verbindung mit § 97 Abs. 2 Nr. 31, Abs. 3 AMG).

Beispiele für solche Verstöße sind:

- Herstellung von Arzneimitteln entgegen den Regeln der pharmazeutischen und der tierärztlichen Wissenschaft.
- Abgabe oder Vorratshaltung von Arzneimitteln, ohne sich über ihre einwandfreie Beschaffenheit vergewissert zu haben.
- Aufbewahrung von Arzneimitteln unter unsachgemäßen Bedingungen.
- Unzureichende Dokumentation des Erwerbs und der Abgabe von Arzneimitteln.

8.2.2 Tierseuchenrecht

8.2.2.1 Überblick

Das Tierseuchenrecht ist ein eigenständiges Rechtsgebiet und bezweckt die Prävention und Bekämpfung von Tierseuchen. Obwohl auch hier die Abgabe von Arzneimitteln (v. a. Impfstoffen) eine bedeutsame Rolle spielt, ist das AMG insoweit nur zum Teil anwendbar. Der § 4a AMG stellt ausdrücklich klar, dass das AMG keine Anwendung auf Arzneimittel findet, die unter Verwendung von Krankheitserregern oder auf biotechnischem Wege hergestellt werden und zur Verhütung, Erkennung oder Heilung von Tierseuchen bestimmt sind.

Die wichtigste gesetzliche Grundlage des Tierseuchenrechtes bildet das **Tierseuchengesetz** (TierSG), dessen Neufassung am 22.06.2004 bekannt gemacht wurde. Tierseuchen im Sinne dieses Gesetzes sind Krankheiten oder Infektionen mit Krankheitserregern, die bei Tieren auftreten oder auf Tiere oder Menschen (Zoonosen) übertragen werden können. Konkretisiert und ergänzt werden die Vorschriften des TierSG durch eine Vielzahl von bundesrechtlichen Rechtsverordnungen (z. B. Verordnung über anzeigepflichtige Tierseuchen, BSE-Vorsorgeverordnung) und landesrechtlichen Regelungen.

Die §§ 74 ff. des Tierseuchengesetzes enthalten die Straf- und Bußgeldvorschriften (= Ordnungswidrigkeiten), die auch für Tierärzte von erheblicher Bedeutung sind.

8.2.2.2 Unerlaubtes Inverkehrbringen/ Anwenden nicht zugelassener Impfstoffe

Von besonderer Bedeutung ist die **Strafvorschrift** des § 75 TierSG. Demnach wird mit einer Freiheitsstrafe bis zu einem Jahr oder einer Geldstrafe bestraft, wer in unzulässiger Weise Sera, Impfstoffe oder Antigene in den Verkehr bringt oder Sera, Impfstoffe, Antigene oder Nachweismethoden anwendet (§ 75 Nr. 1 in Verbindung mit § 17c Abs. 1 TierSG). Erfasst von dieser Vorschrift sind solche Sera, Impfstoffe und Antigene, die unter Verwendung von Krankheitserregern oder auf biotechnischem Wege hergestellt wurden und zur Verhütung, Erkennung oder Heilung von Tierseuchen bestimmt sind. Diese dürfen nur in den Verkehr gebracht oder angewendet werden, wenn sie vom Friedrich-Loeffler-Institut (www.fli.bund.de) oder vom Paul-Ehrlich-Institut (www.pei.de) zugelassen worden sind oder ihr Inverkehrbringen durch einen Rechtsakt der Europäischen Gemeinschaft genehmigt worden ist. Entsprechendes gilt für Nachweismethoden, die zur Erkennung von Tierseuchen durch das Anzeigen von Veränderungen körpereigener Stoffe oder tierseuchenbezogener Stoffwechselprodukte bestimmt sind. In gleicher Weise ist es strafbar, Sera, Impfstoffe oder Antigene ohne Erlaubnis der zuständigen Behörde herzustellen (§ 75 Nr. 2 in Verbindung mit § 17d Abs. 1 TierSG).

Sanktioniert werden die oben beschriebenen Pflichtverstöße nicht nur dann, wenn sie vorsätzlich begangen werden. Fahrlässige Verstöße sind nicht strafbar, werden jedoch in **Ordnungswidrigkeiten** »umgewandelt« (§ 76 Abs. 1 TierSG). Diese Ordnungswidrigkeiten können gem. § 76 Abs. 3 TierSG mit einer Geldbuße bis zu 25.000,– € geahndet werden.

Zu beachten ist in diesem Zusammenhang auch, dass die o. g. Mittel zu Impfzwecken **grundsätzlich** nur von Tierärzten angewendet werden dürfen. Ermöglichen Tierärzte Nichttierärzten, insbesondere Tierhaltern, den Einsatz dieser Mittel, so ist diese Abgabe grundsätzlich ordnungswidrig (§§ 34 Abs. 1, 38 Abs. 2 Nr. 8 Buchst. c Tierimpfstoff-Verordnung in Verbindung mit § 76 Abs. 2 TierSG). Ausnahmsweise zulässig ist eine Verabreichung durch Tierhalter (oder sonstige Nichttierärzte), wenn eine behördliche Erlaubnis vorliegt, oder wenn dem Nichttierarzt im konkreten Einzelfall eine tierärztliche Behandlungsanweisung erteilt wurde.

Praxisbeispiel

Eine Tierärztin gibt einen Impfstoff an einen Tierhalter ab. Sie glaubt jedoch, es handele sich lediglich um einen Immunmodulator. Der Beipackzettel weist das Mittel jedoch klar als Impfstoff aus. Hier ist der Vorwurf eines fahrlässigen Verstoßes einer unzulässigen Abgabe gerechtfertigt, da die Tierärztin bei gehöriger Sorgfalt den Impfstoff als solchen hätte identifizieren können. ¶

8.2.2.3 Verbreitung von Tierseuchen

Wichtig für die tierärztliche Praxis ist zudem die Vorschrift des § 74 Abs. 1 Nr. 1 TierSG, wonach bestraft wird, wer unter Tieren eine anzeigepflichtige Tierseuche verbreitet (eine Liste der anzeigepflichtigen Tierseuchen findet sich unter www.verbraucherministerium.de). Bedeutsam ist diese Vorschrift vor allem deshalb, weil die Tat auch **fahrlässig** begehbar ist. Verursacht der Tierarzt also durch eine unsorgfältige Beachtung von Hygienestandards die Verbreitung einer Tierseuche, so kommt eine Freiheitsstrafe bis zu einem Jahr oder eine Geldstrafe in Betracht.

8.2.2.4 Verletzung der Anzeigepflicht

Wer bei erkennbaren Anzeichen für das Vorliegen einer **anzeigepflichtigen Tierseuche** oder bei Ausbruch einer Seuche die zuständige Behörde oder den Amtstierarzt nicht **unverzüglich** unterrichtet, der verletzt seine nach § 9 TierSG vorgesehene Anzeigepflicht. Auch Tierärzten obliegt nach § 9 Abs. 3 TierSG eine solche Anzeigepflicht, wenn sie vor einem behördlichen Einschreiten von dem Ausbruch einer anzeigepflichtigen Tierseuche erfahren oder Kenntnis von **Anzeichen** für das Vorliegen einer solchen Seuche erhalten haben.

Das Gebot der unverzüglichen Mitteilung bedeutet, dass jedes vorsätzliche oder fahrlässige Zögern zu einer Verletzung der gesetzlich vorgesehenen Verpflichtungen führt. Derartige Pflichtverletzungen können nach § 76 TierSG mit einer Geldbuße von bis zu 25.000,– € belangt werden. Der Sinn dieser Regelung liegt auf der Hand: Je frühzeitiger eine Anzeige erfolgt, desto eher kann eine Ausbreitung der

Seuche unterbunden und damit eine Gefährdung für Mensch und Tier eingedämmt werden.

Von den anzeigepflichtigen Tiererkrankungen sind die **meldepflichtigen Erkrankungen** zu unterscheiden. Sie ergeben sich aus der Verordnung über die meldepflichtigen Tierkrankheiten (Liste unter www.verbraucherministerium.de). Im Gegensatz zu den anzeigepflichtigen Tierseuchen werden die meldepflichtigen Krankheiten nicht mit staatlichen Maßnahmen bekämpft. Die Meldung dient dem Informationsaustausch der Behörden und der Koordinierung privater Bekämpfungsmaßnahmen. Tierärzte, die in Ausübung ihres Berufes eine dieser Krankheiten (z. B. Leptospirose, Toxoplasmose, Q-Fieber) feststellen, sind zur Meldung verpflichtet (§ 1 Abs. 2 der Verordnung). Auch hier droht bei einer vorsätzlichen oder fahrlässigen Pflichtverletzung (z. B. durch eine verspätete oder auch nur unvollständige Meldung) gemäß § 4 der Verordnung in Verbindung mit § 76 TierSG eine Geldbuße von bis zu 25.000,– €.

8.2.3 Fleischhygienerecht

Das Fleischhygienerecht ist Bestandteil des Lebensmittelrechts. Seine wichtigste Rechtsgrundlage ist das Fleischhygienegesetz (FlHG), das eine allgemeine Untersuchungspflicht für Tiere vorsieht, deren Fleisch zum Genuss durch den Menschen bestimmt ist. Die insoweit erforderliche amtliche Untersuchung liegt in der Hand der amtlichen Tierärzte, d. h. derjenigen Tierärzte, die von der zuständigen Behörde mit der Durchführung der amtlichen Untersuchungen und/oder der Überwachung der Hygiene betraut worden sind. Konkretisiert werden die Regelungen des FlHG durch die Fleischhygieneverordnung sowie eine Reihe weiterer Rechtsverordnungen, die besondere Vorschriften für bestimmte Erkrankungen vorsehen (z. B. BSE-Untersuchungsverordnung).

Die Verletzung fleischhygienerechtlicher Vorschriften ist auch für Tierärzte, namentlich im Zusammenhang mit der Fleischbeschau, unter straf- oder ordnungswidrigkeitsrechtlichen Gesichtspunkten von Bedeutung. So droht eine Freiheitsstrafe von bis zu drei Jahren oder eine Geldstrafe, wenn untersuchungspflichtiges Fleisch in Verkehr gebracht wird, bevor die vorgeschriebene Untersuchung durchgeführt worden ist. In gleicher Weise ist das Inverkehrbringen von untauglichem oder nicht brauchbar gemachtem Fleisch strafbar (§ 28 Abs. 1 Nr. 2 und 5 FlHG). Der Versuch eines Verstoßes reicht für die Strafbarkeit aus; es stehen also auch fahrlässige Gesetzesverstöße unter Strafandrohung.

Hinweis

Es wurden Strafverfahren gegen Tierärzte angestrengt, die es entgegen den Vorschriften der BSE-Untersuchungsverordnung schuldhaft versäumt hatten, BSE-Tests bei Rindern durchzuführen, die bereits älter als 24 Monate waren.

Die Strafvorschrift des § 28 Abs. 1 FlHG wurde durch die Staatsanwaltschaften so interpretiert, dass bereits das bloße (vorsätzliche oder fahrlässige) Unterlassen einer Untersuchung die Voraussetzung des **»Inverkehrbringens«** erfülle und somit strafbar sei. Diese Auffassung ist jedoch mittlerweile durch die obergerichtliche Rechtsprechung verworfen worden *(AG Memmingen, Urteil vom 10.03.2005, Az. 2 Cs 131 Js 3198/04; bestätigt durch OLG München, Urteil vom 18.07.2005, Az. 4 St RR 114/05)*. Entscheidend ist demnach, dass der amtliche Tierarzt in keiner Weise in die Vermarktungskette des Fleisches eingebunden ist. Im Rahmen seiner Untersuchungstätigkeit bringt er daher kein Fleisch »in Verkehr«, so dass die Voraussetzungen der Strafvorschrift nicht erfüllt sind. Zu beachten ist allerdings, dass derartige Sorgfaltsverstöße ungeachtet der mangelnden Strafbarkeit berufsrechtlich geahndet werden können. ¶

8.2.4 Futtermittelrecht

In engem Zusammenhang mit der Fleischhygiene und der Arzneimittelanwendung steht die Futtermittelkontrolle. Die Anforderungen an diese Kontrolle sind im Futtermittelrecht geregelt, dessen wichtigste Rechtsquelle das Futtermittelgesetz ist. Primäres Ziel der futtermittelrechtlichen Bestimmungen ist es, die Produktion von einwandfreiem tierischem Eiweiß sicherzustellen. Gelangt daher jemand im Rahmen seines beruflichen Umgangs mit Futtermitteln, Zusatzstoffen oder Vormischungen zu der berechtigten Annahme, dass diese nicht den gesetzlichen Bestimmungen entsprechen, dann hat er dies grundsätzlich der zuständigen Behörde **anzuzeigen**. Voraussetzung ist allerdings, dass Grund zu der Annahme besteht, die Stoffe würden im Falle ihrer Anwendung Gefahr für die menschliche oder tierische Gesundheit oder den Naturhaushalt darstellen.

Der Anwendungsbereich dieser Vorschrift erstreckt sich ausdrücklich auf **bestandsbetreuende Tierärzte** und die **Verantwortlichen der Laboratorien**, welche die Analysen durchführen. Verletzt ein Tierarzt diese Anzeigepflicht vorsätzlich oder fahrlässig, indem er seine Vermutung oder Überzeugung nicht der zuständigen Behörde mitteilt, so sieht § 21 Nr. 11a in Verbindung mit § 17 Abs. 5 Futtermittelgesetz vor, dass eine Geldbuße von bis zu 5.000,– € verhängt werden kann (Ordnungswidrigkeit).

8.3 Rechtsfolgen tierärztlicher Straftaten

Die vorgestellten Strafvorschriften sehen Geld- oder sogar Freiheitsstrafen vor, abhängig von der Schwere der Tat und des Schuldvorwurfs. Die Einzelheiten zu den damit verbundenen Rechtsfolgen sind in den §§ 38 ff. des Strafgesetzbuches (StBG) geregelt. Neben den Hauptstrafen kommen **weitere Sanktionen** in Betracht. **Strafrechtlich** besteht die Möglichkeit, ein Berufsverbot anzuordnen. Außerhalb des Strafrechts besteht im Falle einer Verurteilung die Gefahr **berufsgerichtlicher Sanktionen** und die Entziehung der tierärztlichen Berufserlaubnis, d. h. ein **Widerruf der Approbation**.

8.3.1 Berufsverbot

Die Nebenfolgen einer Straftat können gravierende Folgen nach sich ziehen. Insofern ist die in § 70 StGB vorgesehene Möglichkeit, gegen den Delinquenten ein Berufsverbot zu verhängen, potentiell Existenz bedrohend. Die Anordnung eines **Berufsverbotes** kann als Nebenfolge parallel zur Haupt-(Geld- oder Freiheits-)Strafe erfolgen, da es sich hierbei um eine sog. Maßregel handelt.

Die Verhängung eines Berufsverbotes dient dem Schutz der Allgemeinheit. Voraussetzung für seine Verhängung ist daher, dass ein Tierarzt unter Missbrauch seines Berufs oder durch grobe Pflichtverletzung die Tat begangen hat und die Gefahr besteht, dass er bei weiterer Berufsausübung weitere Straftaten der festgestellten Art begehen wird. Die angesprochene grobe Pflichtverletzung setzt nicht notwendig vorsätzliche Gesetzesverletzungen voraus. Nach allgemeiner Ansicht der Rechtsprechung reichen gravierende fahrlässige Pflichtverstöße für die Anordnung eines Berufsverbots aus.

Das Berufsverbot kann für eine Dauer von einem Jahr bis zu fünf Jahren verhängt werden. Seine Anordnung ist zudem nicht von einer rechtskräftigen Verurteilung abhängig, sondern kommt schon während des staatsanwaltschaftlichen Ermittlungsverfahrens als **vorläufiges Berufsverbot** in Betracht, wenn ein dringender Tatverdacht hinsichtlich des Tatvorwurfs gegeben ist und eine hohe Wahrscheinlichkeit für die spätere Verhängung des Verbotes besteht.

Angesichts der einschneidenden Konsequenzen einer solchen Anordnung ist jedoch auf die strikte Einhaltung der **Verhältnismäßigkeit** der Maßnahme zu achten. Der Grundsatz der Verhältnismäßigkeit ist ein allgemeines rechtsstaatliches Gebot und bei jeder belastenden staatlichen Maßnahme zu wahren. Staatliche Sanktionen und sonstige Eingriffe in Rechte des Bürgers dürfen danach nie außer Verhältnis zu dem angestrebten (legitimen) Zweck stehen. Da ein (vorläufiges) Berufsverbot einen schweren Eingriff in das Grundrecht der Berufsausübungsfreiheit (Art. 12 GG) darstellt, kann seine Anordnung stets nur *ultima ratio* sein. Der Ausspruch eines (vorläufigen) Berufsverbotes kommt daher nur dann in Betracht, wenn es zum Schutz der Allgemeinheit unbedingt erforderlich ist.

8.3.2 Berufsgerichtsbarkeit und Widerruf der Approbation

Begeht ein Tierarzt im Rahmen seiner Berufsausübung eine Straftat, so verstößt er gleichzeitig gegen seine berufsrechtlichen Pflichten. Daher droht ein berufsgerichtliches Verfahren, in dem eine Sanktion verhängt werden kann, die von einer bloßen Verwarnung über die Verhängung empfindlicher Geldbußen bis hin zur Feststellung der Unwürdigkeit zur Ausübung des tierärztlichen Berufs reichen kann. Eine solche Sanktion kann **neben** etwaigen Sanktionen des Strafrechts angeordnet werden (s. a. Kapitel 4).

Berufsgerichtliche Verfahren können unabhängig von dem Ausgang eines Strafverfahrens eingeleitet werden. Eine zusätzliche Sanktion des Berufsgerichts ist allerdings davon abhängig, dass ein sog. »berufsrechtlicher Überhang« anzunehmen ist. Eine über die Verhängung einer Strafe/eines Bußgeldes hinausgehende Sanktion durch das Berufsgericht ist nur dann gerechtfertigt, wenn diese zusätzliche Sanktion sowohl zur besonderen Anmahnung der berufsrechtlichen Pflichten als auch zur Wahrung des Ansehens des tierärztlichen Standes notwendig ist.

Von der Anordnung eines strafrechtlichen Berufsverbotes (s. Kapitel 8.3.1) bleibt die tierärztliche Approbation zunächst unberührt. Die Approbationsbehörde kann jedoch in Kenntnis etwaiger Gesetzesverletzungen ihrerseits aktiv werden und prüfen, ob die Voraussetzungen für einen **Widerruf bzw. eine Anordnung des Ruhens der Approbation** (s. Kapitel 2) vorliegen. Dies ist dann der Fall, wenn ein Tierarzt sich eines Verhaltens schuldig gemacht hat, aus dem sich die Unwürdigkeit oder Unzuverlässigkeit zur Ausübung des tierärztlichen Berufes ergibt (§ 4 Abs. 1 Nr. 2 bzw. § 8 Abs. 1 Nr. 1 Bundes-Tierärzteordnung). Als unwürdig zur weiteren Ausübung seines Berufs ist ein Tierarzt insbesondere dann anzusehen, wenn ihm infolge seiner Tat die nötige Integrität und Glaubwürdigkeit abzusprechen ist. Die Heilberufegesetze einiger Bundesländer sehen insoweit ausdrücklich die Möglichkeit vor, im Rahmen eines berufsgerichtlichen Verfahrens die Unwürdigkeit zur Ausübung des tierärztlichen Berufes auszusprechen (z. B. § 60 Heilberufsgesetz NRW). Unzuverlässig ist der Tierarzt, der nicht die Gewähr für eine zukünftige gewissenhafte Pflichterfüllung bietet.

8.4 Ablauf des Strafverfahrens

Sobald die Staatsanwaltschaft Anhaltspunkte für das Vorliegen einer Straftat erhält, ist sie **verpflichtet**, Ermittlungen aufzunehmen (**Vorverfahren**). Ergeben sich im Rahmen der Ermittlungen Anhaltspunkte für das Vorliegen einer Straftat, dann führt dies zu der **Aufforderung** des Tierarztes, sich zur **Vernehmung** bei der Polizei einzufinden. Sollen die Ermittlungen mit einem Überraschungsmoment versehen sein, um den Verdächtigen nicht vorher zu warnen, kommt auch eine **Durchsuchung** der Praxis- sowie der privaten Räumlichkeiten in Betracht.

Gelangt die Staatsanwaltschaft bei ihren Ermittlungen zu der Überzeugung, dass **keine** genügenden Anhaltspunkte für eine strafbare Tat vorliegen und daher eine Verurteilung weniger wahrscheinlich als ein Freispruch wäre, dann ist das Ermittlungsverfahren einzustellen (»Einstellung mangels hinreichenden Tatverdachts«). Doch auch wenn sich im Rahmen der Ermittlungen herausstellt, dass eine strafbare Tat vorliegen könnte, ist die Staatsanwaltschaft bei Delikten geringeren Ausmaßes nicht gezwungen, Anklage zu erheben. Es kann vielmehr wegen einer (potentiell) geringfügigen Tat von einer weiteren Verfolgung ohne weiteres abgesehen werden (Einstellung ohne Auflagen).

In der Praxis spielt schließlich die Möglichkeit einer **Einstellung gegen Auflagen** (§ 153a StPO) eine große Rolle. Diese Variante kommt häufig einem »Deal« mit der Staatsanwaltschaft und dem Gericht gleich. Das Strafverfahren wird in diesem Falle mit Erfüllung einer Auflage, die in aller Regel in der Zahlung eines Geldbetrages besteht, endgültig eingestellt. Dieser Geldbetrag ist eine Art Geldbuße, jedoch keine Strafe und rechtlich auch **kein** Schuldeingeständnis, geschweige denn eine Feststellung der Schuld. Vielmehr sieht man hier aus Gründen der Verfahrensökonomie von einer weiteren Verfolgung ab.

Hinweis

Der große **Vorteil** der Einstellung gegen Auflagen besteht darin, dass dem betroffenen Tierarzt eine Hauptverhandlung vor Gericht erspart bleibt und eine Eintragung in das Bundeszentralregister ausbleibt. Auch kann die Approbationsbehörde sich bei einer Einstellung gegen Auflagen nicht darauf berufen, es liege eine festgestellte Schuld vor. Dies ist nach der Rechtsprechung des Bundesgerichtshofes und des Bundesverfassungsgerichts gerade nicht der Fall. **Nachteilig** ist in der Praxis der Umstand, dass das Akzeptieren einer Auflage faktisch häufig als Schuldeingeständnis gewertet wird. Gleichwohl überwiegen i. d. R. die Vorteile einer zügigen Verfahrensbeendigung ohne rechtskräftige Feststellung einer strafrechtlichen Schuld. ¶

Greifen die Möglichkeiten einer vorzeitigen Verfahrensbeendigung nicht und ist die Wahrscheinlichkeit einer Verurteilung größer als die eines Freispruches, so ist grundsätzlich **Anklage** bei dem zuständigen Gericht zu erheben. Das Gericht prüft dann im sog. »**Zwischenverfahren**« in gleicher Weise den Vorwurf und eröffnet das **Hauptverfahren**, wenn es ebenfalls zu der Auffassung gelangt, dass hier eine Verurteilung überwiegend wahrscheinlich ist. Im Rahmen der Hauptverhandlung ist sodann zu klären, ob der angeklagte Tatvorwurf berechtigt ist. Am Ende eines Verfahrens steht das Urteil, das jedoch grundsätzlich durch eine höhere Instanz überprüfbar ist.

Vor allem in einfach gelagerten Fällen mit leichteren Straftaten kommt als **Alternative** zur Anklageerhebung der Erlass eines **Strafbefehls** in Betracht. Er ergeht auf Antrag der Staatsanwaltschaft durch das zuständige Gericht. Legt der Beschuldigte gegen eine Strafbefehl keinen Einspruch ein, dann wird der Strafbefehl rechtskräftig und steht einem Urteil gleich. Demgegenüber kommt es zur Hauptverhandlung vor Gericht, wenn der Beschuldigte innerhalb von 2 Wochen nach Zustellung des Strafbefehls hiergegen Einspruch einlegt.

8.5 Folgen und Verfahren bei Ordnungswidrigkeiten

Steht als Vorwurf nicht eine Straftat, sondern eine Ordnungswidrigkeit im Raume, so gelten prinzipiell die gleichen Grundsätze wie sie im vorhergehenden Kapitel zum Verhältnis des Strafrechts zum Berufsrecht aufgezeigt wurden. Das bedeutet: **Kumulativ** zu Geldbußen wegen einer Ordnungswidrigkeit können berufsgerichtliche Maßnahmen verhängt werden. In Ausnahmefällen wird hier möglicherweise auch die Approbationsbehörde aktiv. In der Regel wird allerdings der Unrechtsgehalt einer Ordnungswidrigkeit allein nicht ausreichen, um approbationsrechtliche Maßnahmen zu veranlassen bzw. zu rechtfertigen.

Das **Verfahren** bei Ordnungswidrigkeiten ähnelt dem Strafverfahren. Insbesondere steht dem Beschuldigten auch hier das Recht zu, sich vor Verhängung einer Geldbuße zur Sache zu äußern oder zu schweigen. Auch kann er sich eines Verteidigers bedienen.

Zuständig für die Verfolgung von Ordnungswidrigkeiten ist allerdings die betreffende Verwaltungsbehörde (wenn nicht gleichzeitig Anhaltspunkte für eine Straftat vorliegen). Diese **kann** nach pflichtgemäßem Ermessen darüber entscheiden, ein Ermittlungsverfahren aufzunehmen, wenn sie Anhaltspunkte für eine Ordnungswidrigkeit vorfindet. Sodann hat die Verwaltungsbehörde zu ermitteln, ob die Voraussetzungen für die Verhängung einer Geldbuße erfüllt sind. Wenn sie zu der Überzeugung kommt, dass dies der Fall ist, dann erlässt sie einen Bußgeldbescheid. Andernfalls wird das Verfahren eingestellt. Eine vorzeitige Erledigung durch eine Verwarnung (wie sie bei Verkehrsdelikten häufig ist), wird im Bereich des tierärztlichen Ordnungswidrigkeitenrechts praktisch immer ausscheiden, da eine Verwarnung nur bei sehr geringfügigen Gesetzesverletzungen in Betracht kommt.

Ergeht ein **Bußgeldbescheid**, so muss dieser zugestellt werden. Bei Erlass eines Bußgeldbescheides besteht die Möglichkeit, innerhalb von zwei Wochen nach Zustellung bei der Verwaltungsbehörde **Einspruch** einzulegen. In diesem Fall prüft die Verwaltungsbehörde zunächst noch einmal, ob sie ihre ursprüngliche Entscheidung aufrecht erhält. Ist dies – wie i. d. R. – der Fall, so wird die Sache an den Einzelrichter beim **Amtsgericht** abgegeben. Dieser entscheidet je nach Erfordernis mit oder ohne mündliche Verhandlung. Fällt die Entscheidung des Gerichts für den Betroffenen nachteilig aus, kann er grundsätzlich Rechtsmittel hiergegen einlegen.

Praxistipp

- Ruhe bewahren! Ein »kopfloser« Beschuldigter ist der denkbar schlechteste Anwalt in eigener Sache.
- Unverzügliches Einschalten eines **Rechtsanwalts** nach bekannt werden des erhobenen Vorwurfs. Eine professionelle Beratung minimiert das Fehlerrisiko.
- **Schweigen** ist zunächst die beste Verteidigung. Nur zu den Personalien müssen Angaben gemacht werden. Darüber hinaus sollte zunächst keine Äußerung erfolgen, weder gegenüber der Polizei noch gegenüber der Staatsanwaltschaft. Ein falsches Harmoniebedürfnis gegenüber den Ermittlungsbehörden ist unangebracht. Jede zur Sache gemachte Angabe kann im Zweifel gegen Sie verwendet werden. Das Recht, zu den erhobenen Beschuldigungen zu schweigen, ist in den §§ 136, 163a StPO niedergelegt. Einem Beschuldigten kann grundsätzlich aus seinem Schweigen kein Nachteil erwachsen.
- **Ladungen** zu einer polizeilichen Vernehmung sollten Sie – zumindest so lange noch kein Verteidiger beauftragt wurde – **nicht** Folge leisten. Es besteht keine Verpflichtung, einer derartigen Ladung nachzukommen. Nur vor der Staatsanwaltschaft **muss** der Beschuldigte erscheinen
- Im Falle einer polizeilichen **Durchsuchung** der Praxis sollten Sie zunächst dafür Sorge tragen, dass die Beamten sich nicht im öffentlichkeitswirksamen Raum aufhalten. Bitten Sie sie höflich in einen Nebenraum oder in ein Besprechungszimmer. Lassen Sie sich in Ruhe den Grund der Durchsuchung erläutern und die Dienstausweise zeigen. Stellen Sie umgehend Kontakt zu Ihrem Rechtsanwalt her. Dieses Recht steht Ihnen zu.
- Die Kommunikation mit den Ermittlern ist auf das Nötigste zu beschränken. Vermeiden Sie informelle Gespräche, emotionale Ausbrüche und dergleichen.
- Grundsätzlich muss ein schriftlicher **Durchsuchungsbeschluss** vorliegen. Prüfen Sie

den Beschluss! Ist er von einem Richter unterzeichnet (zwingend!)? Sind die Straftat und der Vorwurf konkret bezeichnet? Sind die zu durchsuchenden Räumlichkeiten konkret bezeichnet (nur Geschäftsräume und/ oder Privaträume)? **Wichtig:** Wie alt ist der Beschluss? Er ist nur wirksam, wenn er innerhalb der letzten sechs Monate ergangen ist!

- Lassen Sie keine Unterlagen/Gegenstände verschwinden. Unterlassen Sie ein »Frisieren« von Dokumenten. Tragen Sie dafür Sorge, dass auch Ihre Mitarbeiter sich so verhalten. Andernfalls droht eine Verschlimmerung der Situation – bis hin zur Annahme einer »Verdunkelungsgefahr«, die einen Grund zur Anordnung der Untersuchungshaft darstellt.
- Haben die Vorwürfe Bezug zu Dritten (z. B. zu Tierhaltern), so unterlassen Sie eine Kontaktaufnahme. Auch diese kann die Annahme einer Verdunkelungsgefahr begründen.
- Unterlagen sollten zwar herausgegeben werden, jedoch ist der Herausgabe zu **widersprechen**. Der Widerspruch ist unbedingt zu dokumentieren. Bitten Sie darum, Kopien anfertigen zu dürfen. Es sollten jedem Beamten vertrauenswürdige Personen an die Seite gestellt werden, die den Verlauf der Durchsuchung verfolgen. Es empfiehlt sich, sich von diesen Zeugen alsbald ein Gedächtnisprotokoll geben zu lassen und auch selbst ein solches Protokoll zu fertigen.
- Nach § 107 StPO besteht ein Anspruch auf Aushändigung eines genauen Verzeichnisses sämtlicher sichergestellter Unterlagen (z. B. Behandlungskartei, Arzneimittelabgabe- und Anwendungsbelege [AuA-Belege], Buchhaltungsunterlagen) und Gegenstände (z. B. Computer, Röntgenbilder). Auf die Aushändigung dieses Verzeichnisses sollten Sie bestehen. Das Verzeichnis ist zu kontrollieren. Achten Sie darauf, dass der Widerspruch gegen die Mitnahme von Unterlagen dokumentiert ist. Widersprüche zwischen dem dokumentierten und dem tatsächlichen Umfang der beschlagnahmten Gegenstände sollten nach Möglichkeit notiert und durch Dritte bezeugt werden.
- Der § 147 StPO verleiht ein Recht zur Einsicht in die Ermittlungsakten. Dieses Recht kann jedoch nur durch den Verteidiger wahrgenommen werden. Allein dieser Umstand ist ein zwingendes Argument für die Einschaltung eines Verteidigers.
- Gemeinsam mit dem Verteidiger ist zu prüfen, ob und inwieweit überhaupt eine Einlassung zur Sache, also zum erhobenen Vorwurf, abgegeben werden sollte. Dies hängt im Wesentlichen von dem Inhalt der Ermittlungsakte und dem Stand der Ermittlungen ab.
- Primäres **Ziel** einer gemeinsamen Verteidigung muss die **Einstellung** des Ermittlungsverfahrens sein. Ideal ist eine Einstellung mangels hinreichenden Tatverdachts bzw. ohne Auflagen. Eine Einstellung des Verfahrens gegen Erfüllung von Auflagen ist in aller Regel einer Anklageerhebung vorzuziehen
- **Beachten Sie Parallelverfahren:** Steht der strafrechtliche Vorwurf im Zusammenhang mit der tierärztlichen Tätigkeit, dann werden auch die Kammer und die Approbationsbehörde Verfahren anstrengen. Hier ist eine umfassende Koordination erforderlich. ¶

9 Der Tierarzt und das Mietrecht

9.1 Bedeutung des Mietvertrages

Ist der Tierarzt nicht selbst Eigentümer seiner Praxisräumlichkeiten, so wird er diese i. d. R. von einem Dritten anmieten. Ist die Frage des richtigen Standortes und der Eignung der Räumlichkeiten auch für die zukünftige Entwicklung der Praxis geklärt, sollte insbesondere der Ausgestaltung des Mietvertrages besonderes Augenmerk gewidmet werden. Der **wirtschaftliche Erfolg** der tierärztlichen Tätigkeit hängt nicht zuletzt von der Bindung der Tierhalter an die Praxis ab. Dabei kommt der Sicherung des einmal gewählten Standortes als »Anlaufstelle« für die Tierhalter eine entscheidende Bedeutung zu. Bereits beim Abschluss des Mietvertrages sollte daher darauf geachtet werden, dass die Ausübung der tierärztlichen Tätigkeit am Standort durch entsprechende mietvertragliche Regelungen langfristig gesichert und den Besonderheiten des Betriebs einer tierärztlichen Praxis Rechnung getragen wird. Vor diesem Hintergrund ist nicht nur die mögliche zukünftige Entwicklung sowie die Struktur der Praxis zu berücksichtigen, sondern insbesondere auch der Fall, dass die Praxis an einen **Nachfolger** übertragen werden soll. Nicht selten ergeben sich im Rahmen der Praxisübertragung erhebliche Probleme, weil der Mietvertrag z. B. nicht ohne die Zustimmung des Vermieters auf den Nachfolger übertragen werden kann. Fehler bei der Gestaltung des Mietvertrages können somit zu einer nachhaltigen Gefährdung des durch den Praxisinhaber aufgebauten Goodwills führen.

Von einer Verwendung der im Schreibwarenhandel erhältlichen Mietvertragsformulare ist daher dringend abzuraten, zumal diese nicht auf die speziellen Anforderungen einer Tierarztpraxis zugeschnitten sind. Es empfiehlt sich vielmehr den Mietvertrag unter Berücksichtigung der nachstehenden Punkte mit dem Vermieter im Einzelnen auszuhandeln.

9.2 Kein gesetzlicher Mieterschutz

Zunächst ist davon auszugehen, dass es sich beim Praxismietvertrag um einen Mietvertrag über Geschäftsräume handelt. Die mietrechtlichen Schutzvorschriften zugunsten des Mieters von Wohnraum finden daher keine Anwendung. Für den Praxismieter besteht insbesondere kein gesetzlicher Kündigungsschutz, so dass in Ermangelung vertraglicher Regelungen der Mietvertrag grundsätzlich am dritten Werktag eines Kalendervierteljahres zum Ablauf des nächsten Kalendervierteljahres gekündigt werden kann (§ 580a Abs. 2 BGB). Auch die gesetzlichen Begrenzungen für Mieterhöhungen bei Wohnraummietverhältnissen gelten nicht, was ebenfalls besondere vertragliche Regelungen unverzichtbar macht, um sich vor nicht gerechtfertigten Begehrlichkeiten des Vermieters zu schützen.

9.3 Notwendige Inhalte des Praxismietvertrages

9.3.1 Vertragszweck

Gemäß § 535 Abs. 1 BGB ist der Vermieter verpflichtet, dem Mieter die Räumlichkeiten in einem zum vertragsgemäßen Gebrauch geeigneten Zustand zu überlassen und sie während der Mietzeit in diesem Zustand zu erhalten.

Praxistipp

Es empfiehlt sich, im Mietvertrag die vertragsgemäße Beschaffenheit der Mietsache festzuschreiben, indem geregelt wird, dass die Vermietung der Räumlichkeiten zum Zweck des Betriebs einer Tierarztpraxis erfolgt. ¶

Damit wird klargestellt, dass sich die Räumlichkeiten für diesen vertraglich vorausgesetzten Zweck eignen müssen. Ist dies tatsächlich nicht oder nicht mehr der Fall, so ist der Mieter ggf. berechtigt, den Mietzins zu mindern oder der Vermieter macht sich bei Verschulden ggf. schadensersatzpflichtig (§§ 536 f. BGB).

Dem Betrieb einer Tierarztpraxis können insbesondere **bauplanungs- und bauordnungsrechtliche Vorschriften** entgegenstehen. Soll die Praxis in ehemaligen Wohn- bzw. anderweitig genutzten Räumen betrieben werden, sind ggf. vorhandene Vorschriften über die Zweckentfremdung von Wohnraum sowie die Erforderlichkeit eines Antrages auf Nutzungsänderung zu beachten. Liegen die Praxisräumlichkeiten in einem reinen Wohngebiet, ist ebenfalls die bauplanungsrechtliche Zulässigkeit der Nutzungsänderung zu gewährleisten. Bauordnungsrechtlich sind z. B. insbesondere in städtischen Ballungsgebieten die kommunalen Stellplatzverordnungen zu berücksichtigen, wonach der Nachweis von **Parkplätzen** zu erbringen ist. Ist ein solcher Stellplatznachweis nicht möglich, so sind Ablösebeträge zu zahlen, die je nach den örtlichen Besonderheiten im Bereich von bis zu 7.500,– € pro Stellplatz liegen können. Sind Gebäudeinhaber und Betreiber der tierärztlichen Praxis nicht identisch, wird der Bauherr als Vermieter die entsprechenden Kosten regelmäßig vertraglich auf den Mieter übertragen. Behördliche Auflagen, die mit dem Betrieb einer Tierarztpraxis verbunden sind, müssen im Übrigen grundsätzlich vom Praxisinhaber erfüllt werden.

Vorsicht

Nach § 3 Abs. 2 TÄHAV haben die Betriebsräume einer tierärztlichen Hausapotheke in Bezug auf Art und Größe der jeweiligen tierärztlichen Praxis entsprechend nach Art, Zahl, Lage, Größe und Einrichtung so beschaffen zu sein, dass sie eine einwandfreie Herstellung, Prüfung, Aufbewahrung und Abgabe der Arzneimittel ermöglichen. Ferner sind sie stets in einem ordnungsgemäßen baulichen und hygienischen Zustand zu halten, insbesondere müssen sie sauber, trocken und gut belüftbar sein und über ausreichende Wasser- und Energieversorgungsanschlüsse sowie über ausreichende Beleuchtung verfügen. ¶

Es sind außerdem ggf. die Vorgaben der **Röntgenverordnung** zu beachten. So darf z. B. eine Röntgeneinrichtung ausschließlich in dem in der Genehmigung bzw. der Bescheinigung näher bezeichneten Räumlichkeiten betrieben werden. Ein besonderes Augenmerk sollte auf die Entsorgung von Tierkörperabfällen gelegt werden. Diese hat nach § 2 Abs. 2 Abfallbeseitigungsgesetz eine zugelassene Abfallentsorgungsanlage vorzunehmen. Es muss zudem ein entsprechender Nachweis über die Entsorgung geführt werden.

Praxistipp

Um sich hinsichtlich der Einhaltung aller rechtlichen Voraussetzungen vor bösen Überraschungen zu schützen, sollte sich der Mieter vom Vermieter versichern lassen, dass sich die Räumlichkeiten zum Betrieb einer Tierarztpraxis eignen und in bauplanungsrechtlicher und bauordnungsrechtlicher Hinsicht den behördlichen Vorgaben entsprechen. ¶

9.3.2 Mietdauer

Da gewerbliche Mietverträge keinem gesetzlichen Kündigungsschutz unterliegen, sollte ein Mietvertrag mit einer festen Laufzeit vereinbart werden. Im Hinblick auf die bei der Praxiseinrichtung zu tätigenden Investitionen sollte die

Laufzeit nicht unter zehn Jahren liegen. Manche Banken bestehen bei der Finanzierung einer Existenzgründung bereits auf der Vorlage eines für mindestens zehn Jahre fest abgeschlossenen Mietvertrages.

Darüber hinaus empfiehlt es sich, Verlängerungsoptionen zugunsten des Mieters in den Vertrag mit aufzunehmen, damit auch nach Ablauf der ersten festen Mietperiode die dann eingeführte Praxis am Standort fortbestehen kann. Günstigstenfalls kann der Mieter die ihm eingeräumten Optionen einseitig ausüben, ohne dass es einer weiteren Zustimmung zur Verlängerung der Mietzeit durch den Vermieter bedarf. Üblicherweise werden Optionszeiträume von mindestens je fünf weiteren Jahren vereinbart, wobei mindestens zwei Verlängerungsoptionen vorgesehen sein sollten.

Häufig wird nach Ablauf von zehn Jahren vergessen, die erforderliche Erklärung zur Ausübung der Option gegenüber dem Vermieter abzugeben. Deshalb sollte versucht werden, eine Regelung dahingehend zu treffen, dass die Verlängerung automatisch erfolgt, wenn nicht der Mieter innerhalb einer vereinbarten Frist widerspricht. Will der Mieter demgegenüber den Vertrag beenden, so wird er die erforderliche Kündigung kaum vergessen. ¶

Sind die Praxisräumlichkeiten bei Abschluss des Mietvertrages durch den Vermieter noch nicht fertig gestellt, sollte der vereinbarte Mietbeginn als Fixtermin vereinbart werden. Der Mieter kann sich in diesem Fall vor Verzögerung durch den Vermieter am effektivsten dadurch schützen, indem eine Vertragsstrafe für die verspätete Übergabe des Mietobjektes vereinbart wird.

9.3.3 Mietzins und Nebenkosten

Nach den Personalkosten stellen die Raumkosten i. d. R. die größte monatliche Ausgabenposition des Praxisinhabers dar. Es versteht sich daher von selbst, dass der Praxismieter sich vor Abschluss des Mietvertrags nach den ortsüblichen Vergleichsmieten erkundigt und möglichst Vergleichsangebote einholt.

Es sollte darauf geachtet werden, dass der Mietzins pro m² der Mietfläche angegeben wird. Stellt sich später heraus, dass die Praxisräumlichkeiten nicht die im Mietvertrag angegebene Grundfläche aufweisen, so ist eine Anpassung des Mietzinses an die tatsächliche Größe unproblematisch.

Da die Mietdauer auf einen langen Zeitraum angelegt ist, sollte für beide Parteien von vorne herein eine objektive Bemessungsgrundlage für die Entwicklung des Mietzinses festgelegt werden. In der Praxis wird hierzu regelmäßig eine sog. »**Wertsicherungsklausel**« vereinbart. Zumeist erfolgt eine sog. Indexierung, wobei der Mietzins an einen Lebenshaltungskostenindex gekoppelt wird. Die Preisindizes, z. B. für die Lebenshaltung aller privaten Haushalte in Deutschland, werden vom statistischen Bundesamt amtlich ermittelt und sind auf der Internetseite des statistischen Bundesamtes abrufbar. Es sollte darauf geachtet werden, dass das Statistische Bundesamt angekündigt hat, ab Januar 2003 lediglich den Index für die Lebenshaltungskosten aller privaten Haushalte zu ermitteln und die Ermittlung der weiteren bisherigen Indizes einzustellen. Insofern sollte der Index für alle privaten Haushalte verwandt werden, um später Problemen bei der Umindexierung vorzubeugen.

Praxistipp

Voraussetzung für die Erhöhung oder auch Erniedrigung des Mietzinses ist, dass sich der Lebenshaltungskostenindex um eine gewisse Prozentzahl gegenüber dem Stand des Mietbeginns erhöht bzw. erniedrigt. Es sollte von Mieterseite darauf geachtet werden, dass die Mieterhöhung durch Wertsicherung nicht automatisch eingreift, sondern zusätzlich von dem Erhöhungsverlangen des Vermieters abhängig ist. Auf diese Weise kann der Gefahr begegnet werden, dass die aufgrund der Wertsicherung eingreifende Mieterhöhung zunächst nicht bemerkt und sodann nachträglich für einen geraumen Zeitraum geltend gemacht wird.

Die Indexierung des Mietzinses bedarf grundsätzlich der Genehmigung der Landeszentralbanken. Gemäß § 4 Preisklauselverordnung gelten jedoch Wertsicherungsklauseln als genehmigt, wenn eine mindestens 10-jährige Festlaufzeit des Mietvertrages vereinbart wurde oder dem Mieter ein entsprechendes Optionsrecht zusteht.

Es ist auch möglich, eine Staffelung des Mietzinses vorzunehmen. Dieser erhöht sich dann in regelmäßigen Abständen um einen gewissen Prozentsatz. Solche Regelungen haben jedoch den Nachteil, dass sie im Gegensatz zum Lebenshaltungskostenindex der allgemeinen wirtschaftlichen Entwicklung nicht Rechnung tragen.

Gelegentlich finden sich auch Klauseln, wonach der Mietzins in gewissen zeitlichen Abständen neu zu verhandeln ist. Sofern keine Einigkeit zwischen den Parteien erzielt wird, soll der Mietzins sodann durch ein Schiedsgutachten festgelegt werden. Auch solche Klauseln bieten weder dem Vermieter noch dem Mieter eine verlässliche Kalkulationsgrundlage.

Vorsicht

Besonderes Augenmerk sollte auf die vertraglichen Vereinbarungen zu den **Betriebs- und Nebenkosten** der Praxisräumlichkeiten gelegt werden. Soweit keine anderweitige vertragliche Vereinbarung getroffen wurde, sind diese Kosten vom Vermieter zu tragen. Dieser ist jedoch berechtigt, die entstehenden Nebenkosten voll umfänglich auf den Mieter umzulegen. ¶

Welche Nebenkosten vom Mieter übernommen werden ist Verhandlungssache. Es sollte jedoch in diesem Rahmen darauf geachtet werden, dass lediglich solche Kosten vom Mieter getragen werden, die ihm auch zugerechnet werden können. Es empfiehlt sich zudem, im Vertrag eine Regelung aufzunehmen, bis zu welchem Zeitpunkt der Vermieter über die Nebenkosten abzurechnen hat.

9.3.4 Mietsicherheiten

Der Vermieter wird den Abschluss des Mietvertrages regelmäßig davon abhängig machen, dass der Mieter ihm Sicherheit für die Verbindlichkeiten aus dem Mietvertrag leistet. Auch wenn bei Gewerberaummietverträgen die Begrenzung von bis zu 3 Monatsmieten nicht gilt, sollte ein darüber hinaus gehender Betrag nicht vereinbart werden.

Praxistipp

Es empfiehlt sich, die Kaution nicht in bar, sondern in der Form einer Bankbürgschaft zu leisten. Dies stellt für den Mieter die günstigste Variante dar, da in diesem Fall keine Liquidität gebunden wird. Die Kosten einer solchen Bankbürgschaft belaufen sich abhängig von der Höhe der Bürgschaft regelmäßig auf eine Avalprovision von 0,5–1 % der Bürgschaftssumme vierteljährlich. ¶

Angesichts der geringen Verzinsung erweist sich die immer noch häufig anzutreffende Übergabe eines Sparbuches mit der zu leistenden Kaution als wirtschaftlich wenig sinnvoll. Alternativ kann die Sicherheit auch in anderer Weise geleistet werden, wie z. B. durch die Abtretung festverzinslicher Wertpapiere.

9.3.5 Ausweitung der Praxistätigkeit

Bereits beim Abschluss des Mietvertrages und somit zu Beginn der Tätigkeit in eigener Praxis sollte daran gedacht werden, dass möglicherweise zu einem späteren Zeitpunkt das Bedürfnis bestehen könnte, eine Praxiskooperation zu gründen, z. B. in Form einer Gemeinschaftspraxis.

Praxistipp

Es empfiehlt sich, bereits im ursprünglichen Mietvertrag eine Regelung aufzunehmen, wonach der Mieter berechtigt ist, im Zuge einer Ausweitung seiner Praxistätigkeit einen oder mehrere Partner in die Praxisräume aufzunehmen. Der Vermieter sollte bereits jetzt zustimmen, dass die potentiellen Partner auf Seiten des Mieters dem Mietvertrag beitreten. Ferner sollte der Mieter sich das Recht der Untervermietung ausbedingen, um in der Ausgestaltung der Rechtsverhältnisse mit seinen möglichen Kooperationspartnern die größtmögliche Flexibilität zu behalten. ¶

Soweit die Gründung einer Gemeinschaftspraxis nach den Regelungen des Mietvertrages unproblematisch ist, sollte auch daran gedacht werden, zusätzlich zu regeln, dass ggf. aus der Gemeinschaftspraxis ausscheidende Partner aus dem Mietvertrag entlassen werden und der Mietvertrag sodann mit den verbleibenden Partnern fortgesetzt wird. Es sollte klargestellt werden, dass die ausscheidenden Mieter nur für Verbindlichkeiten aus dem Mietverhältnis bis zum Zeitpunkt ihres Ausscheidens und eintretende Mieter nur für Verbindlichkeiten ab dem Zeitpunkt ihres Eintritts haften.

9.3.6 Beendigung der Praxistätigkeit

Von zentraler Bedeutung für den Mieter einer Tierarztpraxis ist eine Regelung, wonach er bzw. seine Erben berechtigt sind, im Falle der Praxisaufgabe wegen Berufsunfähigkeit, Tod oder aus sonstigen Gründen den Praxisnachfolger in den bestehenden Mietvertrag eintreten zu lassen, ohne dass es einer weiteren **Zustimmungserklärung des Vermieters** bedarf. Will der Tierarzt seine Praxis veräußern, so wird ihm die Verwertung des von ihm geschaffenen ideellen Wertes nur dann möglich sein, wenn der Nachfolger seinerseits für einen gewissen Zeitraum in den vorhandenen Praxisräumen tätig sein kann. Fehlt es im Praxismietvertrag an einer solchen antizipierten Zustimmungserklärung des Vermieters zur Übertragung des Mietvertrages, so kann die Situation eintreten, dass letztlich bei Veräußerung der Praxis der Vermieter auf dem Wege des neu abzuschließenden Mietvertrages die Entscheidung darüber trifft, wer die Nachfolge des Praxisabgebers antritt.

Praxistipp

Wird eine Regelung, wonach der Mieter berechtigt ist, einen Dritten in den Mietvertrag eintreten zu lassen, vom Vermieter nicht akzeptiert, so sollten zumindest die Einspruchsmöglichkeiten des Vermieters in Bezug auf die Person des Nachfolgers möglichst eng begrenzt werden.

Keinesfalls darf die Übertragung des Mietverhältnisses und damit letztlich der Praxis von der Entscheidung des Vermieters abhängen. ¶

Für den Fall, dass der Mieter seinen Beruf nicht mehr ausüben kann und eine Veräußerung der Praxis misslingt, sollte ein Sonderkündigungsrecht zugunsten des Mieters vereinbart werden.

9.3.7 Ein- und Umbauten

Grundsätzlich ist der Mieter nicht berechtigt, ohne Zustimmung des Vermieters Veränderungen an den Mieträumlichkeiten vorzunehmen. Es empfiehlt sich daher, eine Klausel in den Mietvertrag aufzunehmen, die es dem Mieter gestattet, Veränderungen vorzunehmen, die nach seinen Vorstellungen der Ausübung der tierärztlichen Praxis dienlich sind. Bauliche Veränderungen sind selbstverständlich stets mit dem Vermieter abzustimmen.

Es sollte ferner vorgesehen werden, dass Ein- und Umbauten, die vom Mieter vorgenommen wurden, bei Beendigung des Mietverhältnisses von diesem entschädigungslos in den Räumen belassen werden können. Damit wird verhindert, dass der Mieter bei Auszug zum **Rückbau** verpflichtet ist; zumal nach den gesetzlichen Regelungen die Mieträumlichkeiten grundsätzlich in dem Zustand zurückzugeben sind, in dem sie an den Mieter übergeben wurden. Häufig macht ein solcher Rückbau, der meist mit erheblichen Kosten verbunden ist, bereits deswegen keinen Sinn, da der Neumieter ohnehin weitere Veränderungen vornimmt. Demgegenüber ist der Mieter jedoch stets berechtigt, die Einrichtungen, mit denen er die Mietsache versehen hat, wegzunehmen (§ 539 Abs. 2 BGB).

Teilweise hat der Vermieter ein Interesse daran, dass die eingebrachten Einrichtungen in den Räumlichkeiten verbleiben. Wird dem Vermieter ein Übernahmerecht eingeräumt, so sollte dieses davon abhängig gemacht werden, dass er eine angemessene Entschädigung für die ihm überlassene Einrichtung bezahlt.

9.3.8 Instandhaltung, Schönheitsreparaturen, Praxisschild

Die Instandhaltung der Mieträumlichkeiten obliegt grundsätzlich dem Vermieter, zumal dieser den Mietzins dafür erhält, dass er dem Mieter das Mietobjekt in vertragsgemäßem Zustand überlässt und während der Mietzeit diesen Zustand aufrecht erhält (§ 535 Abs. 1 BGB). Gleiches gilt für etwaige vorzunehmende Schönheitsreparaturen. Die Übertragung der **Schönheitsreparaturen** (z. B. Anstreichen der Wände, Lackieren der Türen und Innenseiten der Fenster) sowie kleinere Instandhaltungsarbeiten (z. B. Austausch eines defekten Wasserhahns) auf den Mieter entspricht jedoch der gängigen Praxis. Bei Geschäftsraummietverträgen ist dieses unbeschränkt zulässig.

Praxistipp

Es empfiehlt sich, insbesondere im Hinblick auf die vom Mieter vorzunehmenden kleineren Reparaturen, eine Höchstgrenze pro Kalenderjahr zu vereinbaren, damit die Kosten diesbezüglich überschaubar bleiben. ¶

Entsprechend zu der Verpflichtung des Mieters, Schönheitsreparaturen durchführen zu lassen, sollte ausdrücklich geregelt werden, dass der Vermieter dazu verpflichtet ist, die Außenfassade des Mietobjekts in einem optisch ansprechenden Zustand zu erhalten.

Eine Regelung ist schließlich darüber zu treffen, dass der Mieter berechtigt ist, das übliche Praxisschild am Hauseingang anzubringen. Ergänzend sollte ggf. die Anbringung weiterer Hinweisschilder vertraglich vereinbart werden. Für den Fall der Verlegung der Praxis unter Beendigung des Mietverhältnisses ist zu empfehlen, dass dem Mieter das Recht eingeräumt wird, das Praxisschild verbunden mit einem entsprechenden Hinweis auf die neue Praxisadresse für einen gewissen Zeitraum nach dem Auszug am Gebäude zu belassen.

9.3.9 Konkurrenzschutzklausel

Besonders bei größeren, gewerblich genutzten Objekten ist der Mieter davor zu schützen, dass der Vermieter in demselben Objekt oder in einem ihm gehörigen Objekt in unmittelbarer Nähe weitere Räumlichkeiten an einen Tierarzt vermietet. Es empfiehlt sich daher, eine entsprechende Konkurrenzschutzklausel in den Vertrag aufzunehmen, und für den Fall der Zuwiderhandlung durch den Vermieter mit Sanktionen zu versehen, insbesondere einer Vertragsstrafe.

Ein nachvertraglicher Konkurrenzschutz ist von Vorteil. In diesem sollte sich der Vermieter verpflichten, nach Beendigung der Praxistätigkeit die Mieträume für einen gewissen Zeitraum nicht erneut an einen Tierarzt zu vermieten – es sei denn, es handelt sich um den gewünschten Nachfolger. ¶

Auf diese Weise kann der Gefahr vorgebeugt werden, dass bei Beendigung des Mietvertrages ein Praxisübernahmevertrag einerseits nicht zustande kommt, da der potentielle Erwerber den Abschluss eines Kaufvertrages verweigert, dieser jedoch über den Weg des Mietvertrages gleichwohl die Räumlichkeiten in Besitz nimmt und damit ohne hierfür einen Kaufpreis gezahlt zu haben vom Goodwill der bisherigen Praxis profitiert.

9.3.10 Veräußerung des Mietobjekts

Der Verkauf des Mietobjekts durch den Vermieter hat grundsätzlich keinen Einfluss auf den Mietvertrag. Per Gesetz tritt der Käufer in alle bestehenden Verpflichtungen aus dem Mietvertrag als neuer Vermieter ein. Ist der Mieter selbst ggf. an einem späteren Erwerb der Praxisräume interessiert, sollte er sich im Mietvertrag ein Vorkaufsrecht ausbedingen, das jedoch der notariellen Beurkundung bedarf.

9.4 Zusammenfassung

Praxistipp

Das Nutzungsrecht an den Praxisräumlichkeiten stellt ein wesentliches Element der wirtschaftlichen Betätigung des Tierarztes dar. Insofern ist es zwingend erforderlich, dass bei Abschluss des Mietvertrages bereits die langfristige Planung des Tierarztes bis hin zur möglichen Übertragung der Praxis auf einen Nachfolger berücksichtigt wird. Zum Schutz des Mieters bedarf es daher der Vereinbarung der dargestellten Sonderregelungen, zumal die gesetzlichen Regelungen des anwendbaren Geschäftsraummietrechts keinen Mieterschutz wie bei Wohnraum gewährleisten. Aufgrund der zwingenden Sonderregelungen im Hinblick auf die Ausübung von Kooperationen oder der Übertragung der Praxis sollte von der Verwendung von Formularmietverträgen Abstand genommen werden.

Checkliste zum Mietvertrag

1) Bereits in der Präambel eines Mietvertrages sollte vereinbart werden, dass das Mietobjekt zum Betreiben einer Tierarztpraxis geeignet ist. Diese Formulierung mag selbstverständlich klingen. Dennoch kann selbst der umfangreichste Mietvertrag niemals alle etwaigen Streitfälle umschreiben. Daher kann die Präambel in einem Gerichtsverfahren durchaus entscheidende Bedeutung haben. Nach dem Bürgerlichen Gesetzbuch ist bei einem Rechtsstreit der »wahre Wille« der Parteien zu ermitteln. Findet sich keine explizite Regelung zu einem Problem, hat das Gericht daher den Vertrag auszulegen. Diese Auslegung erfolgt i. d. R. aufgrund des Wortlautes des Mietvertrages, aber auch mit Blick auf die Präambel.

2) Der Tierarzt sollte – soweit möglich – darauf achten, dass der Vermieter ihm tierärztlichen Konkurrenzschutz in demselben Haus oder in dem Vermieter gehörenden Häusern in derselben Straße bzw. in einem gewissen Umkreis gewährt. Zudem sollte der Vermieter dafür Sorge tragen, dass andere Mieter nicht an tierärztliche Konkurrenten des Mieters untervermieten.

3) Von Vorteil ist es, wenn der Vermieter sich verpflichtet, für eine gewisse Dauer nach Beendigung des Mietverhältnisses die Mieträume nicht an einen anderen Tierarzt zu vermieten sofern es sich nicht um einen Praxisnachfolger des Mieters handelt. So kann eher sichergestellt werden, dass die Kunden der eigenen alten Praxis (in den neuen Räumen) treu bleiben.

4) In Bezug auf die Mietzeit ist grundsätzlich eine Dauer von fünf bis zehn Jahren als erste Vereinbarung angemessen. Darüber hinaus sollten unbedingt Optionsrechte vereinbart werden. Dem Mieter können Optionen von bis zu vier mal fünf Jahren eingeräumt werden. Wichtig ist es, darauf zu achten, dass sich unbeschadet des Optionsrechtes des Mieters das Mietverhältnis automatisch um ein Jahr verlängert, wenn nicht eine Seite z. B. sechs Monate vor Ablauf der Verlängerung widerspricht.

Ähnlich wie bei Ausübung der Option hat diese Formulierung dann Vorteile, wenn der Tierarzt vergisst, sein Optionsrecht wahrzunehmen. Soweit der Tierarzt z. B. nach den vereinbarten zehn Jahren nicht an die Ausübung seiner Option denkt, läuft der Mietvertrag nach Ablauf der Zeit ohne weiteres aus.

5) Die in nahezu allen Mietverträgen auftauchende Klausel, dass der Mieter Reparaturarbeiten etc. zu dulden hat, ist im Grundsatz nicht zu beanstanden. Dennoch sollte darauf geachtet werden, dass diese Reparaturen den Betrieb der Tierarztpraxis nicht unzumutbar beeinträchtigen dürfen. Der Zutritt zur Tierarztpraxis soll grundsätzlich außerhalb der Sprechstundenzeiten erfolgen.

6) Es kann sich durch aus als wichtig erweisen, dass der Vermieter dem Mieter im Falle des Zahlungsverzuges die Gelegenheit gibt, die rückständigen Beiträge zu zahlen, indem er schriftlich über die Höhe der ausstehenden Zahlungen informiert und gleichzeitig auf die durch Nichtzahlung entstehenden Konsequenzen (fristlose Kündigung) hinweist. Auch im Bereich des Zahlungsverzuges kann es durchaus vorkommen, dass der Tierarzt im täglichen Berufsstress ausstehende Verpflichtungen übersieht.

7) Ein weiterer wichtiger Aspekt, ist die Frage der Praxisabgabe in bestimmten Fällen. Im Zuge einer Ausweitung der Praxistätigkeit oder auch aus anderen Gründen muss der Mieter berechtigt sein, einen oder mehrere Tierärzte als Mitarbeiter oder Teilhaber in die Praxis aufzunehmen. Dieser Teilhaber muss

das Recht haben, in den Mietvertrag einzutreten. Dies ist insbesondere mit Blick auf die dem neuen Partner obliegenden Vertragsverhandlungen (Zulassung, Finanzierung etc.) von Bedeutung.

Darüber hinaus sollte geregelt werden, dass etwaige Kooperationspartner berechtigt sind, im Einverständnis mit dem Tierarzt jederzeit die Praxisnachfolge zu den bestehenden Vertragsbedingungen anzutreten. Regelmäßig wird der Vermieter darauf bestehen, dass eine entsprechende Zustimmung von seiner Seite erfolgt. Dies ist grundsätzlich nicht zu verwehren, da der Vermieter ein gutes Recht hat, lediglich solvente Mieter auszuwählen. Wird der Mietvertrag dahingehend formuliert, dass diese Zustimmung nur aus wichtigem Grund verweigert werden darf, ist beiden Seiten Genüge getan worden.

8) Im Falle der Berufsunfähigkeit des Tierarztes muss ein Sonderkündigungsrecht eingeräumt werden. Ähnliches gilt im Falle des Todes des Tierarztes. Seine Erben müssen das Recht haben, den Mietvertrag zu kündigen bzw. die Praxis an einen anderen Tierarzt zu übertragen und diesen an der Stelle des Tierarztes in den Mietvertrag eintreten zu lassen. Ein Widerspruchsrecht darf dem Vermieter nur bei Vorliegen eines wichtigen Grundes zustehen.

9) Es kann festgelegt werden, dass dem Tierarzt ein Vormietrecht auf weitere Flächen eingeräumt wird. Nimmt er ein Angebot auf Anmietung weiterer Flächen nicht innerhalb einer vereinbarten Frist an, kann der Vermieter ohne weiteres neue Interessenten finden.

10) Eine Untervermietung des Mietobjektes (z. B. nicht benötigte Räume an einen Kollegen) ist von der Erlaubnis des Vermieters abhängig. Ein Anspruch auf Erteilung der Untermieterlaubnis besteht im Gegensatz zum Wohnraummietrecht nicht. Lediglich ein Sonderkündigungsrecht wird für den Fall vorgesehen, dass der Vermieter die Zustimmung verweigert (§ 549 Abs. 1 S. 2 BGB). Ein Sonderkündigungsrecht kann i. d. R. aber nicht das Ziel des Tierarztes sein, der schließlich erhebliche Investitionen vorgenommen und einen wertvollen Kundenstamm aufgebaut hat. Darüber hinaus ist in gewerblichen Mietverträgen dieses Sonderkündigungsrecht oft ausgeschlossen.

11) Bereits bei Abschluss des Mietvertrages sollte vereinbart werden, dass der Vermieter die Erlaubnis für spätere Baumaßnahmen erteilt, z. B. für:

- Wartezimmer
- Untersuchungsräume
- Hausapotheke
- Röntgenraum

Sollte es zu einer Veränderung der Praxisstruktur kommen und sind daher bauliche Maßnahmen erforderlich, muss dies dem Tierarzt im Sinne seiner Dispositionsmöglichkeiten gestattet sein. Darüber hinaus ist darauf zu achten, dass der Tierarzt nicht zum Rückbau der von ihm durchgeführten Baumaßnahmen verpflichtet wird.

Formulierungsvorschlag

Vorschlag 1: Der Vermieter übernimmt keine Gewähr für die Geeignetheit der Räumlichkeiten und den Konkurrenzschutz

§ 2 Mietzweck

(1) Der Mieter beabsichtigt in der Gewerbeeinheit eine Tierarztpraxis zu betreiben. Der Vermieter weist den Mieter ausdrücklich darauf hin, dass der Vermieter nicht die hierzu erforderlichen behördlichen und sonstigen Genehmigungen, Zulassungen oder ähnliches einholt, sondern dies allein Sache des Mieters ist. Der Vermieter übernimmt keine Haftung dafür, dass die etwa notwendigen Genehmigungen und Zulassungen für den

Formulierungsvorschlag

vorgesehenen Betrieb erteilt werden bzw. erteilte Genehmigungen fortbestehen. Schadensersatzansprüche des Mieters sind in jedem Fall ausgeschlossen. Der Mieter hat im Übrigen auf seine Kosten die gesetzlichen Voraussetzungen für den Betrieb des Gewerbes zu schaffen.

(2) Der Vermieter gewährt dem Mieter keinen Konkurrenzschutz.

Vorschlag 2: Der Vermieter übernimmt sowohl die Gewähr für die Geeignetheit der Räume als auch für einen Konkurrenzschutz

§ 2 Mietzweck

(1) Der Mieter beabsichtigt, in der Gewerbeeinheit eine Tierarztpraxis zu betreiben. Die Räumlichkeiten sind zum Betrieb einer Tierarztpraxis geeignet. Der Vermieter übernimmt die Gewähr dafür, dass die Mietsache bei Mietbeginn bautechnisch und ordnungsrechtlich den Erfordernissen genügt, die die gewerbliche Nutzung der Räume zu Betrieb einer Tierarztpraxis mit sich bringt.

(2) Der Vermieter gewährt dem Mieter tierärztlichen Konkurrenzschutz in demselben Haus und in ihm gehörenden Häusern in derselben Straße bzw. in einem Kilometer Umkreis. Der Vermieter hat dafür Sorge zu tragen, dass andere Mieter ihren Mietgegenstand nicht an tierärztliche Konkurrenten des Mieters untervermieten. Der Vermieter verpflichtet sich, für die Dauer eines Jahres nach Beendigung des Mietverhältnisses die Mieträume nicht an Tierärzte zu vermieten, soweit es sich nicht um den Praxisnachfolger des Mieters handelt. ¶

Vorschlag 1: Mietvertrag ohne automatische Verlängerung des Mietverhältnisses

§ 4 Mietzeit

Das Mietverhältnis beginnt am 01.09.2005.

(1) Das Mietverhältnis läuft auf bestimmte Zeit und endet am 31.08.2010, ohne dass es einer Kündigung bedarf.

(2) Der Mieter kann das Mietverhältnis bis zum 31.08.2015 verlängern, indem er dem Vermieter diese Absicht zwölf Monate vor Ablauf der Vertragsdauer schriftlich mitteilt. Für die Rechtzeitigkeit der Optionsausübung kommt es auf den Zugang des Schreibens an.

(3) Setzt der Mieter den Gebrauch der Mietsache nach Ablauf der Mietzeit fort, so gilt das Mietverhältnis nicht als verlängert. § 568 BGB findet keine Anwendung. Fortsetzung oder Erneuerung des Mietverhältnisses nach seinem Ablauf müssen schriftlich vereinbart werden.

Vorschlag 2: Mietvertrag mit automatischer Verlängerung des Mietverhältnisses

§ 4 Mietzeit

(1) Das Mietverhältnis beginnt am 01.09.2005, läuft auf bestimmte Zeit und endet am 31.08.2015, ohne dass es einer Kündigung bedarf. Unbeschadet des nachstehend vereinbarten Optionsrechts des Mieters verlängert es sich jeweils um ein Jahr, wenn nicht eine Seite der Verlängerung sechs Monate vor Ablauf widerspricht.

(2) Dem Mieter wird eine Option von vier mal fünf Jahren eingeräumt. Die Ausübung bedarf keiner ausdrücklichen Willenserklärung, vielmehr verlängert sich das Mietverhältnis automatisch um jeweils 5 Jahre, sofern nicht der Mieter sechs Monate vor Ablauf der jeweiligen Mietperiode schriftlich kündigt. Für die Rechtzeitigkeit der Kündigung kommt es auf den Zugang des Schreibens an. ¶

10 Der Tierarzt und das Arbeitsrecht

10.1 Grundbegriffe und rechtliche Grundlagen

Jeder Tierarzt, der sich nach seiner Ausbildung niederlässt und Helferinnen bzw. Praxisassistenten einstellt, wird sehr schnell realisieren, dass er dann nicht mehr »nur« Tiermediziner, sondern darüber hinaus auch Arbeitgeber ist. Dies bringt eine große Anzahl von Pflichten, allerdings auch Rechte mit sich. Die wichtigsten Grundstrukturen des Arbeitsrechts sollten einem Tierarzt daher geläufig sein, egal ob Praxisinhaber oder angestellter Tierarzt. Auch hier gilt das Motto: Unkenntnis schützt vor Schaden nicht.

Das Arbeitsrecht umfasst diejenigen Rechtsnormen, die sich auf die in abhängiger Tätigkeit geleistete Arbeit beziehen. Es regelt die Rechtsbeziehungen zwischen Arbeitgeber und Arbeitnehmer (Entstehung, Inhalt, Störungen, Übergang und Beendigung des Arbeitsverhältnisses). Das Arbeitsrecht gehört z. T. zum Privatrecht (hier insbesondere das Individualarbeitsrecht) und z. T. zum öffentlichen Recht (insbesondere das Arbeitsschutz- und Arbeitszeitrecht sowie das Recht der Tarifverträge).

Arbeitsrechtliche Regelungen können sich aus einer Vielzahl von gesetzlichen und vertraglichen Bestimmungen ergeben: aus dem EU-Recht, dem Grundgesetz, aus zwingendem Gesetzesrecht (BGB), aus dem Tarifvertrag, aus der Betriebsvereinbarung, aus dem Arbeitsvertrag, aus betrieblicher Übung und auch aus dem arbeitsrechtlichen Gleichbehandlungsgrundsatz.

Grundlage eines Beschäftigungsverhältnisses ist regelmäßig ein **Arbeitsvertrag**, durch den sich ein Arbeitnehmer – also meistens die TFA, aber auch ein angestellter Tierarzt – gegenüber seinem Arbeitgeber – also dem anstellenden Tierarzt – verpflichtet. Der Arbeitsvertrag ist eine besondere Art des Dienstvertrages gemäß §§ 611 ff. BGB. Er ist daher ein schuldrechtlicher gegenseitiger Vertrag, begründet aber darüber hinaus ein personenrechtliches Gemeinschaftsverhältnis – hieraus erwächst eine besondere Fürsorge- und Treuepflicht. Durch den Abschluss des Arbeitsvertrages wird nach der Vertragstheorie das Arbeitsverhältnis begründet. Im Arbeitsvertrag werden insbesondere die jeweiligen Arbeitsbedingungen festgelegt. Für den Arbeitnehmer wird dadurch die Pflicht begründet, persönlich die vereinbarte Arbeitsleistung zu erbringen. Für den Tierarzt entsteht dadurch die Pflicht zur Auszahlung des Arbeitslohns, die Pflicht zur Beschäftigung, die Pflicht zur Gewährung des vereinbarten Erholungsurlaubs, die Fürsorgepflicht und die Pflicht, ein Zeugnis auszustellen. Der Arbeitsvertrag endet wie das Arbeitsverhältnis durch Kündigung, Zeitablauf, Aufhebungsvertrag oder Tod des Arbeitnehmers.

10.2 Begründung eines Arbeitsverhältnisses

Im Arbeitsrecht gilt der Grundsatz der Vertragsfreiheit. Die Parteien können frei entscheiden, ob und mit wem sie ein Arbeitsverhältnis begründen wollen (Abschlussfreiheit) und bedingt entscheiden, wie der Inhalt des Arbeitsverhältnisses ausgestaltet werden soll (Inhaltsfreiheit).

10.2.1 Vertragsanbahnung

Jeder Tierarzt weiß, dass der Erfolg einer eigenen Praxis von qualifizierten Mitarbeitern abhängt – die Schwierigkeit besteht darin, dass geeignete Personal zu finden. Hierfür müssen Vorstellungsgesprächen geführt werden, bei denen man wissen sollte, welche Fragen zulässig sind und welche nicht. Das **Fragerecht des Arbeitgebers** kann eingeschränkt werden durch das allgemeine Persönlichkeitsrecht des potentiellen Angestellten. Bei der Beurteilung der Zulässigkeit von Fragen ist eine Abwägung der möglicherweise unterschiedlichen Interessen vorzunehmen.

So muss der Bewerber Fragen nach der schulischen Ausbildung, der beruflichen Ausbildung, der beruflichen Erfahrung, der letzten Arbeitsstelle und der bisherigen Gehalts- und Lohnhöhe wahrheitsgemäß beantworten.

Praxistipp

Die Frage nach einer anstehenden Heirat ist grundsätzlich unzulässig. Fragen nach der körperlichen und gesundheitlichen Eignung können teilweise zulässig sein, wenn eine Beeinträchtigung der Arbeitsfähigkeit in Betracht kommt (z. B. Allergie gegen Desinfektionsmittel oder Latex) oder wenn die Gefahr einer Ansteckung für andere Mitarbeiter oder die Tierhalter besteht. ¶

Da praktizierende Tierärzte oftmals weibliche Tiermedizinische Fachangestellte oder Praxisassistenten im Angestelltenverhältnis beschäftigen, ist die Frage nach dem Bestehen oder der Planung einer Schwangerschaft natürlich von besonderem Interesse – allerdings auch höchst problematisch. Die Rechtsprechung hielt die in angemessener Form gestellte Frage bisher für zulässig mit der Folge, dass diese Frage zwingend wahrheitsgemäß beantwortet werden musste. Mittlerweile ist das Bundesarbeitsgericht von diesem Standpunkt abgerückt und sieht – unter Berücksichtigung der Rechtsprechung des Europäischen Gerichtshofs – in dieser Frage eine unzulässige Diskriminierung der Bewerberin.

Beachte

Die Frage nach dem Bestehen einer Schwangerschaft ist grundsätzlich verboten und darf daher wahrheitswidrig beantwortet werden. ¶

Für tierärztliche Praxen besteht von diesem Grundsatz allerdings eine wichtige Ausnahme: Die Frage darf dann gestellt werden, wenn die Arbeitnehmerin Arbeiten verrichten soll, die die Gesundheit von Mutter und Kind gefährden.

Grundsätzlich gilt: Fragen, die in einem direkten sachlichen Zusammenhang mit der beruflichen Tätigkeit (fachliche und persönliche Eignung) stehen, sind zulässig und müssen wahrheitsgemäß beantwortet werden. Die unrichtige Beantwortung zulässiger Fragen führt wegen einer **arglistigen Täuschung** des Arbeitgebers dazu, dass diesem ein Anfechtungsrecht zugesprochen wird.

10.2.2 Abschluss eines Arbeitsvertrages

Basis des Rechtsverhältnisses zwischen dem Tierarzt und seinen Angestellten ist regelmäßig ein Arbeitsvertrag. Vielfach ist feststellbar, dass die Vertragsparteien keine oder aber nur ungenaue vertragliche Regelungen getroffen haben. Fehlende oder ungenaue Regelungen führen jedoch oftmals zu Streitigkeiten zwischen Tierarzt und angestelltem Personal und damit zu einer Belastung des Betriebsklimas. Daher ist es von enormer Wichtigkeit, **rechtlich einwandfreie, klare und präzise Formulierungen** in einem Arbeitsvertrag niederzulegen.

Ein **Dienstvertrag** gemäß § 611 BGB ist grundsätzlich formfrei, kann also auch stillschweigend abgeschlossen werden. **Arbeitsverträge** sind allerdings grundsätzlich schriftlich abzuschließen. Das Nachweisgesetz enthält insofern eine entsprechende Empfehlung und gibt dem Arbeitnehmer einen Anspruch gegen den Arbeitgeber auf Aushändigung eines schriftlichen Arbeitsvertrages.

Für den wirksamen Abschluss eines Arbeitsvertrages reichen bereits grundlegende Angaben, wie etwa Namen und Anschriften beider Parteien, Beginn des Arbeitsverhältnisses, Arbeitsort, Arbeitstätigkeit, Arbeitszeit, Gehalt, Urlaubsanspruch und Kündigungsfrist. Die Einigung über die vorgenannten Punkte kann zwar zu einem wirksamen und verbindlich geschlossenen Arbeitsverhältnis führen, allerdings nicht zwingend einen Streit der Parteien vermeiden.

Praxistipp

Bei dem Abschluss eines Arbeitsvertrages sollten sich beide Parteien Mühe geben, um spätere Streitigkeiten und Meinungsverschiedenheiten zu vermeiden. Darüber hinaus bietet ein sorgfältig abgefasster Arbeitsvertrag die Möglichkeit für den Tierarzt, rechtliche Spielräume, die arbeitsrechtliche Regelungen dem Arbeitgeber belassen, voll auszunutzen. Der Arbeitsvertrag bietet somit die Chance, Gestaltungsspielräume optimal zur Effektivitätssteigerung der Tierarztpraxis im Personalbereich zu nutzen. ¶

10.2.3 Einzelne vertragliche Regelungsmöglichkeiten

Ein Arbeitsvertrag muss zu **Beweiszwecken** und aus Gründen der **Rechtssicherheit** eine Reihe von Mindestregelungen beinhalten. Welche Regelungen dies im Einzelnen sind, ergibt sich aus dem Nachweisgesetz und wird nachfolgend vorgestellt. Es kann nicht als Ziel angesehen werden, einen möglichst langen und ausführlichen Vertrag zu erstellen. Kurz gefasste Verträge sind meist von Vorteil, da ansonsten die Gefahr besteht, dass die Regelungen zu undurchsichtig werden.

10.2.3.1 Probezeit

Üblicherweise wird mit der Helferin im Arbeitsvertrag eine Probezeit vereinbart. Das Probearbeitsverhältnis soll sowohl dem Arbeitgeber wie auch dem Arbeitnehmer die Möglichkeit geben, den Vertragspartner und die Arbeitsstelle hinsichtlich einer längerfristigen Zusammenarbeit zu überprüfen. Das Probearbeitsverhältnis kann als befristetes Arbeitsverhältnis, das nach Ablauf der Probezeit endet, oder als unbefristetes Arbeitsverhältnis vereinbart werden, das nach Ablauf der Probezeit in ein normales Arbeitsverhältnis übergeht, wenn es nicht zuvor gekündigt wird. Die **Befristung zum Zweck der Erprobung** muss zwingend zum Vertragsinhalt gemacht werden. Meist wird die Auslegung und die Ausgestaltung des Arbeitsvertrages, in dem eine Probezeit vereinbart ist, ergeben, dass ein Arbeitsverhältnis von unbestimmter Dauer gewollt ist. Die vereinbarte Probezeit darf längstens 6 Monate betragen. Das Arbeitsverhältnis kann dabei mit einer Frist von 2 Wochen gekündigt werden, wobei die Angabe von Gründen nicht erforderlich ist.

Im Falle eines befristeten Arbeitsverhältnisses sollte in jedem Fall die Möglichkeit zur ordentlichen Kündigung vertraglich festgehalten werden, da eine solche ansonsten ausgeschlossen ist.

10.2.3.2 Arbeitszeit

Der Arbeitsvertrag muss gemäß dem Nachweisgesetz darüber hinaus auch Regelungen zur Arbeitszeit enthalten. Die Arbeitszeiten von Helferinnen und angestellten Tierärzten werden häufig den Sprechstundenzeiten entsprechen, was aus Gründen der Praxisorganisation sinnvoll und erforderlich ist. Konkrete Regeln über die Arbeitszeit finden sich in zahlreichen gesetzlichen Bestimmungen (z. B. Arbeitszeitordnung) und auch in Tarifverträgen (z. B. Manteltarifvertrag für Tierarzthelfer/innen/Tiermedizinische Fachangestellte). Das Weisungsrecht des Arbeitgebers kann somit nur innerhalb der dadurch geschaffenen Grenzen ausgeübt werden. Es sollte beachtet werden, dass bei einer täglichen Arbeitszeit von mehr als 6 Stunden gemäß dem Arbeitszeitgesetz eine Pause von mindestens einer halben Stunde von vornherein festgelegt sein muss. Zu berücksichtigen ist, dass nach der aktuellen Rechtsprechung des Europäischen Gerichtshofes (EuGH) auch die Bereitschaftszeiten als Arbeitszeiten anzurechnen sind (Urteil vom 03.10.2000, Az. C 303/98). Dies hatte zwar zum einen zur Folge, dass sich für die in Kliniken angestellten Tierärzte bzw. Tiermedizinischen Fachangestellten effektiv die Arbeitszeit verkürzte. Es führte in den vergangenen Jahren jedoch ebenso dazu, dass eine Vielzahl von Tierärztlichen Kliniken schließen musste, da die Personalkosten nicht mehr getragen werden konnten.

10.2.3.3 Ort der Arbeitsleistung

Gemäß § 613 Satz 1 BGB hat der Arbeitnehmer die Arbeit in Person zu leisten. Der Ort der Arbeitsleistung ergibt sich aus dem Arbeitsvertrag. Die Angabe des Arbeitsortes ist nach dem Nachweisgesetz zwingend erforderlich. Dieser kann neben der Praxis des Tierarztes auch bei den Tierhaltern vor Ort sein (Stichwort: »Behandlungsrundfahrten«). Im Übrigen bestimmt der Arbeitgeber kraft seines Weisungsrechtes den Ort.

10.2.3.4 Art der Arbeit

Die Art der von der Helferin bzw. dem angestellten Tierarzt zu leistenden Arbeit ergibt sich ebenfalls aus dem Inhalt des Arbeitsvertrages. Im Rahmen des Vertrages kann der Arbeitgeber dem Arbeitnehmer auf Grund seines **Direktionsrechtes** die Arbeiten zuweisen. In der Regel wird die Art der Arbeit bei der Einstellung nur fachlich umschrieben, so dass der Tierarzt seinen Angestellten sämtliche Arbeiten zuweisen kann, die sich aus dem vereinbarten Berufsbild ergeben.

10.2.3.5 Nebentätigkeiten

Es kann zudem eine Abrede hinsichtlich eventueller Nebentätigkeiten in dem Vertrag aufgenommen werden.

Die Angestellten haben dem Tierarzt nicht ihre ganze Arbeitskraft zur Verfügung zu stellen, sondern nur im Rahmen der gesetzlichen, tariflichen und vertraglichen Arbeitszeit. Grundsätzlich ist es daher möglich, dass diese eine Nebenbeschäftigung ausüben, welche allerdings vertraglich von der Zustimmung des Arbeitgebers abhängig gemacht werden kann. Dies insbesondere dann, wenn möglicherweise die vertragliche Dienstpflicht beeinträchtigt werden kann. Im Übrigen haben die Angestellten während der Arbeitszeit unter Aufwendung aller gegebenen geistigen und körperlichen Fähigkeiten zu arbeiten. Die Rechtsprechung ist in diesem Bereich unüberschaubar und begnügt sich mit der Formulierung, dass jeder Arbeitnehmer die Arbeit zu leisten hat, die nach Treu und Glauben billigerweise zu erwarten ist.

10.2.3.6 Vergütung

In einem Arbeitsvertrag muss grundsätzlich eine Regelung hinsichtlich der Vergütung der Arbeit getroffen werden. Dies gilt einerseits selbstverständlich für die Höhe und andererseits für die Fälligkeit der Vergütung. Die Höhe des Gehalts kann sich nach dem Tarifvertrag richten oder aber frei vertraglich vereinbar werden.

Erbringt der Angestellte eine andere oder eine größere Arbeitsleistung, als nach dem Vertrag erwartet werden kann (insbesondere Überstunden), so ist diese grundsätzlich zusätzlich zu vergüten. Der Vertrag sollte auch insofern entsprechende Vergütungsregelungen enthalten.

In der Praxis ist es oftmals üblich, **Sonderzuwendungen** an die Arbeitnehmer auszuschütten. Die Hauptform ist die sog. Gratifikation (Weihnachtsgeld, Urlaubsgeld etc.). Diese wird neben der Arbeitsvergütung gewährt. Sie ist eine Anerkennung für geleistete Dienste und ein Anreiz für die weitere Dienstleistung.

Praxistipp

Wird die Gratifikation – sinnvoller Weise – freiwillig und ohne Anerkennung einer Rechtspflicht für die Zukunft gezahlt, so steht die Zahlung im Ermessen des Arbeitgebers. Der Rechtsanspruch ist also für die Zukunft ausgeschlossen. Dieser Freiwilligkeitsvorbehalt muss eindeutig gefasst sein. In Arbeitsverträgen sollte darauf geachtet werden, dass die Zahlung von Gratifikationen mit einem Rückzahlungsvorbehalt verbunden ist. Auch dieser muss eindeutig gefasst sein. ¶

10.2.3.7 Lohnfortzahlung im Krankheitsfall

Im Arbeitsvertrag müssen nicht zwingend Vereinbarungen hinsichtlich einer Lohnfortzahlung getroffen werden. Im deutschen Arbeitsrecht ist die sog. Lohnfortzahlung im Krankheitsfall vorgesehen. Insoweit gilt das Gesetzesrecht. Grundlage dafür ist das Entgeltfortzahlungsgesetz. Danach hat der Arbeitnehmer im Krankheitsfall Anspruch auf Fortzahlung der Vergütung. Dieser Anspruch besteht, wenn dem Angestellten an seiner Arbeitsunfähigkeit kein Verschulden trifft. Zudem muss er krank sein. Dies wird regelmäßig durch ärztliche Bescheinigungen bestätigt.

Der Anspruch auf Fortzahlung des Arbeitsentgelts entsteht nach vierwöchiger ununterbrochener Dauer des Arbeitsverhältnisses. Dieser Anspruch besteht grundsätzlich für die Dauer von 6 Wochen, also von 42 Kalendertagen und endet mit Ablauf von 6 Wochen oder mit Beendigung des Arbeitsverhältnisses. Die Dauer der Entgeltfortzahlung kann allerdings durch einzelvertragliche Sonderregelungen verlängert werden. Kommt es zum wiederholten Male zu Erkrankungen (der Ursprung der Erkrankung ist verschieden), hat der Angestellte für jede Erkrankung Anspruch auf Entgeltfortzahlung von bis zu 6 Wochen. Liegt dagegen eine sog. Fortsetzungserkrankung vor (dieselbe Krankheit), gelten Besonderheiten. Diese ergeben sich aus dem Sozialgesetzbuch.

Hinweis: Die Angestellten sind gesetzlich verpflichtet, dem Arbeitgeber die Arbeitsunfähigkeit und deren voraussichtliche Dauer unverzüglich mitzuteilen. Die Anzeige muss am ersten Tag der Krankheit während der ersten Betriebsstunden erfolgen. Eine besondere Form ist nicht vorgeschrieben. Die Anzeige erfolgt allerdings i. d. R. durch Überreichung eines ärztlichen Attestes. Wann dieses dem Arbeitgeber vorzulegen ist, kann einzelvertraglich geregelt werden. ¶

10.2.3.8 Erholungsurlaub

Jeder Arbeitnehmer hat Anspruch auf Erholungsurlaub. Der Urlaubsanspruch entsteht, wenn ein Arbeitsverhältnis besteht und eine Arbeitszeit von 6 Monaten abgelaufen ist. Der Urlaub beträgt jährlich mindestens 24 Werktage. Da das Bundesurlaubsgesetz noch aus einer Zeit stammt, als die 6-Tage-Woche üblich war und heute regelmäßig nur 5 Tage gearbeitet wird, ist der Anspruch von 24 auf 20 Tage zu reduzieren, soweit eine 5-Tage-Woche vereinbart wurde. Ist der Arbeitnehmer in Teilzeit beschäftigt, so erfolgt eine entsprechende Umrechnung. Die gesetzlichen Regelungen sind zwingendes Recht und können nicht wirksam durch Vertrag zum Nachteil des Arbeitnehmers geändert werden.

Beachte

! Erkrankt der Arbeitnehmer während des Urlaubs, bleibt der entsprechende Urlaubsanspruch bestehen. ¶

Der Tierarzt hat bei der Urlaubserteilung die **Urlaubswünsche des Arbeitnehmers** zu berücksichtigen. Er darf sich allerdings über diese Wünsche hinwegsetzen, wenn Gründe durch darzulegende, dringende betriebliche Belange oder Urlaubswünsche anderer Arbeitnehmer, die unter sozialen Gründen den Vorrang verdienen, entgegenstehen. Während des Erholungsurlaubs ist die Vergütung fortzuzahlen.

Hinweis

In jedem Falle sollte der Arbeitsvertrag eine umfassende Urlaubsregelung enthalten.

10.2.3.9 Kündigungsregelungen

Auch Kündigungsregelungen (s. u.) sollten in den Arbeitsvertrag aufgenommen werden. Sofern dies nicht oder unzureichend geschieht, kommen die entsprechenden gesetzlichen Regelungen des Bürgerlichen Gesetzbuches zur Anwendung. Wünscht der Arbeitgeber die Vereinbarung längerer Kündigungsfristen, so gilt folgendes: Grundsätzlich gelten gemäß den Vorschriften des Bürgerlichen Gesetzbuches Verlängerungen der gesetzlich festgelegten Kündigungsfristen nur für den Arbeitgeber. Wenn allerdings einvernehmlich in dem Vertrag eine Verlängerung der gesetzlichen Kündigungsfristen vereinbart wird, so sind die Verlängerungen für beide Vertragsparteien bindend. Die vertraglich vereinbarten Verlängerungen der Kündigungsfrist können dabei sogar über die gesetzlich vorgesehenen Verlängerungen hinausgehen.

10.2.3.10 Berufshaftpflichtversicherung

Bei der Ausübung ihrer Tätigkeit können den tierärztlichen Mitarbeitern Fehler unterlaufen, welche aufgrund des Arbeitsverhältnisses ihrem Arbeitgeber, also dem Tierarzt, zugerechnet werden.

Praxistipp

Zur Vermeidung hoher Schadensersatzansprüche kann sich der Abschluss einer Berufshaftpflichtversicherung auch für die tierärztlichen Mitarbeiter als sinnvoll darstellen. ¶

Dies kann entweder durch die Einbeziehung (eines Teils) der Mitarbeiter in den eigenen Versicherungsschutz des Arbeitgebers oder durch den Abschluss einer gesonderten Versicherung geschehen. Verfügt ein Mitarbeiter bereits über eine Berufshaftpflichtversicherung, ist es selbstverständlich möglich, diesem die entsprechenden Prämien zu erstatten und so einen umfassenden Versicherungsschutz zu gewährleisten.

10.2.3.11 Schriftformklausel

Zu guter Letzt sollte in dem Vertrag zu Beweiszwecken und aus Gründen des Rechtsfriedens in jedem Falle eine Schriftformklausel vereinbart werden, wonach Nebenabreden oder Ergänzungen des Vertrages grundsätzlich der Schriftform bedürfen.

10.3 Ehegatten-Arbeitsvertrag

Viele Tierärzte beschäftigen neben dem sonstigen Personal auch Angehörige, häufig die Ehefrau oder den Ehemann, z. B. zur Durchführung von Buchführungstätigkeiten. Diese unterliegen grundsätzlich, wie jeder andere Arbeitnehmer, den gesetzlichen Regelungen. Das von den Tierärzten angestrebte Ziel »das Geld zu Hause zu lassen«, kann daher nur dann erreicht werden, wenn die von den Finanz- und Arbeitsgerichten aufgestellten Maßstäbe eingehalten werden. Die Grundregel lautet, dass alle vertraglichen Vereinbarungen strikt wie bei dritten Arbeitnehmern ausformuliert und wirtschaftlich nachvollziehbar ausgestaltet sein müssen.

Relativ einfach ist die Abgrenzung zur sog. familienrechtlichen Verpflichtung vorzunehmen. Zur familienrechtlichen Mitarbeit sind die Ehegatten sowie (auch volljährige) Kinder verpflichtet, die dem ehelichen Hausstand angehören. Auf die Fälle der familienrechtlichen Beschäftigung findet grundsätzlich das Arbeits- und Sozialversicherungsrecht keine Anwendung.

Eine weitere Form der Mitarbeit sind die sog. »Gefälligkeitsverhältnisse«. Diese Dienste werden im Rahmen von unentgeltlichen Schuldverhältnissen geleistet. Gefälligkeitsschuldverhältnisse liegen häufig bei Verlobten oder in außerehelichen Lebensgemeinschaften vor.

Als Regelfall ist ein Dienst- und Arbeitsvertrag zwischen dem Tierarzt und seinem Verwandten – meistens dem Ehegatten – beabsichtigt. Ob neben den **familienrechtlichen Beziehungen** ein Vertrag gewollt ist, richtet sich zunächst nach der schriftlichen Vereinbarung. Zusätzlich auch danach, ob eine erhebliche, den familienrechtlichen Umfang überschreitende Arbeitsleistung vorliegt und darüber hinaus der ortsübliche oder tarifliche Lohn gezahlt wird. Des Weiteren kann die Frage gestellt werden, ob durch den Einsatz des Ehegatten eine fremde Arbeitskraft ersetzt wird. Zudem sollte der Ehegatte weisungsgebunden sein sowie Lohnsteuer- und Sozialversicherungsbeiträge abführen.

Gegen die Annahme eines Arbeitsverhältnisses kann im Juristendeutsch die sog. »Verkehrsanschauung« sprechen. Das heißt, dass die bei Tierärzten von den Ehegatten üblicherweise »nebenbei« geleistete Arbeit i. d. R. nicht als Arbeitsverhältnis deklariert werden kann.

Von Seiten des **Finanzamtes** wird grundsätzlich davon ausgegangen, dass bei Rechtsverhältnissen unter nahen Verwandten der ansonsten übliche Interessengegensatz zwischen dem Arbeitgeber und Arbeitnehmer fehlt. Daher wird geprüft und verglichen, ob mit den anderen Angestellten ähnliche Entgeltregelungen vereinbart worden sind und das Arbeitsverhältnis auch tatsächlich durchgeführt wird.

In diesem Zusammenhang ist darauf hinzuweisen, dass die rückwirkende Vereinbarung von Arbeitsverträgen ausgeschlossen ist. Es sollte somit von vornherein eine vertragliche Regelung getroffen und diese dann auch praktiziert werden. Umgehungsversuche zahlen sich i. d. R. nicht aus. ¶

Vorsicht

Der angestellte Ehegatte muss des Weiteren einen Anspruch auf den üblichen Urlaub haben. Gleiches gilt für die typischen Nebenleistungen eines Arbeitsverhältnisses (13. Monatsgehalt, vermögenswirksame Leistungen etc.). Verträge mit Ehegatten sollten auch die üblichen Kündigungsfristen enthalten.

Überweist der Tierarzt das Gehalt des Ehegatten auf ein Konto, über das nur er selbst, jedoch nicht der Ehegatte verfügen kann, erkennt das Finanzamt das Ehegatten-Arbeitsverhältnis nicht an. Auch dies ist zu bedenken, damit die Finanzbeamten nicht aufmerksam werden.

Ähnliche Voraussetzungen gelten bei der Inanspruchnahme von Geld des Ehegatten bei betrieblichen Investitionen. So kann ein Familienmitglied ohne weiteres das ihm zur Verfügung stehende Geld mit einem marktüblichen Zinssatz verleihen. Der Vorteil ist insbesondere darin zu sehen, dass der jährliche Freibetrag für Einkünfte aus Kapitalvermögen genutzt werden kann. Die gezahlten Zinsen sind beim Kreditnehmer in voller Höhe als Betriebsausgaben abzugsfähig. Die Voraussetzungen für die Anerkennung ist ein marktüblicher Darlehensvertrag wie zwischen Fremden, der auch tatsächlich vereinbarungsgemäß durchgeführt wird. Regelungen über die Rückzahlungen, Zinsen und Sicherheiten dürfen nicht fehlen. Es ist darauf zu achten, dass die Vereinbarungen auch tatsächlich eingehalten werden. Für den Abschluss von Darlehensverträgen mit Kindern sind Besonderheiten zu beachten.

Ähnlich komplex ist die Rechtslage bei Mietverträgen mit nahen Verwandten.

10.4 Übersicht über die einzelnen Arbeitsverhältnisse

Die in einer Tierarztpraxis tätigen Arbeitnehmer erhalten entsprechend ihrer Aufgaben bzw. Position unterschiedlich ausgestellte Arbeitsverträge. Hier sind teilweise Besonderheiten zu berücksichtigen, welche im Folgenden dargestellt werden.

10.4.1 Tiermedizinische Fachangestellte (TFA)

Die für die Beschäftigung von Tiermedizinischen Fachangestellten maßgeblichen Regelungen finden sich im Mantel- und im

Gehaltstarifvertrag für Tierarzthelfer/innen bzw. Tiermedizinische Fachangestellte, soweit der Arbeitgeber Mitglied des Bundesverbandes praktischer Tierärzte e.V. und die TFA Mitglied im Berufsverband der Arzt-, Zahnarzt- und Tierarzthelferinnen e.V. ist. Sollte mindestens eine der Vertragsparteien diese Voraussetzung nicht erfüllen, können die tarifvertraglichen Regelungen bzw. einzelne Teile gleichwohl durch eine Bezugnahme im individuellen Arbeitsvertrag Geltung erlangen.

10.4.2 Praxisassistenten

Viele Tierärzte stellen Praxisassistenten ein, um so kompetente Entlastung in der täglichen Arbeit zu erhalten. Den Assistenten wiederum bietet eine solche Tätigkeit die Chance, ohne eigenen Kapitaleinsatz wichtige Berufserfahrung zu sammeln und sich fortzubilden. Aus rechtlicher Sicht handelt es sich bei Assistenten um angestellte Arbeitnehmer, für welche die oben genannten Grundsätze gelten. So ist auch die **Vergütung** grundsätzlich frei verhandelbar. Zu berücksichtigen ist jedoch, dass jeder Assistent einen berufsrechtlichen Anspruch auf ein angemessenes Gehalt hat und der Deutsche Tierärztetag im Juni 1995 in diesem Sinne festgelegt hat, dass das Anfangsgehalt eines Assistenten 1533,88 € nicht unterschreiten darf.

10.4.3 Praxisvertreter

Aufgrund urlaubs- oder auch krankheitsbedingter Abwesenheit kann es notwendig werden, die Tierarztpraxis für einen begrenzten Zeitraum durch einen Vertreter weiterführen zu lassen. Dieser kann entweder als freiberuflicher selbständiger Tierarzt oder als abhängiger Beschäftigter tätig werden. Der selbständige Vertreter unterliegt weniger Einschränkungen bei der Ausübung der Vertretertätigkeit und erhält zumeist eine Vergütung auf der Basis eines **festen Tageshonorars** unter Ausweisung der Mehrwertsteuer. Demgegenüber unterliegt der abhängig beschäftigte Arbeitnehmer allen oben dargestellten Rechten und Verpflichtungen aus dem Arbeitsvertrag.

10.4.4 Auszubildende

Die Gestaltungsmöglichkeiten im Rahmen von Ausbildungsverträgen sind deutlich eingeschränkt. So sind die Regelungen des **Berufsausbildungsgesetzes** ebenso wie die der **Ausbildungsverordnung für Tiermedizinische Fachangestellte** zu befolgen. Weitere relevante Vorschriften enthalten der **Ausbildungsrahmenplan**, das **Jugendarbeitsschutzgesetz**, das **Arbeitszeitgesetz** sowie die **Schulgesetze** der Länder.

Aufgrund der Normenvielfalt in diesem Bereich kann an dieser Stelle nur ein kurzer Überblick über die wichtigsten Regelungen gegeben werden. Hierzu zählt der Grundsatz, dass der wesentliche Inhalt des Berufsausbildungsvertrages vor Beginn der Ausbildung schriftlich fixiert worden sein muss. Ebenso wie die regelmäßig zu vereinbarende Probezeit von drei Monaten, während derer das Ausbildungsverhältnis jederzeit kündbar ist. Sollte der Auszubildende die Abschlussprüfungen nicht bestehen, endet das Ausbildungsverhältnis grundsätzlich trotzdem mit Ablauf der Ausbildungszeit. Es ist jedoch auf Verlangen des Auszubildenden bis zur Wiederholungsprüfung fortzusetzen.

10.5 Störungen des Arbeitsverhältnisses

Selbst eine sorgfältige Auswahl des Personals schützt nicht davor, dass es im Laufe der Zusammenarbeit zu Störungen und »Reibereien« zwischen Arbeitgeber und Arbeitnehmer kommen kann. Grundlage ist oftmals der Umstand, dass ein Arbeitnehmer die ihm gemäß dem Arbeitsvertrag obliegenden Pflichten verletzt. So kann eine TFA z. B. die Arbeit verspätet aufnehmen, gar nicht zur Arbeit erscheinen, die Arbeit vorzeitig einstellen, vertrags- oder absprachewidrig den Erholungsurlaub antreten oder diesen unerlaubt und eigenmächtig verlängern. In diesen Fällen spricht man von einem Arbeitsvertragsbruch. Auch die Begriffe »Bummelei« und »Blaumachen« werden häufig verwendet. Der Arbeitgeber kann einerseits vor dem Arbeitsgericht auf Erfüllung der Arbeitsleistung klagen. Andererseits hat der Arbeitgeber die Möglichkeit, die Gehaltszahlung zu verweigern, bis der Arbeitnehmer seine Arbeitsleistung erbringt. Dies ist darin begründet, dass die Pflicht zu Arbeitsleistung des Arbeitnehmers mit der Gehaltszahlungspflicht des Arbeitgebers in einem Gegenseitigkeitsverhältnis steht. Der Arbeitnehmer ist i. d. R. vorleistungspflichtig, kann seine Arbeitsleistung allerdings nicht mehr nachholen. Aus diesem Grunde kann der Arbeitgeber berechtigterweise die Gehaltszahlung verweigern.

Zudem bestehen diverse Kündigungsrechte. Der Arbeitgeber kann dem Angestellten innerhalb einer Frist von 2 Wochen außerordentlich kündigen, sofern bei und infolge der Nichtleistung der Arbeit die Fortsetzung des Arbeitsverhältnisses unzumutbar ist.

Bei einer schlechten Leistung, die der Arbeitnehmer zu vertreten hat – und damit nicht der Tierarzt (z. B. durch schlechte/defekte Arbeitsmaterialien) – wird der Arbeitnehmer **schadensersatzpflichtig**.

Praxistipp

Regelmäßig kann der Tierarzt Ansprüche dadurch geltend machen, dass er seinen Schadensersatzanspruch gegen den Gehaltsanspruch des Angestellten aufrechnet. Darüber hinaus kann er das Recht zur ordentlichen und ggf. auch außerordentlichen Kündigung in Anspruch nehmen. ¶

Dennoch führt nicht jeder kleine Fehler eines Arbeitnehmers automatisch zum Vorliegen eines Schadensersatzanspruches des Arbeitgebers. Hier hat die Rechtsprechung eine Haftungsbeschränkung bei solchen Tätigkeiten entwickelt, die gefahr- bzw. schadensgeneigt sind. Sofern einem Angestellten ein Fehler unterläuft, ihm allerdings nur eine leichte **Fahrlässigkeit** zur Last zu legen ist, greift die Haftungsbeschränkung im Verhältnis Arbeitnehmer/Arbeitgeber zu Gunsten der Arbeitnehmer ein. Etwas anderes gilt allerdings dann, wenn der Angestellte im Rahmen der beruflichen Tätigkeit eine dritte Person verletzt. In diesem Fall haftet er selbst nach den deliktsrechtlichen Vorschriften des Bürgerlichen Gesetzbuches und ist aus diesem Grunde gegenüber dem verletzten Dritten schadensersatzpflichtig.

10.6 Beendigung des Arbeitsverhältnisses

Ein Anstellungsverhältnis zwischen einem Tierarzt und seinem Angestellten ist zwar grundsätzlich »auf Dauer« angelegt. Beide Vertragsparteien können allerdings ein Interesse daran haben, das Arbeitsverhältnis – aus vielerlei Gründen – nicht weiter zu führen, es also zu beenden. Die Parteien des Vertrages können dann z. B. einen Aufhebungsvertrag schließen. Die häufigste Form der Beendigung eines Arbeitsverhältnisses ist allerdings eine Kündigung. Unter welchen Umständen, zu welchem Zeitpunkt und in welcher Form eine derartige Kündigung möglich ist, ergibt sich z. T. aus dem Arbeitsvertrag und aus den gesetzlichen Vorschriften oder sonstigen Regelungen.

Man unterscheidet im Wesentlichen zwei Arten von Kündigungen. Ein Arbeitsverhältnis kann ordentlich oder außerordentlich gekündigt werden.

10.6.1 Außerordentliche Kündigung

Eine außerordentliche (fristlose) Kündigung ist gemäß § 626 BGB zulässig und wirksam, wenn Tatsachen vorliegen, aufgrund derer dem Kündigenden (also Tierarzt oder Angestelltem) die Fortsetzung des Arbeitsverhältnisses bis zum Ablauf der Kündigungsfrist oder bis zu der vereinbarten Beendigung des Arbeitsverhältnisses nicht zugemutet werden kann. Als wichtiger Grund gelten sowohl für den Arbeitnehmer, als auch für den Arbeitgeber erhebliche Pflichtverstöße, so etwa Verweigerung oder Schlechterfüllung der Arbeit, eigenmächtiger Urlaubsantritt, mehrfaches ungerechtfertigtes und unentschuldigtes Fernbleiben von der Arbeit (z. B. wegen vorgetäuschter Krankheit); Arbeitsunfähigkeit durch Trunkenheit; wiederholte Unpünktlichkeit, wenn der Arbeitsablauf dadurch gestört wird; Weigerung, Arbeitsanweisungen zu folgen; Begehung strafbarer Handlungen.

Eine außerordentliche (fristlose) Kündigung kann gemäß § 626 BGB nur innerhalb einer **Frist von zwei Wochen** erfolgen. Als Beginn der Frist gilt der Zeitpunkt, in dem der Kündigungsberechtigte von dem zur Kündigung führenden wichtigen Grund Kenntnis erlangt hat. Die Erklärung der fristlosen Kündigung unterliegt seit dem 01.05.2000 der Schriftform. Der Kündigende muss dem anderen Teil auf Verlangen den Kündigungsgrund schriftlich mitteilen. Dies geschieht durch Angabe des wichtigen Grundes oder durch ausdrückliche oder stillschweigende Bezugnahme auf einen wichtigen Grund. Im Streitfall muss der Kündigende den Grund für die fristlose Kündigung beweisen. Ferner muss aus der Kündigung unzweifelhaft hervorgehen, dass fristlos gekündigt wird, d. h. ohne Beachtung der Frist des § 622 BGB.

10.6.2 Ordentliche Kündigung

Die weitaus meisten Arbeitsverhältnisse werden jedoch nicht durch eine fristlose Kündigung, sondern durch eine ordentliche Kündigung beendet. Für diese Form der Kündigung gelten besondere Kündigungsfristen.

10.6.2.1 Kündigungsfristen

Eine ordentliche Kündigung ist nur dann wirksam, wenn sie unter Beachtung der maßgeblichen Kündigungsfristen ausgesprochen wird. Die Kündigungsfristen ergeben sich aus §§ 622 ff. BGB, sofern sich nicht zu Gunsten des Angestellten günstigere Kündigungsfristen aus dem Arbeitsvertrag oder Tarifvertrag ergeben. Nach der genannten gesetzlichen Vorschrift kann ein Arbeitsverhältnis mit einem Arbeitnehmer mit einer Frist von vier Wochen zum 15. oder zum Ende eines Kalendermonats gekündigt werden. Sofern ein Arbeitgeber eine Kündigung aussprechen will, kann die Kündigungsfrist u. U. länger sein, wenn das Arbeitsverhältnis in der Praxis 5, 8, 10, 12, 15 oder 20 Jahre bestanden hat. In diesem Fall verlängert sich die Kündigungsfrist von vier Wochen um jeweils einen weiteren Monat.

Praxisbeispiel

War ein Arbeitnehmer fünf Jahre in einer Praxis tätig, kann der Tierarzt nur mit einer Frist von zwei Monaten zum Ende eines Kalendermonats kündigen. War der Arbeitnehmer demgegenüber zehn Jahre in der Praxis tätig, so beträgt die Kündigungsfrist zu Lasten des Arbeitgebers vier Monate zum Ende eines Kalendermonats. ¶

Hinweis

Bei der Berechnung der Beschäftigungsdauer in der Praxis werden keine Zeiten berücksichtigt, die vor der Vollendung des 25. Lebensjahres des Arbeitnehmers liegen. ¶

Dem Tierarzt und seinem Angestellten steht es offen, längere Kündigungsfristen zu vereinbaren. Kürzere Kündigungsfristen können jedoch nur unter ganz bestimmten engen Voraussetzungen vereinbart werden, etwa bei Aushilfs-Arbeitsverhältnissen.

In der Praxis bereitet die Berechnung der Kündigungsfristen oftmals Schwierigkeiten. Für die Berechnung der Kündigungsfristen gelten die §§ 186 ff. BGB. Gemäß § 187 Abs. 1 BGB ist der Tag, an dem gekündigt wird, nicht in die Frist einzurechnen. Der Fristablauf beginnt erst am folgenden Tag.

Praxisbeispiel

Wurde mit einem Arbeitnehmer einzelvertraglich die gesetzlich vorgesehene Kündigungsfrist von vier Wochen zum Monatsende bzw. zum 15. des Monats vereinbart, so muss die Kündigung zum 03. des Monats bzw. zum 18. des Monats ausgesprochen werden und zugehen.

Sofern die vertraglich vereinbarte Kündigungsfrist nicht eingehalten wird, ist die Kündigung nicht etwa unwirksam. Da die Kündigung noch nicht einmal einen ausdrücklich genannten Beendigungszeitpunkt enthalten muss, gilt als Beendigungszeitpunkt der nächst zulässige Termin. Bei einer ordentlichen Kündigung durch den Arbeitgeber hat der Arbeitnehmer – z. B. die Helferin – dann bis zum Ablauf der ordentlichen Kündigungsfrist einen Anspruch auf Bezahlung und Beschäftigung. ¶

10.6.2.2 Form der Kündigung

Während die Rechtslage bis vor kurzem vorsah, dass eine Kündigungserklärung grundsätzlich »formlos«, d. h. auch mündlich, telefonisch oder sogar durch eindeutiges Verhalten erfolgen konnte, ist zur Wirksamkeit einer Kündigung zwischenzeitlich gesetzlich festgelegt worden, dass diese **schriftlich** zu erfolgen hat. Schriftform bedeutet, dass nicht nur die Kündigungserklärung selbst schriftlich erfolgen muss. Die Kündigung muss auch von der zuständigen Person unterschrieben sein. Konkret bedeutet dies, dass bei fehlender Unterschrift oder mangelhafter Schriftform das Arbeitsverhältnis nicht beendet wird und solange fortbesteht, bis eine erneute, die Schriftform beachtende Kündigung erfolgt.

Für die Erklärung der Kündigung selbst ist eine bestimmte Form, d. h. ein bestimmter Wortlaut, nicht vorgesehen. So muss z. B. die Bezeichnung »Kündigung« nicht ausdrücklich fallen. Es genügt, wenn aus dem Schreiben des Arbeitgebers bzw. des Arbeitnehmers unmissverständlich zum Ausdruck gebracht wird, dass dieser das Arbeitsverhältnis einseitig endgültig lösen will.

Vorsicht

Es sollte beachtet werden, dass Kündigungen unzulässig und somit unwirksam sind, die unter einer Bedingung stehen. So ist z. B. eine Kündigung des Arbeitgebers für den Fall, dass der Arbeitnehmer nicht rechtzeitig aus dem Urlaub zurückkommt, aufgrund der entsprechenden Bedingung unwirksam. ¶

Aus der Kündigungserklärung muss ferner der genaue Beendigungszeitpunkt des Arbeitsverhältnisses erkennbar sein. Üblicherweise nennt der Kündigende in seiner Kündigungserklärung den Zeitpunkt, zu dem er das Arbeitsverhältnis beendet wissen will. Geht aus der Kündigung nicht hervor, zu welchem Zeitpunkt dies der Fall sein soll, ist im Zweifel eine ordentliche Kündigung gemeint, also eine Beendigung zum nächst zulässigen ordentlichen Kündigungstermin. Aus diesem Grunde besteht letztlich keine Verpflichtung, einen konkreten Beendigungstag zu nennen.

Die **Angabe von Kündigungsgründen** bei Ausspruch einer ordentlichen Kündigung ist für deren Wirksamkeit grundsätzlich nicht Voraussetzung.

Es sollte beachtet werden, dass eine Kündigung erst mit dem Zugang beim Gekündigten wirksam wird. Wenn z. B. arbeitsvertraglich die gesetzliche Kündigungsfrist von vier Wochen zum 15. eines Monats oder zum Monatsende vereinbart ist, die Kündigungserklärung allerdings nicht am 03. des Monats, sondern erst am 10. des Monats zugeht, so verlängert sich das Arbeitsverhältnis. Das Arbeitsverhältnis endet somit nicht mehr – wie vorgesehen – zum Ende des Kalendermonats, sondern erst zum 15. des darauf folgenden Monats.

Im Regelfall wird eine schriftliche Kündigung direkt an den zu Kündigenden übergeben. In diesem Falle geht die Kündigung mit Übergabe zu. Sofern die Kündigung per Post übersandt werden soll, wird die Kündigungserklärung wirksam, wenn sie – wie es im BGB heißt – »so in den Machtbereich des Empfängers gelangt ist, dass bei Annahme gewöhnlicher Umstände damit zu rechnen war, dass er von ihr Kenntnis nehmen konnte«. Als ein solcher »Machtbereich« wird sowohl der Briefkasten, als auch das Postschließfach des Empfängers angesehen. Auch ein unter dem Türschlitz durchgeschobener Brief gelangt in den Machtbereich des Wohnungsinhabers. Für den Zugang einer Kündigung wird es auch als ausreichend angesehen, wenn das Schreiben an eine als empfangsberechtigt anzusehende Person, z. B. einen Familienangehörigen, ausgehändigt wird. Nach der Rechtsprechung des Bundesarbeitsgerichts geht ein an die Heimatadresse eines Arbeitnehmers gerichtetes Kündigungsschreiben grundsätzlich auch dann zu, wenn dem Arbeitgeber bekannt ist, dass der Arbeitnehmer während seines Urlaubs verreist ist. Ein eingeschriebener Brief geht erst dann zu, wenn er bei der Post abgeholt wird; ein nach der üblichen Leerzeit in den Hausbriefkasten eingeworfener Brief i. d. R. erst am nächsten Tag. Hat ein Arbeitnehmer einen Nachsendeantrag gestellt, geht die Kündigung erst dann zu, wenn sie an eine neue Anschrift in den Machtbereich des Empfängers gelangt.

Vorsicht

Wichtig ist, dass der Kündigende den **Beweis** dafür antreten muss, dass und wann die Kündigung zugegangen ist. Ein Tag Verspätung kann dabei u. U. ein Monatsgehalt kosten. Es empfiehlt sich aus diesem Grunde, das Kündigungsschreiben als Einwurf-Einschreiben oder per Boten, der persönlich übergibt (späterer Zeuge), zuzustellen. ¶

Es ist bereits darauf hingewiesen worden, dass eine Kündigungserklärung u. U. wegen eines Formmangels keine Wirksamkeit erlangt. Dies schließt eine erneute Kündigung zu einem späteren Zeitpunkt nicht aus. Es sollte allerdings beachtet werden, dass ein Formfehler sich unter Umständen bei Verhandlungen um eine Abfindung zu Gunsten des Arbeitnehmers auswirken kann.

Während eine nicht zugegangene Kündigung unwirksam ist, beeinträchtigt eine mit falscher Frist ausgesprochene ordentliche Kündigung die Wirksamkeit nicht. Eine solche wirkt sich lediglich auf den Beendigungszeitpunkt des Arbeitsverhältnisses aus.

10.6.2.3 Kündigungsschutz

Unabhängig von den oben dargestellten unumgänglichen Formalien, die zu jeder Kündigung gehören, hat der Gesetzgeber zum Schutze bestimmter Arbeitnehmergruppen in der Privatwirtschaft und im öffentlichen Dienst deren Kündbarkeit durch gesetzliche Hürden verboten oder eingeschränkt (**besonderer Kündigungsschutz**). Neben dem besonderen Kündigungsschutz gibt es den **allgemeinen Kündigungsschutz,** den jeder Arbeitnehmer in Anspruch nehmen kann, wenn ihm fristgerecht gekündigt worden ist und er – wie die Mehrheit aller Arbeitnehmer – unter den Geltungsbereich des Kündigungsschutzgesetzes fällt.

Besonderer Kündigungsschutz

Die im Berufsleben besonders geschützten Personengruppen sind insbesondere Frauen nach der Geburt, Elternzeitberechtigte, Schwerbehinderte, Auszubildende, Wehr- und Zivildienstleistende sowie Betriebsrats-/Personalratsmitglieder. Da es sich bei den Kündigungsverboten- und -beschränkungen aber um Schutzgesetze im Interesse dieser einzelnen Arbeitnehmergruppen handelt, unterliegen die damit begründeten Rechte bedingt ihrer Disposition. Das heißt, dass die betroffenen Arbeitnehmer nicht im Voraus auf ihren besonderen Kündigungsschutz verzichten können. Es ist ihnen aber unbenommen, das Arbeitsverhältnis durch einen Aufhebungsvertrag zu beenden oder nach Zugang der Kündigung auf den Kündigungsschutz zu verzichten.

Das bekannteste Schutzrecht gilt den schwangeren Arbeitnehmerinnen sowie Wöchnerinnen bis zum Ablauf von vier Monaten nach der Entbindung.

Hinweis

Es ist Arbeitgebern verboten, schwangeren Arbeitnehmerinnen und Wöchnerinnen zu kündigen, und zwar weder ordentlich noch außerordentlich, noch durch eine Änderungskündigung. Das gilt auch dann, wenn die tatsächliche Beendigung des Arbeitsverhältnisses erst nach dem Ablauf der Schutzfrist eintreten soll. ¶

Der absolute Kündigungsschutz besteht aber nur dann, wenn dem Arbeitgeber zum Zeitpunkt der Kündigung die Schwangerschaft bekannt ist oder innerhalb von zwei Wochen nach Zugang der Kündigungserklärung mitgeteilt wird. Ferner genießen Arbeitnehmerinnen Kündigungsschutz, die einen Anspruch auf Elternzeit haben. Während dieser Zeit darf der Arbeitgeber das Arbeitsverhältnis gemäß dem Bundeserziehungsgeldgesetz nicht kündigen. Die Beendigung des Arbeitsverhältnisses durch einen Aufhebungsvertrag ist jedoch jederzeit möglich.

Vorsicht

Jeder Arbeitgeber sollte beachten, dass nach § 4 Mutterschutzgesetz ein Beschäftigungsverbot für werdende Mütter besteht, soweit nach ärztlichem Zeugnis Leben oder Gesundheit von Mutter oder Kind gefährdet ist. Zudem dürfen werdende Mütter in den letzten sechs Wochen ihrer Schwangerschaft nicht beschäftigt werden, es sei denn, dass sie sich hierzu ausdrücklich bereit erklären. ¶

Neben diesen allgemeinen Regelungen sieht das Mutterschutzgesetz in § 4 eine ganze Reihe weiterer Beschäftigungsverbote für werdende Mütter vor. So sind Arbeiten untersagt, die mit dem regelmäßigen Tragen von Lasten über fünf Kilogramm verbunden sind oder ab dem fünften Monat solche, bei denen die werdende Mutter ständig stehen muss. Ebenfalls verboten sind Tätigkeiten, bei denen die werdende Mutter erhöhten Unfallgefahren ausgesetzt wird. Neben diesen beispielhaft aufgeführten Beschäftigungsverboten enthält § 4 Mutterschutzgesetz eine Reihe weiterer Verbote, welche im Einzelfall ebenfalls vorliegen können.

Ist ein Beschäftigungsverbot gegeben, stellt sich für den Arbeitgeber das Problem, dass er einerseits der schwangeren Mitarbeiterin nicht kündigen kann, sie andererseits u. U. jedoch in der bislang von ihr ausgeübten Tätigkeit auch nicht weiter beschäftigen darf. Die Mitarbeiterin bleibt somit weiter beschäftigt und hat einen Anspruch auf Zahlung des Gehalts. In diesen Fällen erhält der Arbeitgeber allerdings von der Krankenkasse der Angestellten eine Ausgleichszahlung in Höhe von bis zu 80 % des Bruttogehalts. Daneben besteht die Möglichkeit, die werdende Mutter auf eine für sie ungefährliche und damit erlaubte Tätigkeit zu verweisen (z. B. Büroarbeit). Diese muss jedoch zumutbar sein.

Ferner darf ein Arbeitgeber nach § 15 Schwerbehindertengesetz die ordentliche, außerordentliche oder Änderungskündigung gegenüber einem Schwerbehinderten nicht ohne vorherige

Zustimmung des für den Praxissitz zuständigen Integrationsamtes aussprechen.

Schließlich darf ein Arbeitgeber einem Auszubildenden nur dann kündigen, wenn ein wichtiger Grund vorliegt, der die Fortsetzung des Ausbildungsverhältnisses bis zum Ablauf der Ausbildungszeit unter Berücksichtigung aller Umstände unzumutbar erscheinen lässt.

Allgemeiner Kündigungsschutz

Neben dem besonderen Kündigungsschutz gibt es den allgemeinen Kündigungsschutz, den jeder Arbeitnehmer in Anspruch nehmen kann, wenn ihm fristgerecht gekündigt worden ist und er unter den Geltungsbereich des Kündigungsschutzgesetzes fällt.

Das bedeutet, dass die in diesen Fällen ausgesprochene Kündigung **»sozial gerechtfertigt«** sein muss. Anderenfalls ist sie unwirksam, der betroffene Arbeitnehmer kann erfolgreich vor dem Arbeitsgericht klagen und muss weiterbeschäftigt werden.

Das Kündigungsschutzgesetz greift allerdings nicht bei allen Arbeitsverhältnissen ein, sondern vielmehr nur dann, wenn bestimmte Voraussetzungen vorliegen.

Betrieblicher Geltungsbereich/Praxisgröße

Das Kündigungsschutzgesetz gilt nur in Betrieben/Praxen, in denen regelmäßig mehr als 5 Arbeitnehmer beschäftigt sind. Für Angestellte, deren Beschäftigungsverhältnis nach dem 31.12.2003 begonnen hat, gilt, dass das KschG erst ab einer Betriebsgröße von 10 Arbeitnehmern Anwendung findet. Darüber hinaus sind diese Arbeitnehmer bei der Feststellung der Zahl der Beschäftigten von in der Regel 10 Arbeitnehmern nicht zu berücksichtigen. Dabei stellt sich die Frage, wie diese »Beschäftigungen« beschaffen sein müssen, da nicht jede in einer Praxis tätige Person zwingend auch berücksichtigt wird. Berücksichtigt werden zunächst vollzeitbeschäftigte Assistenten, Tiermedizinische Fachangestellte sowie Verwaltungshelferinnen, ungelernte Hilfskräfte und Putzfrauen. Teilzeitkräfte werden unter bestimmten Voraussetzungen ebenfalls berücksichtigt. Dies hängt allerdings von der Dauer ihrer wöchentlichen Arbeitszeit ab. Teilzeitkräfte, deren regelmäßige wöchentliche Arbeitszeit weniger als 20 Stunden beträgt, werden als 0,5 Beschäftigte berücksichtigt. Demgegenüber werden Teilzeitkräfte, deren regelmäßige wöchentliche Arbeitszeit mehr als 20 Stunden beträgt, als 0,75 und bei mehr als 30 Stunden als 1,0, d. h. als volle Beschäftigte berücksichtigt.

Sechs Tiermedizinische Fachangestellte, die jeweils zwischen 15 und 20 Stunden pro Woche in der Praxis beschäftigt sind, führen somit noch nicht zur Anwendbarkeit des Kündigungsschutzgesetzes, da sie rein rechnerisch lediglich 3 Beschäftigte darstellen.

! Beachte

! Um Missverständnisse auszuschließen: Sind **mehr als 5 Arbeitnehmer** beschäftigt, genießen auch die geringfügig Beschäftigten, somit auch die 6 vorgenannten Helferinnen, den allgemeinen Kündigungsschutz. ¶

Demgegenüber zählen gemäß § 23 KSchG Auszubildende nicht mit.

Zu beachten ist ferner, dass nach neuerer Rechtsprechung des Bundesarbeitsgerichtes (Urteil vom 21.2.2001 – Az. 2 AZR 15/00) auch in Kleinbetrieben, welche nicht dem Kündigungsschutzgesetz unterliegen, »ein Mindestmaß an sozialer Rücksichtnahme« zu erwarten ist.

Personenbezogener Geltungsbereich/Wartezeit

Damit das Kündigungsschutzgesetz Wirkung entfalten kann, muss das Beschäftigungsverhältnis im Zeitpunkt des Zugangs der Kündigung länger als 6 Monate bestanden haben. Für die Erfüllung der Wartezeit muss der Arbeitnehmer nicht tatsächlich gearbeitet haben. Das ist z. B. dann von Bedeutung, wenn er während der ersten 6 Monate durch Krankheit ausgefallen ist. Zu beachten ist dabei, dass nur der kalendermäßige Bestand, nicht aber die tatsächliche Beschäftigungsdauer maßgeblich ist. Während der ersten 6 Monate ist also grundsätzlich eine ordentliche Kündigung durch den Tierarzt auch ohne Grund möglich.

Soziale Rechtfertigung der ordentlichen Kündigung

Fällt eine Praxis nicht unter die Bestimmungen des Kündigungsschutzgesetzes, so bedeutet dies, dass der Praxisinhaber frei und ohne triftigen Grund und ohne Angaben von Gründen fristgerecht ein Beschäftigungsverhältnis kündigen kann.

Ist das Kündigungsschutzgesetz allerdings anwendbar, muss der Praxisinhaber darlegen und ggf. beweisen, dass die Kündigung »sozial gerechtfertigt« ist. Der Praxisinhaber verfügt somit nicht mehr über ein freies Kündigungsrecht. Eine Kündigung ist damit nur zulässig, wenn Tatbestände vorliegen, die bei Würdigung und Abwägung der Interessen der beiden Parteien des Beschäftigungsverhältnisses diese Kündigung als angemessen erscheinen lassen. Eine Kündigung ist dann »sozial gerechtfertigt«, wenn sie durch Gründe in der Person, im Verhalten oder im Betrieb gerechtfertigt ist.

Es darf aber erst gekündigt werden, wenn andere Möglichkeiten (**Ermahnung, Abmahnung**) versagen. Das heißt auch, die Änderungskündigung hat Vorrang vor der Beendigungskündigung. Eine Änderungskündigung kann gemäß der Rechtsprechung des Bundesarbeitsgerichts nur dann unterbleiben, wenn eine zumutbare Beschäftigung an einem anderen Arbeitsplatz oder zu geänderten Bedingungen objektiv nicht möglich ist oder der betroffene Arbeitnehmer eine ihm zumutbare andere Beschäftigung bereits abgelehnt hat.

Die personenbedingte Kündigung. Eine ordentliche Kündigung ist z. B. dann sozial gerechtfertigt, wenn personenbedingte Gründe vorliegen. Kann ein Arbeitnehmer die vertraglich geschuldete Leistung nicht erbringen– auch ohne sein Verschulden – spricht man von Kündigungsgründen, die in der Person des Arbeitnehmers liegen. So kann unter bestimmten Voraussetzungen auch wegen Krankheit gekündigt werden. Eine solche Kündigung ist allerdings nur dann möglich, wenn eine ungünstige Prognose über die gesundheitliche Entwicklung besteht, die betrieblichen Interessen erheblich beeinträchtigt werden und eine Interessenabwägung zu Gunsten des Praxisinhabers verläuft. Die sozial gerechtfertigte, krankheitsbedingte Kündigung ist also keine Bestrafung des Arbeitnehmers für die Krankheit, sondern das Ergebnis einer Interessenabwägung zu Gunsten des Arbeitgebers, wenn die Fehlzeiten sich auch künftig finanziell oder organisatorisch in unzumutbarer Weise auf den Betrieb auswirken würden. Diese Interessenabwägung kann zu Gunsten des Praxisinhabers ausgehen, wenn ein Arbeitnehmer unter einer lang anhaltenden Erkrankung leidet, bei der die genaue Dauer nicht absehbar ist. Ebenso bei häufigen Kurzerkrankungen, die die ernste Besorgnis weiterer Erkrankungen rechtfertigen. Wenn also auch zukünftig mit einer gewissen Regelmäßigkeit und Häufigkeit Erkrankungen angenommen werden müssen, kann der Praxisinhaber ein Interesse daran haben, das Beschäftigungsverhältnis ordentlich zu beenden. Voraussetzung für eine ordentliche Kündigung wegen Krankheit ist allerdings, dass die betrieblichen Interessen des Praxisinhabers erheblich beeinträchtigt werden. Wenn sich der Ausfall des Arbeitnehmers nicht oder nur unwesentlich auf den Betrieb auswirkt, so kann eine Kündigung nicht ausgesprochen werden.

Eine altersbedingte Einschränkung der Leistungsfähigkeit kann dann einen personenbedingten Kündigungsgrund darstellen, wenn der Arbeitnehmer die von ihm geschuldete Leistung nicht mehr erbringen kann. Der Praxisinhaber hat allerdings den normalen altersbedingten Abfall der Leistung hinzunehmen.

Mangelhafte Kenntnisse und Fähigkeiten des Arbeitnehmers können ebenfalls eine personenbedingte Kündigung rechtfertigen. Dies gilt allerdings nur dann, wenn die Mängel bei der Einstellung nicht bekannt waren.

Die verhaltensbedingte Kündigung. Anders als bei der personenbedingten Kündigung erfolgt eine verhaltensbedingte Kündigung normalerweise auf ein verschuldetes Fehlverhalten des Arbeitnehmers. Deshalb muss vor Ausspruch der verhaltensbedingten Kündigung grundsätzlich eine Abmahnung erfolgen. Von einer Abmahnung spricht man, wenn der Arbeitgeber ein konkretes Fehlverhalten beanstandet (Mahnfunktion) und zugleich für den Wiederholungsfall Konsequenzen für den Bestand des Arbeitsverhältnisses ankündigt (Warnfunktion). Zweckmäßigerweise wird hier für den Wiederholungsfall mit der Kündigung gedroht.

Formulierungsvorschlag

Abmahnung wegen unentschuldigten Fehlens

Sehr geehrte(r) Frau/Herr Mustermann,
am 01.01.2005 von 9.00 Uhr bis einschließlich 12.00 Uhr sind Sie nicht zur Arbeit erschienen. Gründe für Ihr Fernbleiben haben Sie uns trotz entsprechender Nachfrage bis heute nicht mitgeteilt. Damit sind Sie unentschuldigt der Arbeit ferngeblieben. Dieses Verhalten stellt einen Verstoß gegen Ihre Arbeitsleistungspflicht dar.

Wegen des festgestellten Pflichtverstoßes mahnen wir Sie hiermit ab.

Wir weisen darauf hin, dass Sie im Wiederholungsfalle mit weitergehenden arbeitsrechtlichen Schritten rechnen müssen, die bis hin zu einer Kündigung des Arbeitsverhältnisses reichen können. Wir werden diese Abmahnung zu Ihrer Personalakte nehmen.

Mit freundlichen Grüßen ¶

Bei der verhaltensbedingten Kündigung kommt es darauf an, ob das **Fehlverhalten des Arbeitnehmers** noch hinzunehmen oder aber nicht mehr hinzunehmen ist. Es gibt somit keine absoluten Kündigungsgründe. Vielmehr kommt es auf die Beurteilung des Einzelfalles an. Strafbare Handlungen des Arbeitnehmers berechtigen grundsätzlich – normalerweise ohne vorangegangene Abmahnung – zur Kündigung. Dies gilt sowohl für Straftatbestände des Diebstahls und der Untreue, als auch für den sog. »Lohnfortzahlungsbetrug«, also bei vorgetäuschter Krankheit.

Praxisbeispiel

Ein praktizierender Tierarzt war neben seiner eigentlichen beruflichen Tätigkeit in der Praxis auch als amtlicher Tierarzt für die Schlachttier- und Fleischuntersuchung tätig, also im Bereich des Fleischhygienerechts. Dieser Tätigkeit lag ein Arbeitsvertrag zwischen dem Tierarzt und dem betreffenden Landkreis zugrunde. Während der gesamten Dauer des Anstellungsverhältnisses war dem Tierarzt im Bereich der Fleischhygiene kein relevanter Fehler unterlaufen.

Daneben war der Tierarzt auch im Bereich des Tierseuchenrechts tätig, indem er u. a. Blutproben von Rindern gewann und diese an die zuständige Veterinäruntersuchungsbehörde einsandte. Dieser Tätigkeit lag kein Anstellungsverhältnis mit dem Landkreis, sondern ausschließlich ein Vertragsverhältnis mit den betreffenden Tierhaltern zugrunde.

Im Bereich des Tierseuchenrechts kam es zu Zwischenfällen dergestalt, dass der Tierarzt – um den Tierhaltern zu helfen – manipulierte Blutproben an das Veterinäruntersuchungsamt übersandte. Als dies bekannt wurde, sprach der Landkreis eine Kündigung der Tätigkeit im Bereich des Fleischhygienerechts aus und begründete diese damit, dass aufgrund des Fehlverhaltens des Tierarztes im Bereich des Tierseuchenrechts (also außerhalb des Anstellungsverhältnisses) für eine Weiterbeschäftigung als amtlicher Tierarzt im Bereich der

Fleischhygiene das notwendige Vertrauen nicht mehr vorhanden sei.

Auf die vom Tierarzt erhobene Kündigungsschutzklage hat das zuständige Arbeitsgericht in NRW durch Urteil vom 05.07.2005 entschieden, dass das Fehlverhalten im Bereich der Tierseuchenbekämpfung auch auf die amtliche Tätigkeit im Bereich der Fleischhygiene durchschlägt. Das Gericht ging hierbei davon aus, dass die Tätigkeit eines Tierarztes sowohl im Bereich der Tierseuchenbekämpfung als auch im Bereich der Fleischhygiene dem Wohle eines hochrangigen Rechtsgutes, nämlich der Gesundheit von Mensch und Tier dient. Beide Tätigkeiten setzten ein hohes Maß an Zuverlässigkeit voraus, so dass vorwerfbare Nachlässigkeiten auf dem einem Gebiet sich auch auf die Beurteilung der Tätigkeit im Rahmen des anderen Gebietes auswirkten. Das Gericht war insofern der Überzeugung, dass das Angestelltenverhältnis durch den Landkreis zu Recht gekündigt worden war. ¶

Macht ein Arbeitnehmer dem Praxisinhaber ohne Genehmigung durch eine selbständige oder unselbständige Nebentätigkeit Konkurrenz, darf gekündigt werden. Sofern der Arbeitnehmer private Arbeiten verrichtet oder private Telefongespräche während der Arbeitszeit führt, so darf ebenfalls nach vorheriger Abmahnung gekündigt werden. Dasselbe gilt für private Ferngespräche, die regelmäßig auf Kosten des Praxisinhabers geführt werden.

Das unbefugte Verlassen des Arbeitsplatzes, eigenmächtiges Urlaubnehmen oder häufiges Zuspätkommen rechtfertigen i. d. R. nach vorheriger Abmahnung ebenfalls eine Kündigung.

Sofern der Arbeitnehmer überdurchschnittlich viele Fehler macht oder deutlich weniger arbeitet als Kollegen, wird eine Kündigungsmöglichkeit nach Abmahnung von der Rechtsprechung ebenfalls bejaht.

Auch die Verletzung von arbeitsvertraglichen Nebenpflichten (z. B. Alkoholverbot, Krankmeldung, Rauchverbot) kann im Wiederholungsfall nach Abmahnung zu einer Kündigung führen.

Die betriebsbedingte Kündigung. Die »goldene Zeit« einer Praxis mit einem vollen Terminkalender muss nicht zwingend ewig andauern. Aufgrund äußerer und innerer Umstände können sich die Praxisstruktur oder auch das Behandlungsaufkommen ändern.

Zu einer betriebsbedingten Kündigung kommt es, wenn der Arbeitsplatz des Arbeitnehmers wegfällt und eine Weiterbeschäftigung an einem anderen Arbeitsplatz in der Praxis nicht möglich ist. Dies muss von dem Praxisinhaber dargelegt und ggf. bewiesen werden.

Praxistipp

Gründe für eine betriebsbedingte Kündigung können in einem Umsatz- oder Ertragsrückgang bestehen. Auch eine Umstrukturierung der Praxis kann das Erfordernis mit sich bringen, Beschäftigungsverhältnisse aufzulösen. Gleiches gilt für eine Praxiseinschränkung, z. B. aus Altersgründen oder wegen Krankheit. Ein erheblicher Umsatzrückgang im Verhältnis zu den fortschreitenden Praxiskosten kann sich ebenfalls unmittelbar auf die Arbeitsplätze auswirken.

Somit können betriebliche (wirtschaftliche und arbeitstechnische) Gegebenheiten einer Weiterbeschäftigung entgegenstehen. ¶

Der Praxisinhaber muss im Falle eines **Kündigungsschutzprozesses** vortragen und nachweisen, dass infolge der oben genannten Gründe oder Maßnahmen gerade dieser konkrete Arbeitsplatz des gekündigten Arbeitnehmers weggefallen ist. Fallen von mehreren vergleichbaren Arbeitsplätzen nicht alle weg, muss der Praxisinhaber die zu kündigenden Arbeitnehmer nach sozialen Gesichtspunkten auswählen. Vorrangig ist dann denjenigen Arbeitnehmern zu kündigen, die noch keinen Kündigungsschutz nach dem Kündigungsschutzgesetz haben. Danach darf der Praxisinhaber, ohne dass es auf die sozialen Auswahlkriterien ankommt, solche Arbeitnehmer von der Kündigung ausnehmen, die ordentlich nicht kündbar sind (s. Kapitel 10.6.2.3, Besonderer Kündigungsschutz). Weiter darf der Praxisinhaber ohne Berücksichtigung der sozialen Auswahlkriterien diejenigen von der Kündigung ausnehmen, die zur Aufrechterhaltung eines ordnungsgemäßen Praxisablaufs oder zur Erhaltung der Leistungsfähigkeit der Praxis notwendig sind.

Bei den übrigen Arbeitnehmern hat der Praxisinhaber eine Sozialauswahl vorzunehmen unter Berücksichtigung der Dauer der Praxiszugehörigkeit, des Lebensalters und evtl. Unterhaltspflichten. Möglicherweise werden auch weitere soziale Gesichtspunkte (Vermögensverhältnisse, Schulden, Berufsaussichten auf dem Arbeitsmarkt, Gesundheitsbeeinträchtigungen, Doppelverdienerstatus o. Ä.) eine Rolle spielen.

Inanspruchnahme des allgemeinen Kündigungsschutzes. Will ein Beschäftigter gerichtlich geltend machen, dass die ihm gegenüber ausgesprochene Kündigung sozial ungerechtfertigt ist, so muss er gemäß § 4 Satz 1 Kündigungsschutzgesetz innerhalb von 3 Wochen nach Zugang der Kündigung Klage beim Arbeitsgericht erheben. Der dort zu stellende Antrag muss auf Feststellung lauten, dass das Arbeitsverhältnis durch die Kündigung nicht aufgelöst ist. Bestätigt das Arbeitsgericht, dass die Kündigung sozial gerechtfertigt ist, weist es die entsprechende Klage ab. Das Arbeitsverhältnis ist mit Ablauf der Kündigungsfrist beendet. Ist die Kündigung durch das Gericht allerdings als sozialwidrig beurteilt worden, wird dem Beschäftigten ein Recht auf Weiterbeschäftigung zugebilligt.

Das Kündigungsschutzgesetz sieht für den Fall, dass die Kündigung sozial ungerechtfertigt und dem Arbeitnehmer die Fortsetzung des Arbeitsverhältnisses nicht zumutbar ist, die Aufhebung des Arbeitsverhältnisses gegen **Zahlung einer Abfindung** vor. Dasselbe gilt für den Fall, dass eine weitere gedeihliche Zusammenarbeit zwischen Praxisinhaber und Arbeitnehmer nicht zu erwarten ist. In der gerichtlichen Praxis hat sich – weil der Prozessausgang nicht immer vorhersehbar und die Weiterbeschäftigung nicht stets im Interesse des Arbeitnehmers ist – die Auflösung des Beschäftigungsverhältnisses gegen Zahlung einer Abfindung durch **Vergleichsvereinbarung** entwickelt.

Ein Kündigungsschutzprozess endet daher häufig mit einem Abfindungsvergleich. Dabei handelt es sich im Prinzip um einen Aufhebungsvertrag, der evtl. außergerichtlich, i. d. R. allerdings vor dem Arbeitsgericht geschlossen wird. Ein Anspruch auf Abfindung besteht normalerweise nicht. Gesetzlich geregelt ist die Abfindungszahlung nämlich nur für den Fall, dass ein gerichtliches Auflösungsurteil (§§ 9, 10 KSchG) ergeht. Beim Abfindungsvergleich wollen die Parteien gerade keine streitige Entscheidung. Zum Abfindungsvergleich kommt es deshalb auch nur, wenn der Prozessausgang entweder unsicher ist oder der klagende Arbeitnehmer gute Chancen hat, seine Kündigungsschutzklage zu gewinnen, der Tierarzt aber unter keinen Umständen die Fortsetzung des Arbeitsverhältnisses möchte.

Der Arbeitnehmer sollte im Falle eines Abfindungsvergleichs oder aber im Falle eines Aufhebungsvertrages berücksichtigen, dass ihm im Falle einer sich anschließenden Arbeitslosigkeit eine Sperrzeit für das Arbeitslosengeld gemäß § 144 Abs. 1 Nr. 1 SGB III von 12 Wochen auferlegt werden kann.

10.6.3 Aufhebungsvertrag

Die Lebensplanung der Vertragsparteien sowie die Anforderungen in der Tierarztpraxis können sich im Laufe der Zeit ändern. Die aus diesem Grunde gewünschte Beendigung des Arbeitsverhältnisses muss allerdings nicht zwingend durch eine Kündigung herbeigeführt werden.

Vielmehr können die Parteien – unabhängig von Kündigungsfristen – jederzeit einen Aufhebungsvertrag schließen. Der Vorteil eines Aufhebungsvertrages besteht darin, dass das Arbeitsverhältnis schnell und vor allem in gegenseitigem Einvernehmen beendet werden kann. Darüber hinaus muss ein solcher Vertrag nicht begründet werden. Der Nachteil eines Aufhebungsvertrages besteht darin, dass möglicherweise der Anspruch auf Arbeitslosengeld während einer Sperrzeit von drei Monaten ruht, da der Arbeitnehmer die Arbeitslosigkeit durch den Abschluss des Vertrages mit herbeiführt hat.

Es sollte auch berücksichtigt werden, dass eine Abfindung in diesem Zusammenhang von dem Arbeitnehmer als außerordentliche Einkünfte versteuert werden muss.

Schwangere Mitarbeiterinnen sollten beachten, dass sie durch den Abschluss eines Aufhebungsvertrages auf ihren Sonderkündigungsschutz verzichten (s. Kapitel 10.6.2.3).

Seit dem 1. Mai 2000 bedarf der Aufhebungsvertrag der Schriftform. Es sollten somit alle wichtigen Punkte (Beendigung des Arbeitsverhältnisses, Ausschluss von Nachforderungen, Verrechnung von Urlaubsansprüchen, Abfindung, Ausstellung eines Arbeitszeugnisses, Ausgleichsklausel) im Vertrag selbst geregelt werden. Wird die Schriftform nicht gewahrt, so ist der Vertrag nichtig, mit der Folge, dass das Arbeitsverhältnis unverändert fortbesteht. ¶

10.6.4 Pflichten und Rechte nach Beendigung des Arbeitsverhältnisses

Auch nach der Beendigung des Arbeitsverhältnisses sind vom Arbeitgeber und vom Arbeitnehmer einige Rechte bzw. Pflichten zu beachten. So ist der Arbeitgeber gem. § 630 BGB verpflichtet, dem Arbeitnehmer ein sog. »einfaches Zeugnis« zu erteilen. Dieses umfasst lediglich die Art und die Dauer der Beschäftigung. Der Arbeitnehmer kann darüber hinaus die Erteilung eines sog. »qualifizierten Zeugnisses« verlangen, welches zudem Angaben zur Führung und Leistung beinhaltet. Grundsätzlich ist zu berücksichtigen, dass ein Zeugnis stets positiv formuliert sein muss. Der Teufel steckt hier im Detail, so dass auf die genaue Ausdrucksweise geachtet werden sollte.

Formulierungsvorschlag

Ein Zeugnis bei sehr guten Leistungen

Herr Mustermann war ein äußerst fleißiger Mitarbeiter, der die ungewöhnliche Fülle seiner Aufgaben in bemerkenswert kurzer Zeit erledigte. Er erledigte die ihm übertragenen Aufgaben stets zu unserer vollsten Zufriedenheit. Darüber hinaus zeichnete er sich durch seine überdurchschnittliche Auffassungsgabe, Belastbarkeit, Vielseitigkeit und Initiative aus.

Aufgrund seines immer freundlichen hilfsbereiten Wesens und seiner ständigen Bereitschaft zur Zusammenarbeit war er überall stets beliebt. Seine Führung und sein Verhalten gegenüber Vorgesetzten, Kollegen und Kunden war in jeder Beziehung vorbildlich.

Vorsicht

Wir bedauern außerordentlich, diesen hervorragenden Mitarbeiter zu verlieren und wünschen ihn für seinen weiteren Berufs- und Lebensweg alles Gute.

Ein Zeugnis bei guten Leistungen

Herr Mustermann war ein fleißiger Mitarbeiter, der die Fülle seiner Aufgaben stets in kurzer Zeit erledigte. Er erledigte die ihm übertragenen Aufgaben stets zu unserer Zufriedenheit und führte die ihm übertragenen Aufgaben immer sorgfältig, zuverlässig und rationell aus. Besonders zeichnete er sich durch überdurchschnittliche Auffassungsgabe, Belastbarkeit, Vielseitigkeit und Initiative aus.

Aufgrund seines freundlichen Wesens und seiner Bereitschaft zur Zusammenarbeit war er überall bliebt. Seine Führung und sein Verhalten gegenüber Vorgesetzten, Kollegen und Kunden war stets vorbildlich.

Wir bedauern sehr, diesen tüchtigen Mitarbeiter zu verlieren und wünschen ihm für seinen weiteren Berufs- und Lebensweg alles Gute.

Ein Zeugnis bei befriedigenden Leistungen
Herr Mustermann war ein fleißiger Mitarbeiter, der seine Aufgaben stets rechtzeitig erledigte. Die ihm übertragenen Aufgaben erledigte er zu unserer vollen Zufriedenheit. Seine Arbeiten führte er zuverlässig und rationell aus. Herr Mustermann bewies gute Auffassungsgabe, Belastbarkeit, Initiative und Vielseitigkeit.

Aufgrund seines freundlichen Wesens und seiner Bereitschaft zur Zusammenarbeit war er allgemein beliebt. Seine Führung und sein Verhalten gegenüber Vorgesetzten, Mitarbeitern und Kunden war einwandfrei.

Wir bedauern es, diesen Mitarbeiter zu verlieren und wünschen ihm für seinen weiteren Berufs- und Lebensweg alles Gute.

Ein Zeugnis bei ausreichenden Leistungen
Herr Mustermann erledigte seine Aufgaben rechtzeitig. Die ihm übertragenen Aufgaben erledigte er im Allgemeinen sorgfältig und zuverlässig.

Auffassungsgabe, Belastbarkeit, Vielseitigkeit, Initiative und Selbständigkeit entsprachen im Allgemeinen den Anforderungen.

Seine Führung und sein Verhalten Vorgesetzten, Kollegen und Kunden gegenüber war nicht zu beanstanden.

Wir wünschen ihm für die Zukunft alles Gute.

Ein Zeugnis bei mangelhaften Leistungen
Herr Mustermann war bestrebt, die ihm übertragenen Aufgaben rechtzeitig zu erfüllen. Er hat sich auch bemüht, die ihm übertragenen Arbeiten zu unserer Zufriedenheit zu erledigen. Seine Aufgaben versuchte er zuverlässig und sorgfältig auszuführen. Sein Arbeitseinsatz war ausreichend.

Seine Führung und sein Verhalten gegenüber Vorgesetzten, Kollegen und Kunden war i. d. R. nicht zu beanstanden. ¶

Die Formulierungsbeispiele zeigen, dass bereits das (Nicht-)Verwenden einzelner Wörter wie »stets« oder »vollsten« bzw. »vollen« die Aussage des Zeugnisses erheblich beeinflussen und daher die Chancen des Arbeitnehmers im Rahmen folgender Bewerbungen erheblich verbessern bzw. verschlechtern können. Die Abfassung eines Zeugnisses sollte daher mit der entsprechenden Sorgfalt und Umsicht vorgenommen werden. Weitere Formulierungshilfen sind im Internet zu finden. Bei detaillierten Fragen bzw. Unstimmigkeiten mit dem Arbeitnehmer sollte die Auskunft eines fachlich kompetenten Rechtsanwalts eingeholt werden, da zum Problemkreis der Zeugniserteilung eine breit gefächerte Rechtsprechung besteht und Arbeitnehmer bei entsprechenden Auseinandersetzungen häufig den Weg vor das Arbeitsgericht wählen. Die Einholung fachlichen Rates hilft in solchen Fällen oftmals, zeit- und kostenintensive Rechtsstreitigkeiten zu vermeiden.

Bereits bei Abschluss des Arbeitsvertrages sollte zudem bedacht werden, ob ein Interesse auf Seiten des Tierarztes besteht, ein nachvertragliches Wettbewerbsverbot zu vereinbaren. Dies ist grundsätzlich zulässig, wenn der Arbeitgeber diesbezüglich ein berechtigtes Interesse geltend machen kann. Zu berücksichtigen ist jedoch, dass ein solches Verbot nicht unbeschränkt möglich, sondern vielmehr an enge Grenzen gebunden ist. So sollten sowohl der örtliche Rahmen (zumeist das Einzugsgebiet der Praxis) als auch der zeitliche Rahmen (nicht mehr als zwei Jahre) klar definiert werden. Darüber hinaus hat der Arbeitgeber eine sog. »Karenzentschädigung« zu zahlen. Diese besteht allgemein in der Zahlung der Hälfte der zuletzt bezogenen Vergütung für die Dauer des Zeitraumes der Wettbewerbsvereinbarung, soweit sie nicht durch anderweitigen Verdienst, Arbeitslosengeld o. Ä. überstiegen wird.

10.7 Praxiserwerb

Oft werden Tierarztpraxen übertragen, d. h. käuflich erworben. Die Vertragsparteien, also der abgebende und der übernehmende Tierarzt müssen sich dabei regelmäßig über eine Vielzahl von Punkten verständigen und einigen. Es werden Gespräche mit den jeweils beratenden Steuerberatern, den finanzierenden Banken und anderen Fachleuten geführt, um die tierarztrechtliche, steuerrechtliche, mietrechtliche und finanzielle Angelegenheit der Praxisübertragung zu beleuchten. In den wenigsten Fällen wird dabei allerdings bedacht, dass die Übertragung einer Praxis erhebliche arbeitsrechtliche Auswirkungen hat. Rein rechtlich gesehen stellt der käufliche Erwerb einer Tierarztpraxis einen Betriebsübergang im Sinne des **§ 613a BGB** dar. Dort heißt es sinngemäß, dass der Praxiserwerber im Falle des Übergangs der veräußerten Praxis auf ihn in die Rechte und Pflichten aus den im Zeitpunkt des Übergangs bestehenden Arbeitsverhältnissen eintritt.

Die genannte gesetzliche Regelung führt somit bei Übergang der Praxis automatisch auch zu einem Übergang der bestehenden Arbeitsverhältnisse. Die gesetzliche Regelung kann nicht vertraglich ausgeschlossen werden, da sie ausschließlich dem Schutz der Arbeitnehmer, nicht allerdings dem Schutz des Praxisübernehmers dient. Die Folge ist, dass der Praxisübernehmer grundsätzlich die Pflicht hat, die zum Zeitpunkt des Übergangs bestehenden Arbeitsverhältnisse fortzusetzen. Eine Besonderheit besteht darin, dass die Arbeitnehmer im Falle des Praxisverkaufs das Recht haben, dem Übergang des Arbeitsverhältnisses zu widersprechen, mit der Folge, dass das Arbeitsverhältnis mit dem bisherigen Arbeitgeber fortbesteht. Dieser kann dann allerdings aus dringenden betrieblichen Gründen gemäß § 1 Abs. 3 KSchG das Arbeitsverhältnis kündigen.

In § 613a BGB heißt es weiter, dass der bisherige Praxisinhaber neben dem neuen Praxisinhaber, also dem Erwerber, für Verpflichtungen aus dem Arbeitsverhältnis als Gesamtschuldner haftet, soweit sie vor dem Zeitpunkt des Übergangs entstanden sind. Das bedeutet, dass sowohl der abgebende als auch der übernehmende Tierarzt in Anspruch genommen werden können.

Schließlich normiert § 613a BGB in Abs. 4, dass eine Kündigung des Arbeitsverhältnisses eines Arbeitnehmers durch den bisherigen Praxisinhaber oder durch den neuen Praxisinhaber wegen des Übergangs der Praxis unwirksam ist.

Für den Praxiserwerber besteht somit nicht nur die Pflicht, die Arbeitsverhältnisse in ihrer jeweils bestehenden Fassung fortzuführen. Vielmehr besteht auch eine Bindung an den jeweiligen Vertragsinhalt zwischen dem früheren Praxisinhaber und dem betreffenden Personal (z. B. Lohngefüge, 13. Monatsgehalt, Vermögenswirksame Leistungen, Urlaub).

Diese arbeitsrechtlichen Verpflichtungen des Praxisübernehmers haben grundsätzlich **starke Auswirkungen auf die Kaufvertragsverhandlungen**. Damit der Praxisübernehmer neben der eigentlichen Praxis arbeitsrechtlich nicht »die Katze im Sack« kauft, sollte er sich zwingend einen Überblick verschaffen über die Verpflichtungen und die Kosten, die in personeller Hinsicht durch die Praxisübernahme auf ihn zukommen. Der Praxisübernehmer sollte deshalb darauf drängen, dass sämtliche Arbeitnehmer, die übernommen werden müssen, zwingend im Übernahmevertrag benannt werden. Er sollte sich ferner zwingend alle schriftlichen zum Zeitpunkt der Übernahme bestehenden Arbeitsverträge von dem abgebenden Praxisinhaber vorlegen lassen. Des weiteren ist zu empfehlen, sich gemeinsam mit den Arbeitsverträgen sämtliche Sonder- und Einzelvereinbarungen benennen zu lassen, die mit den Arbeitnehmern getroffen worden sind. Nur dadurch kann der Praxisübernehmer die zwingend erforderliche **Transparenz der Personalaufwendungen** erreichen.

Durch die Übernahme der Praxis und die damit verbundene Übernahme des Personals haftet der Praxiserwerber im Außenverhältnis gegenüber den Arbeitnehmern für rückständige Lohnansprüche (Gehälter, Weihnachts- und Urlaubsgeld etc.). Hier sollte der Praxisübernehmer zwingend eine Regelung mit dem Praxisabgeber hinsichtlich der Haftung im Innenverhältnis treffen.

Während der Praxisübernehmer im Außenverhältnis gegenüber den Arbeitnehmern immer als neuer Schuldner der Lohn- und Gehaltsleistungen etc. anzusehen ist, haftet der Übernehmer nicht für rückständige Sozialversicherungsabgaben und rückständige Lohnsteuer.

Es kann unter bestimmten Umständen nachvollziehbar und verständlich sein, dass der Praxisübernehmer nicht die Absicht hat, das gesamte zum Zeitpunkt der Praxisübergabe beschäftigte Personal zu übernehmen bzw. weiter zu beschäftigen. Hier muss allerdings beachtet werden, dass gemäß der oben zitierten Vorschrift die Praxisübernahme niemals ein Kündigungsgrund sein kann. Eine wegen der Übernahme der Praxis ausgesprochene Kündigung ist unwirksam. Der Praxisübernehmer behält allerdings das Recht zur Kündigung des Arbeitsverhältnisses aus anderen Gründen. Solche Gründe sind nur erforderlich für die außerordentliche Kündigung und für die ordentliche Kündigung, die dem Kündigungsschutzgesetz unterliegt. Aus diesen Gründen kann auch bei einem Praxisübergang gekündigt werden, insbesondere wegen betrieblicher Erfordernisse. Andere Kündigungen bedürfen keines Grundes. Bei Beschäftigungsverhältnissen, für die das Kündigungsschutzgesetz nicht gilt, muss also für eine wirksame Kündigung nur der Beweggrund des Praxisübergangs fehlen.

11 Tierärztliche Kooperationsformen

11.1 Einleitung

Auch wenn zzt. der Großteil der praktizierenden Tierärzte noch in Einzelpraxen niedergelassen ist, so ist doch eine deutliche Tendenz zur kooperativen Berufsausübung zu erkennen. Die Gründe hierfür sind vielfältig:

- Die Last der immer teurer werdenden Praxiseinrichtungen wird verteilt und die Nutzung der kostenintensiven Geräte vermehrt. Hierdurch erfolgt eine schnellere Amortisation der Kosten und dadurch auch die Möglichkeit, die technische Ausstattung der Praxis innerhalb eines kürzeren Zeitraumes zu erneuern bzw. zu verbessern.
- Die tierärztliche Kooperation erleichtert die Möglichkeit kollegialer Beratung und stärkt die Selbstkontrolle.
- Die gemeinsame Praxisausübung erleichtert die gegenseitige Vertretung im Krankheitsfalle, bei Urlaub, Fortbildungsveranstaltungen und schafft dadurch persönliche Freiheiten.
- Innerhalb der Kooperation besteht die Möglichkeit einer Spezialisierung der beteiligten Tierärzte, so dass den Kunden ein umfassendes Leistungsspektrum angeboten werden kann.

Die Kooperation mit einem anderen Berufsträger erfordert dabei jedoch gleichzeitig von jedem Beteiligten, dass er sich in ein kooperatives System einfügt und sich dessen Regeln unterwirft. Gerade aus diesem Grund ist es erforderlich, dass kooperationswillige Tierärzte vor ihrem Eintritt in eine Kooperation bzw. vor Gründung einer Kooperation genau analysieren, welche Form der Zusammenarbeit für ihre Zwecke am besten geeignet ist. Es sollte daher möglichst zu Beginn der Zusammenarbeit Klarheit darüber hergestellt werden, welche Regelungen für die Zusammenarbeit gelten, um spätere Konflikte zu vermeiden. Vor diesem Hintergrund sollen nachstehend die Grundzüge der möglichen tierärztlichen Kooperationen dargestellt werden.

Die Formen der beruflichen Zusammenarbeit unter Tierärzten lassen sich grundsätzlich zunächst nach **Organisationsgemeinschaften** und **Berufsausübungsgemeinschaften** unterscheiden. Während erstere nur den äußerlichen organisatorischen Rahmen der tierärztlichen Tätigkeit betreffen, wird bei letzteren darüber hinaus die tierärztliche Tätigkeit gemeinsam ausgeübt.

So genannte **Organisationsgemeinschaften** zeichnen sich dadurch aus, dass die Kooperation mit einem weiteren Berufsträger i. d. R. auf einen sachlichen, personellen oder organisatorischen Teilbereich im Zusammenhang mit der freiberuflichen tierärztlichen Tätigkeit beschränkt ist. Der Zweck der Organisationsgemeinschaften besteht damit im Wesentlichen in einer Kostenminimierung, die durch eine gemeinschaftliche Nutzung von Sach- und/oder Personalmitteln erreicht werden kann. Die Ausübung der tierärztlichen Tätigkeit selbst findet hingegen getrennt und eigenverantwortlich durch die beteiligten Tierärzte statt. Die wohl häufigste Form der Organisationsgemeinschaft stellt die **Gruppenpraxis** unter niedergelassenen Tierärzten dar. Daneben sind auch die **Apparategemeinschaften** und **Laborgemeinschaften** den Organisationsgemeinschaften zuzuordnenden.

Im Vergleich hierzu geht die Zusammenarbeit im Rahmen einer **Berufsausübungsgemeinschaft** weit über die gemeinsame Nutzung von Praxisstrukturen hinaus. Sie zeichnet sich dadurch aus, dass bei ihr die Ausübung der tierärztlichen Tätigkeit als solche vergesellschaftet wird und damit die Ausübung des tierärztlichen Berufs gemeinsam im Rahmen einer Kooperation erfolgt. Es handelt sich bei ihr daher um die engste Form der Zusammenarbeit.

Als klassische Berufsausübungsgemeinschaft kann die **Gemeinschaftspraxis** gesehen werden. Definiert wird diese gemeinhin als die *»gemeinsame Ausübung der tierärztlichen Tätigkeit durch mehrere Tierärzte des gleichen oder ähnlichen Fachgebiets in gemeinsamen Räumen mit gemeinsamer Praxiseinrichtung, gemeinsamer Karteiführung und Abrechnung sowie mit gemeinsamem Personal auf gemeinsame Rechnung«*.

! **Beachte**

! Die **Tierärztliche Klinik** im Sinne des § 27 MBO Tierärzte stellt keine Kooperationsform im engeren Sinne dar. Vielmehr handelt es sich um eine Bezeichnung der tierärztlichen Praxis selbst, welche geführt werden kann, wenn die Praxis mit besonderen Einrichtungen zur stationären Behandlung von Tieren ausgestattet ist und insofern die an eine tierärztliche Klinik zu stellenden Anforderungen erfüllt. Die tierärztliche Klinik kann insofern als Einzelpraxis oder auch im Rahmen einer Kooperation geführt werden. Eine ausführliche Erläuterung der entsprechenden Voraussetzungen findet sich in Kapitel 4.3. ¶

11.2 Rechtliche Rahmenbedingungen der Zusammenarbeit

Das Recht der tierärztlichen Kooperationen wird maßgeblich bestimmt durch die Vorgaben des tierärztlichen Berufsrechts, des Gesellschafts- sowie des Steuerrechts. Auf die wesentlichen Eckpunkte, die nach diesen Vorgaben bei der Gestaltung tierärztlicher Kooperationen zu beachten sind, wird im Folgenden kurz eingegangen.

11.2.1 Berufsrechtliche Rahmenbedingungen

11.2.1.1 Merkmal der Freiberuflichkeit

Von zentraler Bedeutung bei der Beurteilung tierärztlicher Kooperationen ist der in § 1 Abs. 2 Bundestierärzteordnung verankerte Grundsatz der Freiberuflichkeit. Dort heißt es: *»Der tierärztliche Beruf ist kein Gewerbe; er ist seiner Natur nach ein freier Beruf.«*

Die Freiberuflichkeit verlangt, dass die Berufsausübung grundsätzlich eigenverantwortlich und persönlich in niedergelassener Praxis ausgeübt wird. Sie hat unabhängig zu erfolgen und ist ausschließlich an den medizinischen Erfordernissen der Heilbehandlung auszurichten. Wesentliche Merkmale der Ausübung des freien Berufs sind danach das Fehlen eines abhängigen Beschäftigungsverhältnisses (Dienstverhältnis), die Übernahme des eigenen wirtschaftlichen Risikos der Berufsausübung und die alleinige therapeutische Verantwortung.

Typische Merkmale der gewerblichen Tätigkeit sind demgegenüber eine ausschließlich auf Gewinnerzielung ausgerichtete Tätigkeit unter einer hohen arbeitsteiligen Organisation des Geschäftsbetriebs, insbesondere aufgrund der Inanspruchnahme von Angestellten.

Aufgrund des Erfordernisses der freiberuflichen Tätigkeit ist im Rahmen von Kooperationen stets eine Abgrenzung vorzunehmen zwischen einer echten Gesellschafterstellung des betreffenden Partners einerseits und einem abhängigen Beschäftigungsverhältnis andererseits. Entscheidende Kriterien sind insofern die weisungsfreie Tätigkeit und die wirtschaftliche Selbständigkeit des betreffenden Tierarztes. Das Bundesverfassungsgericht (BVerfG) verlangt hinsichtlich der wirtschaftlichen Selbständigkeit die Übernahme eines wirtschaftlichen Risikos (BVerfG 11, 30), welches letztlich darin zum Ausdruck kommt, dass die wirtschaftliche Existenz des freiberuflich tätigen Tierarztes unmittelbar von seiner Arbeitsleistung abhängig ist.

Letztlich ist eine Abgrenzung auf der Grundlage einer Gesamtschau der tatsächlichen Verhältnisse vorzunehmen. Nach der Rechtsprechung des Bundesarbeitsgerichts ist als Angestellter anzusehen, wer aufgrund eines privatrechtlichen Vertrages unselbständige Dienste für einen Anderen erbringt und insofern in dessen Betrieb eingegliedert ist sowie aufgrund von Weisungen des Dienstherrn (Arbeitgebers) tätig wird.

11.2.1.2 Grundsatz der persönlichen Leistungserbringung

Die Freiberuflichkeit der tierärztlichen Tätigkeit ist des Weiteren dadurch gekennzeichnet, dass die Leistungen vom Tierarzt grundsätzlich persönlich zu erbringen sind. Eine Delegation von originär tierärztlichen Leistungen auf Dritte ist nur in Ausnahmefällen möglich.

Eine Ausnahme besteht, soweit tierärztliches Personal tätig wird. In Betracht kommt hier eine Behandlung durch angestellte Tierärzte oder Assistenten.

! Nichttierärztliches Hilfspersonal darf nur insoweit eingeschaltet werden, als dass es sich um vorbereitende, unterstützende, ergänzende oder mitwirkende Tätigkeiten zur eigentlichen tierärztlichen Behandlung handelt. In Einzelfällen ist die Delegation von besonderen Tätigkeiten (Injektionen, Infusionen, Blutentnahmen) an qualifiziertes nichttierärztliches Hilfspersonal zulässig, soweit ein persönliches Tätigwerden nach Art und Schwere der zu erbringenden Leistung nicht erforderlich ist. Jedoch auch bei der Beschäftigung von Mitarbeitern muss der Tierarzt eigenverantwortlich und leitend an der Leistungserbringung mitwirken und insofern die Gesamtverantwortung übernehmen. ¶

11.2.1.3 Grundsatz der Niederlassung in eigener Praxis

Der § 12 Abs. 1 MBO Tierärzte statuiert den Grundsatz, dass die Ausübung des tierärztlichen Berufs in eigener Praxis an die Niederlassung gebunden ist. Die Niederlassung ist definiert als die Begründung einer selbständigen, freiberuflichen, tierärztlichen Tätigkeit an einem bestimmten Ort, der mit den notwendigen räumlichen, sachlichen und personellen Voraussetzungen ausgestattet ist (Praxissitz). Die Niederlassung ist durch ein Praxisschild am Praxissitz zu kennzeichnen. Das Gebot der Niederlassung in eigener Praxis ist darüber hinaus in vielen Heilberufsgesetzen der Länder statuiert (z. B. § 32 HKG Niedersachsen; § 29 Heilberufsgesetz Nordrhein-Westfalen).

Aus dem Grundsatz der Niederlassung in eigener Praxis folgt, dass jedem Tierarzt – also auch demjenigen, der seinen Beruf im Rahmen einer Kooperation ausübt – die zur Berufsausübung erforderlichen Praxisstrukturen (z. B. Praxisräumlichkeiten, Gerätschaften, Personal) uneingeschränkt zur Verfügung stehen müssen. Dies setzt zwar nicht die Verfügungsgewalt eines Eigentümers voraus, jedoch muss gewährleistet sein, dass jeder Tierarzt in voller eigener Verantwortung seinen Beruf ausüben kann, ohne diesbezüglich Beschränkungen von dritter Seite zu unterliegen. Der Tierarzt muss insofern in der Lage sein, den Ablauf seines Praxisbetriebes uneingeschränkt selbst zu bestimmen. Diese Kriterien sind bei der Ausgestaltung tierärztlicher Kooperationen und etwaiger Nutzungsverträge mit Dritten zwingend zu berücksichtigen.

! Beachte

11.2.1.4 Bindung der tierärztlichen Tätigkeit an den Praxissitz

Aus dem Grundsatz der Niederlassung in eigener Praxis folgt gleichzeitig, dass die Ausübung der tierärztlichen Heilbehandlung grundsätzlich an den Ort der Niederlassung gebunden ist. Daraus folgt, dass dem Tierarzt die Gründung von Filialen in Form von Zweigpraxen nicht ohne weiteres möglich ist.

Dieser Grundsatz gilt auch im Rahmen von tierärztlichen Kooperationen. Für die Gemeinschaftspraxis sieht § 25 Abs. 1 MBO Tierärzte z. B. vor, dass diese nur von einem Praxissitz aus betrieben werden darf. Mit widerruflicher und befristeter Ausnahmegenehmigung der Tierärztekammer kann gemäß § 25 Abs. 4 MBO Tierärzte beim Zusammenschluss bereits bestehender Praxen auch die Genehmigung einer überörtlichen Kooperation erfolgen.

Im Rahmen von Gruppenpraxen (Organisationsgemeinschaften) ist gemäß § 26 Abs. 2 MBO Tierärzten ein überörtlicher Zusammenschluss möglich, wobei die Zahl der Praxissitze der Gruppenpraxis jedoch nicht die Zahl der Partner übersteigen darf. Voraussetzung ist insofern, dass an jedem Praxissitz ein Partner hauptberuflich tätig (niedergelassen) ist.

11.2.1.5 Keine Beteiligung (berufsfremder) Dritter an der Tierarztpraxis

Aus dem Grundsatz der Niederlassung in eigener Praxis folgt weiter, dass die unmittelbare Beteiligung berufsfremder Dritter (z. B. Kapitalgeber) an der tierärztlichen Praxis unzulässig ist. Dies erfolgt vor dem Hintergrund, dass die tierärztliche Tätigkeit eigenverantwortlich, unbeeinflusst durch berufsfremde Dritte nach ethischen Grundsätzen und unter Zurückstellung des Gewinnstrebens auszuüben ist.

Beachte

Unter diesem Aspekt sind auch sog. »Betreibermodelle«, bei denen dem Tierarzt von einer Trägergesellschaft die gesamte Praxisstruktur entgeltlich zur Nutzung zur Verfügung gestellt wird, kritisch zu beurteilen. Letztlich kommt es hier allein darauf an, dass der Tierarzt nicht durch unangemessene wirtschaftliche Bedingungen in eine persönliche und wirtschaftliche Abhängigkeit von einem Nichttierarzt gerät. Unzulässig dürften daher z. B. umsatzabhängige Entgeltvereinbarungen sein, wenn daraus die Umprägung der tierärztlichen Praxis in eine Abteilung eines gewerblichen Unternehmens resultieren würde. ¶

11.2.1.6 Verbot der Zuweisung gegen Entgelt

Im Hinblick auf die erforderliche Unabhängigkeit des Tierarztes in seiner Berufsausübung ist es ihm gemäß § 19 Abs. 2 MBO Tierärzte verboten, sich für die Zuweisung von Kunden ein Entgelt oder andere Vorteile versprechen oder gewähren zu lassen oder selbst zu versprechen oder zu gewähren. Nach der Rechtsprechung handelt es sich bei dieser Vorschrift des Berufsrechts um ein Schutzgesetz im Sinne des § 134 BGB, so dass hiergegen verstoßende Vereinbarungen als nichtig anzusehen sind. Demnach sind sog. »Kopplungsgeschäfte«, bei denen die Höhe der Vergünstigungen von der Anzahl der in Auftrag gegebenen Untersuchungen bzw. »überwiesenen« Kunden abhängig ist, ebenso unzulässig wie eine Beteiligung des überweisenden Tierarztes am Liquidationserlös des die Leistung erbringenden Tierarztes selbst. Letzteres gilt auch bei der Vereinbarung von Rückvergütungen aufgrund angeblicher Beratungsleistungen, da hier letztlich die unzulässige Vorgehensweise lediglich verschleiert werden soll.

Gleichwohl sind in der Praxis vielfach vertragliche Gestaltungsmodelle anzutreffen, die allein dazu dienen, dem Tierarzt finanzielle Vorteile aus seiner Verordnungs- oder Zuweisungspraxis zu gewähren (sog. »Cash-back«). Ein Beispiel für eine solche unzulässige Vereinbarung ist die Absprache von »Ringüberweisungen« im Rahmen einer tierärztlichen Gruppenpraxis unter Zusammenführung der Praxisgewinne im Innenverhältnis.

11.2.1.7 Überprüfung durch die Tierärztekammer

Damit gewährleistet bleibt, dass die berufsrechtlichen Grundsätze im Rahmen von tierärztlichen Kooperationen eingehalten werden, sehen die entsprechenden Regelungen der Berufsordnungen vor, dass die schriftlichen

Gesellschaftsverträge der jeweils zuständigen Tierärztekammer vorgelegt werden.

11.2.2 Gesellschaftsrechtliche Rahmenbedingung

Für die Gestaltung tierärztlicher Kooperationen stehen insbesondere im Hinblick auf Berufsausübungsgemeinschaften klassischerweise die Gesellschaft bürgerlichen Rechts (GbR) und die Partnerschaftsgesellschaft nach dem Partnerschaftsgesellschaftsgesetz (PartGG) zur Verfügung.

Organisationsformen des Handelsrechts, z. B. die Offene Handelsgesellschaft (OHG) oder die Kommanditgesellschaft (KG), kommen nicht in Betracht, da ihr Zweck auf den Betrieb eines Handelsgewerbes und damit im Gegensatz zur freiberuflichen tierärztlichen Tätigkeit auf eine rein gewerbliche Tätigkeit ausgerichtet ist. Dem Zusammenschluss von Tierärzten unter dem Dach einer GmbH stehen ebenfalls z. T. rechtliche Hindernisse entgegen. Jedoch kommt unter bestimmten Voraussetzungen auch die Gründung einer Kooperation in Form einer Kapitalgesellschaft (z. B. einer GmbH) in Betracht.

Während die Personengesellschaften (GbR, Partnerschaftsgesellschaft) durch den persönlichen Einsatz ihrer Gesellschafter geprägt sind, steht bei der GmbH der Kapitaleinsatz im Vordergrund. Es handelt sich hierbei um eine eigene Rechtsperson, die grundsätzlich vom Gesellschafterbestand unabhängig ist. Die Grundzüge der zur Verfügung stehenden Rechtsformen werden im Folgenden kurz dargestellt.

11.2.2.1 Grundzüge der Gesellschaft bürgerlichen Rechts (GbR)

Die Gesellschaft bürgerlichen Rechts (GbR) ist in den §§ 705 bis 740 BGB gesetzlich geregelt. Die gesetzlichen Vorgaben sind im Wesentlichen dispositiv, d. h. die Ausgestaltung des Gesellschaftsverhältnisses obliegt grundsätzlich der freien Gestaltung durch die Beteiligten, wobei von den gesetzlichen Regelungen abgewichen werden kann. Die Regelungen der §§ 705 ff. BGB geben dabei folgenden Rahmen vor:

Gesellschaftsvertrag

Gemäß § 705 BGB erfordert die Gründung einer GbR einen Gesellschaftsvertrag, in dem sich die Gesellschafter gegenseitig verpflichten, die Erreichung eines gemeinsamen Zwecks in der durch den Vertrag bestimmten Weise zu fördern, insbesondere die vereinbarten Beiträge zu leisten (BGHZ 135, 387). Im Gegensatz zu sonstigen schuldrechtlichen Verträgen, die auf einen Austausch von Leistung und Gegenleistung gerichtet sind (z. B. Kaufvertrag), zeichnet sich die Gesellschaft dadurch aus, dass mehrere Beteiligte gemeinsam ein Ziel verfolgen, nämlich die Förderung des Gesellschaftszwecks (z. B. gemeinsame Berufsausübung, gemeinsame Nutzung von Praxisstrukturen). Soweit nichts Abweichendes bestimmt ist, haben die Gesellschafter gleiche Beiträge zu leisten. Diese können z. B. in der Verpflichtung bestehen, die Arbeitskraft einzubringen oder auch finanzielle Verbindlichkeiten im Rahmen der Kostentragung zu übernehmen.

Rechtsfähigkeit der GbR

Lange war umstritten, ob die GbR in der Gesamtheit ihrer Gesellschafter über eine Rechtsfähigkeit verfügt, d. h. ob die Gesellschaft selbst Trägerin und Zuordnungsobjekt von Rechten und Pflichten sein kann. Der BGH hat in einer Entscheidung vom 29.01.2001 (BGH, NJW 2001, 1056) der vormals herrschenden Auffassung, wonach die GbR lediglich als Institut der Zuordnung von Rechten und Pflichten unmittelbar zu einer Mehrzahl von Gesellschaftern diente, eine deutliche Absage erteilt und ihre Rechts- und Parteifähigkeit grundsätzlich anerkannt. Die GbR als solche kann daher Rechte erwerben und Verbindlichkeiten eingehen sowie klagen und verklagt werden. Um eine

Rechtspersönlichkeit handelt es sich bei der GbR, ebenso wie bei den Personengesellschaften des Handelsrechts, gleichwohl nicht, da eine Rechtspersönlichkeit im engen Sinne nur natürlichen und juristischen Personen (Kapitalgesellschaften, z. B. GmbH, AG) zukommt.

Geschäftsführung und Vertretung

Die Geschäftsführung und die Vertretung der Gesellschaft nach außen erfolgt, soweit nichts Abweichendes geregelt ist, durch die Gesellschafter gemeinschaftlich. Für jedes Geschäft ist demnach grundsätzlich die Zustimmung aller Gesellschafter erforderlich. Durch den Gesellschaftsvertrag kann die Geschäftsführung und Vertretung der Gesellschaft auf einen oder mehrere Gesellschafter übertragen werden, welche dann berechtigt sind, Rechtsgeschäfte Namens der Gesellschaft und der übrigen Gesellschafter abzuschließen. Soweit nichts anderes vereinbart ist, können die nicht zur Geschäftsführung berufenen Gesellschafter einem Rechtsgeschäft gemäß § 711 BGB widersprechen. Im Fall des Widerspruchs muss das Geschäft unterbleiben.

Beschlussfassung

Die GbR entscheidet in allen ihren Angelegenheiten durch Beschluss der Gesellschafterversammlung. Jeder Gesellschafter ist berechtigt und verpflichtet, an den Gesellschafterversammlungen teilzunehmen. Die Beschlussfassung erfolgt, soweit vertraglich nichts anderes vereinbart ist, einstimmig. Hierdurch unterliegen die Gesellschafter einer GbR einem starken Einigungsdruck.

Gesellschaftsvertraglich können jedoch auch Mehrheitsentscheidungen zugelassen werden. Zu beachten ist jedoch, dass gleichwohl alle Beschlüsse, die den Kernbereich der Gesellschafterstellung berühren, der Einstimmigkeit bedürfen. Dies betrifft insbesondere solche Maßnahmen, die das Haftungsrisiko der Gesellschafter erhöhen. Die Stimmverteilung in der Gesellschafterversammlung erfolgt unabhängig von den Beteiligungsverhältnissen am Gesellschaftsvermögen nach Köpfen, soweit nichts anderes vereinbart ist.

Gesellschaftsvermögen

Die Einlagen der Gesellschafter und die durch die Geschäftsführung für die Gesellschaft erworbenen Gegenstände werden gemeinschaftliches Vermögen der Gesellschafter (Gesellschaftsvermögen). Das Vermögen der Gesellschaft unterliegt der gesamthänderischen Bindung durch die Gesellschafter mit der Folge, dass der einzelne Gesellschafter über seinen Anteil am Gesellschaftsvermögen und den einzelnen dazu gehörigen Gegenständen nicht verfügen kann. Er ist – im Gegensatz zu den Regelungen bei einer Miteigentümergemeinschaft – ebenfalls nicht berechtigt, die Teilung des Gesellschaftsvermögens zu verlangen oder die ihm aus dem Gesellschaftsverhältnis zustehenden Ansprüche zu übertragen (§§ 717 ff. BGB). Die Übertragung des Geschäftanteils an einer GbR verbunden mit den daran geknüpften Mitgliedschaftsrechten an einen Nachfolger, der mit der Übernahme als neuer Gesellschafter in die GbR eintritt, kommt somit nur unter Zustimmung aller Gesellschafter in Betracht.

Haftung der Gesellschafter für Verbindlichkeiten der Gesellschaft

Die Gesellschafter haften akzessorisch für die Verbindlichkeiten der Gesellschaft. Neben der Gesellschaft mit ihrem Gesellschaftsvermögen haften die Gesellschafter persönlich und unbeschränkt mit ihrem Privatvermögen. Jeder Gesellschafter kann daher von einem Gläubiger der Gesellschaft unmittelbar und in voller Höhe in Anspruch genommen werden. Der betreffende Gesellschafter ist auf den Gesamtschuldner-Innenausgleich verwiesen, d. h. er kann lediglich von seinen Mitgesellschaftern einen Ausgleich für die Inanspruchnahme verlangen. Damit trägt letztlich der in Anspruch genommene Gesellschafter das Insolvenzrisiko seiner

Mitgesellschafter, d. h. er kann keinen Rückgriff nehmen, wenn diese nicht zahlungsfähig sind.

Der Bundesgerichtshof hat in einer Entscheidung vom 07.04.2003 unter Abweichung von der bisherigen Rechtsprechung erstmals entschieden, dass der in eine Gesellschaft bürgerlichen Rechts eintretende Neugesellschafter auch für die vor seinem Eintritt begründeten Verbindlichkeiten (**Altverbindlichkeiten**) der Gesellschaft neben den bisherigen Gesellschaftern persönlich und gesamtschuldnerisch haftet. Der BGH stellt ausdrücklich klar, dass dieser Grundsatz auch für Zusammenschlüsse von Angehörigen der freien Berufe zur gemeinsamen Berufsausübung in Form einer Gesellschaft bürgerlichen Rechts gilt. Angesichts der Änderungen der Rechtsprechung hat der BGH aus Gründen des Vertrauensschutzes die Haftung des Neugesellschafters für Altverbindlichkeiten auf solche Fälle beschränkt, in denen der Eintritt nach seiner Entscheidung vom 07.04.2003 erfolgte. Ausdrücklich offen gelassen hat der Bundesgerichtshof allerdings, ob die persönliche Haftung des Neugesellschafters auch für Verbindlichkeiten aus beruflichen Haftungsfällen gilt, was jedoch anzunehmen ist.

Praxistipp

Der in eine Gesellschaft bürgerlichen Rechts (GbR) eintretende Tierarzt sollte deren wirtschaftliche Verhältnisse zuvor einer genauen Überprüfung unterziehen. Darüber hinaus bedarf es zwingend geeigneter Regelungen zur Rechnungsabgrenzung im Gesellschaftsvertrag, um zumindest im Innenverhältnis einen etwaigen Rückgriff auf die Altgesellschafter zu gewährleisten. Soweit möglich, sollte neben entsprechenden Regelungen des Gesellschaftsvertrages auch im Außenverhältnis durch entsprechende Freistellungsvereinbarungen zumindest mit den wesentlichen Altgläubigern der GbR eine Haftung des Neugesellschafters vermieden werden. ¶

Die Entscheidung des BGH betrifft lediglich die Haftung für Altverbindlichkeiten beim Eintritt in eine bestehende GbR. Sie betrifft nicht den Fall, dass zwei Tierärzte durch den Zusammenschluss ihrer Praxen eine GbR gründen oder ein Tierarzt einer bestehenden Einzelpraxis beitritt, die sodann als GbR fortgeführt wird. Da jedoch eine Haftungsausweitung auch hier nicht grundsätzlich ausgeschlossen werden kann, sollte vorsorglich zur Absicherung des beitretenden Gesellschafters entsprechend verfahren werden.

Nach seinem Ausscheiden aus der Gesellschaft haftet der ausscheidende Gesellschafter gemäß § 736 Abs. 2 BGB in Verbindung mit § 160 HGB im Rahmen der Nachhaftung für die vor seinem Ausscheiden begründeten Verbindlichkeiten bis zum Ablauf von fünf Jahren seit Kenntnis des jeweiligen Gläubigers vom Ausscheiden. Voraussetzung ist, dass die Verbindlichkeiten vor seinem Ausscheiden begründet wurden, vor Ablauf von fünf Jahren fällig werden und daraus Ansprüche gegen ihn gerichtlich geltend gemacht oder von ihm schriftlich anerkannt werden.

Eine Haftungsbeschränkung, z. B. auf das Gesellschaftsvermögen, kann gegenüber Dritten nicht rechtswirksam zwischen den Gesellschaftern vereinbart werden. Hier kommt lediglich eine ausdrückliche Individualvereinbarung mit dem jeweiligen Gläubiger in Betracht.

Gewinn- und Verlustverteilung

Soweit keine abweichende Regelung getroffen wurde, sind die Gesellschafter unabhängig von der Art und Größe ihrer Beiträge zu gleichen Teilen am Gewinn und Verlust der Gesellschaft beteiligt (§ 722 BGB).

Beendigung der Gesellschaft

Die Gesellschaft endet grundsätzlich durch Kündigung eines Gesellschafters, durch den Tod eines Gesellschafters, durch die Eröffnung des Insolvenzverfahrens über das Vermögen der Gesellschaft oder über das Vermögen eines

Gesellschafters und durch das Erreichen oder Unmöglichwerden des vereinbarten Gesellschaftszwecks. Sofern die Gesellschaft nicht für eine bestimmte Dauer eingegangen wurde, kann sie grundsätzlich von jedem Gesellschafter jederzeit ohne Einhaltung einer Frist gekündigt werden. Die Kündigung darf, soweit es sich nicht um eine fristlose Kündigung aus wichtigem Grund handelt, lediglich nicht zur Unzeit erfolgen, so dass eine gewisse angemessene Abwicklungsfrist zu verbleiben hat. Zur Kündigung und zur Dauer der Gesellschaft sind regelmäßig detaillierte vertragliche Regelungen erforderlich. Eine Vereinbarung, durch die das Kündigungsrecht ausgeschlossen oder entgegen der gesetzlichen Bestimmung wesentlich beschränkt wird, ist jedoch nichtig.

Auseinandersetzung der GbR nach Beendigung

Wird die GbR aufgelöst, so wandelt sich die Gesellschaft zunächst in eine sog. »Liquidationsgesellschaft« um. Die bisherigen Geschäftsführungsbefugnisse erlöschen. Von dem Zeitpunkt der Auflösung an sind alle Gesellschafter zur gemeinschaftlichen Geschäftsführung berufen, um die erforderlichen Abwicklungsmaßnahmen zu regeln. Gegenstände, die ein Gesellschafter der GbR zur Nutzung überlassen hat, sind diesem zurückzugeben. Aus dem Gesellschaftsvermögen sind zunächst die Schulden der Gesellschaft zu bedienen. Reicht das vorhandene Gesellschaftsvermögen hierzu nicht aus, so haben die Gesellschafter für den Fehlbetrag im Verhältnis ihrer Verlustbeteiligung aufzukommen. Aus dem Gesellschaftsvermögen sind darüber hinaus die Einlagen der Gesellschafter zurückzuerstatten. Verbleibt nach der Berichtigung der Gesellschaftsschulden und der Rückerstattung der Einlagen ein Überschuss, so ist dieser unter den Gesellschaftern im Verhältnis ihrer Gewinnbeteiligung aufzuteilen.

Fortsetzungsklausel

Um die Beendigungswirkung der o. g. Ereignisse und die sich anschließende Liquidation zu vermeiden, wird insbesondere bei einer mehrgliedrigen Gesellschaft i. d. R. eine sog. »Fortsetzungsklausel« in den Gesellschaftsvertrag aufgenommen. Durch eine solche wird bestimmt, dass der Eintritt eines bestimmten Ereignisses gerade nicht die gesetzliche Folge der Beendigung und Auflösung herbeiführt, sondern dass der betreffende Gesellschafter aus der Gesellschaft ausscheidet und die Gesellschaft zwischen den verbleibenden Gesellschaftern fortgeführt wird. Der Geschäftsanteil des ausscheidenden Partner wächst in diesem Falle den verbleibenden Partnern an und wandelt sich um in einen Abfindungsanspruch des ausscheidenden Gesellschafters bezogen auf seinen Anteil am Vermögen der Gesellschaft (materielle und immaterielle Werte).

Im Falle des Ausscheidens eines Gesellschafters sowie bei der Auflösung der Gesellschaft sind die gegenseitigen Ansprüche der Gesellschafter i. d. R. im Rahmen einer Auseinandersetzungsbilanz/Schlussbilanz festzustellen. Einzelansprüche, z. B. auf Auszahlung rückständiger Gewinnansprüche, können in diesem Stadium nicht geltend gemacht werden. Sie unterliegen einer sog. »Durchsetzungssperre«, so dass lediglich ein Anspruch auf Ausgleich des zu ermittelnden Saldos besteht.

11.2.2.2 Die Partnerschaftsgesellschaft

Seit dem 01.07.1995 besteht mit der Partnerschaftsgesellschaft die Möglichkeit zur Wahl einer alternativen Gesellschaftsform für Zusammenschlüsse unter Freiberuflern, die ansonsten regelmäßig in der Rechtsform einer Gesellschaft bürgerlichen Rechts geführt werden. Mit dem Partnerschaftsgesellschaftsgesetz soll den Angehörigen der freien Berufe, so auch Tierärzten, eine Möglichkeit des Zusammenschlusses geschaffen werden, die einerseits dem hergebrachten Berufsbild des freien Berufs entspricht und andererseits eine modernere und flexiblere

Organisationsform bietet. Die wesentlichen Merkmale der Partnerschaftsgesellschaft stellen sich wie nachfolgend aufgeführt dar.

Beteiligte
Zu einer Partnerschaft können sich nur natürliche Personen, die Angehörige der freien Berufe sind, zur Ausübung ihrer Berufe zusammenschließen (§ 1 PartGG).

Gründung/Anmeldung
Für die Gründung einer Partnerschaftsgesellschaft ist der Abschluss eines schriftlichen Partnerschaftsvertrages erforderlich. Dieser muss den Namen und den Sitz der Partnerschaft, die Namen der Partner sowie den in der Partnerschaft von jedem Partner ausgeübten Beruf nebst Wohnort jedes Partners und den Gegenstand der Partnerschaft enthalten (§ 3 PartGG). Die Partnerschaftsgesellschaft ist zur Eintragung in das Partnerschaftsregister beim zuständigen Amtsgericht anzumelden. Vor ihrer Eintragung unterliegt die Gesellschaft im Verhältnis zu Dritten dem Recht der Personengesellschaften mit der Folge der unbeschränkten persönlichen Haftung der Gesellschafter für die Verbindlichkeiten der Gesellschaft.

Die Partnerschaft ist voll namensrechts-, partei-, grundbuch-, insolvenz- und rechtsfähig. Die Partnerschaft als solche ist insoweit Zuordnungsobjekt von Rechten und Pflichten.

Name der Partnerschaft
Der Name der Partnerschaft muss den Namen mindestens eines Partners, den Zusatz »und Partner« oder »Partnerschaft« sowie die Berufsbezeichnung aller in der Partnerschaft vertretenen Berufe enthalten (§ 2 Abs. 1 PartGG).

Haftung
Für Verbindlichkeiten der Partnerschaft haften den Gläubigern neben dem Vermögen der Partnerschaft die Partner als Gesamtschuldner. Insofern besteht kein Unterschied zur GbR.

Gemäß § 8 Abs. 2 PartGG besteht jedoch eine **Haftungskonzentration** in Bezug auf Ansprüche, die aus einer fehlerhaften Berufsausübung resultieren. War danach nur ein Partner mit der Bearbeitung eines Auftrages (der Durchführung einer Behandlung) befasst, so haftet neben der Partnerschaft lediglich der behandelnde Partner, der die berufliche Leistung erbracht oder verantwortlich geleitet und überwacht hat. Die übrigen Partner müssen danach nicht befürchten, wegen eines Fehlers in der Heilbehandlung eines anderen Partners persönlich in Anspruch genommen zu werden.

Bei der Haftung für sonstige Verbindlichkeiten der Partnerschaft (z. B. Miete, Löhne, Kosten) verbleibt es jedoch bei der gesamtschuldnerischen Haftung der Partner neben der Partnerschaft.

Im Falle seines Ausscheidens aus der Gesellschaft trifft den ausscheidenden Partner ebenfalls eine Nachhaftung für die bis dahin begründeten Verbindlichkeiten der Partnerschaft. Anders als bei der GbR ist für den Beginn der fünfjährigen Nachhaftungsfrist jedoch nicht die Kenntnis des Gläubigers von Bedeutung, sondern der Zeitpunkt der Eintragung des Ausscheidens in das Partnerschaftsregister.

Auflösung/Ausscheiden
Die Partnerschaft wird aufgelöst durch den Ablauf der Zeit, für die sie eingegangen wurde, durch Beschluss der Partner, durch Eröffnung des Insolvenzverfahrens über das Vermögen der Partnerschaft und durch gerichtliche Entscheidung. Der Tod eines Partners, die Kündigung oder auch die Eröffnung des Insolvenzverfahrens über das Vermögen eines Partners führen (anders als bei der GbR) nicht zur Auflösung der Partnerschaft, sondern zum Ausscheiden des betreffenden Partners und der Fortsetzung der Partnerschaft durch die verbleibenden Partner (§ 9 PartGG in Verbindung mit § 131 HGB). Ein Partner scheidet darüber hinaus bei Verlust der erforderlichen Zulassung zur Ausübung des freien Berufes aus der Partnerschaft aus (z. B. bei Entzug der Approbation).

11.2.2.3 Grundzüge der GmbH

Bei der GmbH handelt es sich um eine **Kapitalgesellschaft** mit eigener Rechtspersönlichkeit. Die GmbH ist als solche Träger von Rechten und Pflichten. Der Behandlungsvertrag wird somit nicht mit dem behandelnden Tierarzt, sondern zwischen dem Kunden und der GmbH, vertreten durch ihren Geschäftsführer, abgeschlossen. Da die GmbH als Rechtsfigur als solche nicht tätig werden kann, bedient sie sich zur Erfüllung ihrer Aufgaben i. d. R. angestellter Tierärzte oder die Gesellschafter der GmbH werden selbst aufgrund gesonderter Vereinbarungen mit der GmbH für diese tätig.

Für die Gründung einer GmbH müssen folgende Mindestvoraussetzungen erfüllt sein:

- Abschluss eines notariell beurkundeten GmbH-Vertrages, in dem mindestens die Firma und der Sitz der Gesellschaft, der Gegenstand des Unternehmens, der Betrag des Stammkapitals und der Betrag der von jedem Gesellschafter auf das Stammkapital zu leistenden Einlage (Stammeinlage) bestimmt ist;
- Einzahlung der Stammeinlage von mindestens 25.000,– € durch die Gesellschafter;
- Bestellung eines Geschäftsführers;
- Anmeldung und Eintragung im Handelsregister.

Die Motivation, statt einer Personengesellschaft eine GmbH zu gründen, liegt häufig im Interesse der Haftungsbeschränkung der Beteiligten. Grundsätzlich haftet nur die GmbH für die von ihr begründeten Verbindlichkeiten, so dass die Haftung auf das Gesellschaftsvermögen beschränkt ist.

! Beachte

! Die persönliche Inanspruchnahme des behandelnden Tierarztes ist nicht ausgeschlossen. Dieser haftet nämlich bei Behandlungsfehlern neben der GmbH für Ansprüche aus unerlaubter Handlung nach § 823 BGB. Die Gesellschafter der GmbH haften darüber hinaus für die Erbringung ihrer Stammeinlage. Schließlich wird von den Banken im Rahmen von Finanzierungen regelmäßig verlangt, dass die Gesellschafter der GmbH persönliche Sicherheiten (z. B. Bürgschaften) zur Absicherung des Kreditrisikos zur Verfügung stellen. ¶

Bei der GmbH handelt es sich von Gesetzes wegen um ein gewerblich tätiges und auf Gewinnerzielung ausgerichtetes Unternehmen. Als solches unterliegt die GmbH nicht unmittelbar den Regelungen der Berufsordnung und ist daher z. B. berechtigt, Werbung zu betreiben.

Für eine GmbH als gewerbliches Unternehmen besteht zudem grundsätzlich die Möglichkeit, Zweigniederlassungen zu errichten. Zu beachten ist jedoch, dass die tierärztlichen Gesellschafter einer GmbH oder auch der tierärztliche Geschäftsführer weiterhin in ihrer Eigenschaft als Tierarzt dem Berufsrecht unterworfen sind und daher zumindest mittelbar die berufsrechtlichen Regelungen greifen können.

Ob die GmbH überhaupt als Kooperationsform zur Ausgestaltung der tierärztlichen Zusammenarbeit in Betracht kommt, ist angesichts des Grundsatzes der Freiberuflichkeit und dem damit zusammenhängenden Grundsatz der Niederlassung in eigener Praxis und persönlicher Leistungserbringung vom Einzelfall abhängig. In einer Grundsatzentscheidung aus dem Jahre 1993 (BGHZ 124, 224) hat der Bundesgerichtshof es grundsätzlich für zulässig erachtet, dass sich Ärzte in der Rechtsform einer GmbH zusammenschließen und ihre ärztliche Tätigkeit als deren Geschäftsführer oder Angestellter ausüben. Der BGH ging davon aus, dass auch einer GmbH das Recht auf freie Berufswahl gemäß Artikel 12 GG zusteht. Gesellschaftsrechtlich stehe dem Angebot heilkundlicher Leistungen durch eine GmbH nichts entgegen, zumal die Errichtung einer GmbH gemäß § 1 GmbHG zu jedem zulässigen Zweck auch außerhalb des Betriebs eines Handelsgewerbes möglich ist. In der Folge dieser

Entscheidung wurden auf Länderebene eine Vielzahl der Heilberufs- und Kammergesetze geändert, da man politisch die Ausübung der ärztlichen Tätigkeit durch eine Kapitalgesellschaft für nicht opportun hielt. Entweder wurde vorgesehen, dass die Führung einer (tier-)ärztlichen Praxis in der Rechtsform einer juristischen Person des privaten Rechts nicht statthaft ist (s. Artikel 18 Bayrisches Kammergesetz) oder es wurde der Grundsatz der Niederlassung in eigener Praxis statuiert, der die GmbH faktisch daran hinderte, die ambulante Heilkunde durch angestellte Ärzte ausüben zu lassen (§ 29 Heilberufsgesetz NW, § 32 HKG Niedersachsen).

§ Mit dem Gesundheitsmodernisierungsgesetz 2004 gingen erhebliche Änderungen des Vertragsarztrechts einher. Die Regelungen zum Vertragsarztrecht sehen nunmehr vor, dass sich medizinische Versorgungszentren auch in der Rechtsform einer Kapitalgesellschaft organisieren können. Aufgrund dieser neuen bundesgesetzlichen Vorgaben wurden die Heilberufsgesetze einiger Länder bereits angepasst, so dass dort nunmehr die Führung einer Praxis auch in der Rechtsform einer juristischen Person des Privatrechts möglich ist. Die Fragen des Ob und des Wie sind insofern zzt. jeweils auf Landesebene abzuklären. ¶

11.2.3 Steuerliche Gesichtspunkte

11.2.3.1 Personengesellschaften

Die Einkünfte des Tierarztes aus seiner beruflichen Tätigkeit unterfallen der **Einkommenssteuer**, auch wenn die Tätigkeit im Rahmen einer Kooperation erbracht wird. Damit eine Kooperation unter Tierärzten auch steuerrechtlich anerkannt wird, sind diesbezüglich gewisse Voraussetzungen zu erfüllen. Personenzusammenschlüsse von Freiberuflern erzielen nur dann freiberufliche Einkünfte im Sinne des § 18 Abs. 1 Nr. 1 EStG, wenn alle Gesellschafter als (freiberufliche) Mitunternehmer zu qualifizieren sind und jeder die persönlichen Voraussetzungen der freiberuflichen Tätigkeit erfüllt. Dazu bedarf es neben der selbständigen und nachhaltigen Teilnahme am wirtschaftlichen Verkehr mit Gewinnerzielungsabsicht der **»Mitunternehmerstellung«** in der Person jedes Gesellschafters. Als Mitunternehmer sind nur jene Personen zu qualifizieren, die ihrerseits **Mitunternehmerinitiative** entfalten und ein **Mitunternehmerrisiko** tragen, wobei beide Merkmale im Einzelfall mehr oder weniger stark ausgeprägt sein können.

Das Merkmal der Mitunternehmerinitiative erfordert grundsätzlich, dass das betreffende Mitglied einer Kooperation gesellschaftsrechtlich zur Teilnahme an den unternehmerischen Entscheidungsprozessen berufen ist. Auch wenn hierfür die Befugnis zur Geschäftsführung nicht zwingend erforderlich ist, so muss doch jeder Gesellschafter durch die Ausübung von Stimm-, Kontroll- und Widerspruchsrechten die Möglichkeit haben, Einfluss auf Entscheidungsprozesse in der Gesellschaft zu nehmen.

§ **Achtung! Gesetzesänderung**

Das Merkmal des Mitunternehmerrisikos setzt darüber hinaus voraus, dass jeder Gesellschafter am Erfolg und Misserfolg der Praxis teilhat, i. d. R. durch seine Beteiligung am Gewinn und Verlust der Gesellschaft. Damit ist derjenige, der nicht am Gewinn beteiligt wird, sondern eine feste Vergütung für seine Tätigkeit erhält und nicht bzw. nur beschränkt an eventuellen Verlusten teilnimmt, nicht als Mitunternehmer einzustufen.

Üben die Partner die unternehmerische Initiative des freiberuflichen Betriebs gemeinsam aus und tragen sie gemeinsam das unternehmerische Risiko der freiberuflichen Tätigkeit der Gemeinschaftspraxis, so werden den Partnern die positiven und negativen Einkünfte aus dieser Tätigkeit unmittelbar als eigene Einkünfte zugerechnet.

Die Einkünfte aus der kurativen Tätigkeit sind **nicht gewerbesteuerpflichtig**. Hierzu gehören auch die Einkünfte aus der zwangsläufigen Verabreichung von Medikamenten durch den Tierarzt (Anwendungsmedikamente). Die Abgabe von Medikamenten an den Endverbraucher stellt demgegenüber grundsätzlich eine gewerbliche Tätigkeit dar, sofern diese mit Gewinnerzielungsabsicht erfolgt.

Praxistipp

Werden Arzneimittel im Rahmen einer Gemeinschaftspraxis abgegeben, so empfiehlt es sich, die Arzneimittelabgabe in eine zweite personenidentische Gesellschaft (sog. »**Hausapotheken-Abgabegesellschaft**«) auszugliedern, um eine strikte Trennung der gewerbesteuerpflichtigen Einnahmen aus der Arzneimittelabgabe und den Einnahmen aus der kurativen Tätigkeit herbeizuführen. Ansonsten droht die Gefahr, dass die freiberuflichen Einnahmen aus der kurativen Tätigkeit von den gewerbesteuerpflichtigen Einnahmen »infiziert« werden und die gesamten Einnahmen sodann der Gewerbesteuer unterliegen. ¶

Es ist darauf hinzuweisen, dass sich diese Problematik bei einer Gruppenpraxis nicht stellt, da dort die Berufsausübung getrennt erfolgt und gemeinsame Einnahmen aus kurativer Tätigkeit nicht erzielt werden. Insofern erfolgt auch hier die Arzneimittelabgabe auf eigene Rechnung und in eigener Verantwortung des jeweils handelnden Tierarztes.

Die Gewerbesteuerverpflichtung bei einer Gemeinschaftspraxis kann sich u. U. auch daraus ergeben, dass die Grundsätze der freiberuflichen Tätigkeit nicht gewahrt werden, indem z. B. die Leistungserbringung arbeitsteilig durch den Einsatz einer Vielzahl von angestellten Mitarbeitern erfolgt.

11.2.3.2 Kapitalgesellschaften

Die Kapitalgesellschaft unterliegt kraft Rechtsform sowohl der Gewerbesteuer- als auch der Körperschaftssteuerpflicht. Eine Ausgliederung von Arzneimittelabgaben ist insofern hier nicht erforderlich.

11.3 Tierärztliche Gruppenpraxis (Praxisgemeinschaft)

11.3.1 Allgemeines zur Gruppenpraxis

Die Gruppenpraxis stellt die wohl häufigste Form der Organisationsgemeinschaft unter Tierärzten dar. Bei ihr handelt es sich um eine Kooperation zweier oder mehrerer Tierärzte zum Zwecke der fachlichen Zusammenarbeit, gegenseitigen Vertretung, gemeinsamen Benutzung von Praxiseinrichtungen und -instrumenten, des gemeinsamen Einkaufs und/oder der gemeinsamen Beschäftigung von tierärztlichen Mitarbeitern und Hilfspersonal, bei ansonsten eigenständiger Praxisführung und getrennter Abrechnung (s. § 26 Abs. 1 MBO Tierärzte).

Die Gruppenpraxis darf als solche nur gekennzeichnet werden, wenn Art und Ausmaß der Zusammenarbeit der Partner in einem schriftlichen Vertrag festgelegt sind, der der Tierärztekammer zuvor zur Kenntnis gegeben wurde. Grundsätzlich besteht die Möglichkeit, dass sich mehrere Praxen auch überörtlich zu einer Gruppenpraxis zusammenschließen, wenn und soweit die Zahl der Praxissitze die Zahl der Partner nicht übersteigt (§ 26 Abs. 2 MBO Tierärzte).

Jeder Tierarzt darf jedoch grundsätzlich nur einer Gruppenpraxis angehören. Der Zusammenschluss ist darüber hinaus nur mit anderen Tierärzten erlaubt (§ 26 Abs. 3 MBO Tierärzte). Ziel der Gruppenpraxis ist es, insbesondere durch gemeinsame Organisation und Kostentragung eine Optimierung des Praxisbetriebes und eine Kostenminimierung zugunsten aller Beteiligten zu erreichen.

11.3.2 Notwendige vertragliche Regelungen

Bei der Ausgestaltung von Gruppenpraxisverträgen (Gesellschaftsverträgen) sollten insbesondere die im Folgenden dargestellten Punkte beachtet werden.

11.3.2.1 Rechtsform

Der Zusammenschluss zu einer Gruppenpraxis erfolgt i. d. R. in der Rechtsform einer Gesellschaft bürgerlichen Rechts (GbR). Die Wahl einer Partnerschaftsgesellschaft kommt nicht in Betracht, da diese ausschließlich der gemeinsamen Berufausübung unter Freiberuflern dient und diese bei einer Gruppenpraxis gerade getrennt erfolgt.

11.3.2.2 Rechtsbeziehung, Haftung

Im Gegensatz zur Gemeinschaftspraxis als Berufsausübungsgemeinschaft handelt es sich bei der Gruppenpraxis i. d. R. um eine reine Innengesellschaft, die nur im Rahmen ihres Gesellschaftszwecks nach außen in Erscheinung tritt; dies insbesondere in Bezug auf Liefer- und Leistungsbeziehungen zu Dritten. Für die daraus entstehenden Verbindlichkeiten der Gesellschaft (z. B. Mietkosten, Personalkosten) haften die Partner als Gesamtschuldner unbeschränkt gegenüber den Gläubigern.

Hinweis

Da die Berufsausübung getrennt erfolgt, trifft die Haftung für tierärztliche Pflichtverletzung ausschließlich den jeweiligen Behandler im Rahmen seiner Einzelpraxis. Es besteht insofern nicht die Gefahr, dass ein Partner wegen eines Behandlungsfehlers eines anderen Partners in Anspruch genommen wird. ¶

Die Haftung des nicht behandelnden Partners für Fehler im Rahmen der Berufsausübung kommt allenfalls dann in Betracht, wenn nach außen hin – gegenüber den Kunden – der Rechtsschein erweckt wird, im Rahmen der Gesellschaft würde eine gemeinsame Berufsausübung erfolgen. Entscheidend ist stets der Empfängerhorizont des Kunden. Eine Haftungsbegründung käme danach dann in Betracht, wenn z. B. die Partner der Gruppenpraxis gemeinsam auf dem Briefkopf aufgeführt sind. Letztlich ist den Kunden die Unterscheidung zwischen einer Gruppen- und/oder Gemeinschaftspraxis nicht im Einzelnen bekannt.

11.3.2.3 Kostenverteilung

Ein wesentlicher Punkt im Rahmen der vertraglichen Gestaltung ist stets die Frage, wie die Kosten der Gesellschaft unter den beteiligten Partnern aufzuteilen sind. Hier ist ein vertraglich vereinbarter Schlüssel festzulegen, worin z. B. die Aufteilung nach Köpfen oder nach dem Verursacherprinzip vorgesehen werden kann. Denkbar ist auch eine umsatzabhängige Kostenzuordnung. Zum Zwecke der Kostendeckung haben die Partner regelmäßig monatliche Vorschüsse auf das Konto der Gesellschaft zu leisten (Beitragspflicht).

11.3.2.4 Geschäftsführung und Vertretung

Die Geschäftsführung und Vertretung der Gesellschaft (z. B. gegenüber den Angestellten) erfolgt nach den gesetzlichen Regelungen gemeinschaftlich durch die Partner. Da es sich hier um dispositives Recht handelt, können im Gesellschaftsvertrag bestimmte Aufgaben auf einen Partner übertragen werden.

11.3.2.5 Verwertung des Geschäftsanteils

Im Rahmen der vertraglichen Gestaltung ist zu gewährleisten, dass jeder Partner den von ihm aufgebauten und erarbeiteten Goodwill (s. u.) im Falle der Praxisaufgabe verwerten kann. Die Übertragbarkeit der Einzelpraxis auf einen Nachfolger setzt voraus, dass dieser ebenfalls berechtigt ist, in die bestehende Praxisgemeinschaft anstelle des ausscheidenden Partners einzutreten. Hierzu bedarf es stets der Zustimmung des verbleibenden Partners, was besondere vertragliche Regelungen für diesen Fall erforderlich macht. Die verbleibenden Partner im Rahmen einer Gruppenpraxis sind regelmäßig nicht verpflichtet, dem ausscheidenden Partner eine Abfindung für den von ihm aufgebauten Goodwill zu zahlen, da die Berufsausübung gerade getrennt erfolgt und ein gemeinsamer Goodwill als Gesellschaftsvermögen insofern nicht besteht.

11.3.2.6 Wettbewerbsverbote

Da es sich bei den Praxen rechtlich um Einzelpraxen mit jeweils eigenem Kundenstamm handelt, kann ein **nachvertraglicher Konkurrenzschutz** bei Ausscheiden eines Partners regelmäßig nicht rechtswirksam vereinbart werden. Es ist kein schutzwürdiges Interesse des verbleibenden Partners erkennbar, warum bei einer getrennten Berufsausübung der aus einer Praxisgemeinschaft ausscheidende Tierarzt sich nicht erneut in der Nähe seiner bisherigen Praxis niederlassen können soll.

11.3.2.7 Schweigepflicht

Auch der Tierarzt unterliegt im Rahmen seiner Tätigkeit der tierärztlichen Schweigepflicht. Diese gilt grundsätzlich auch gegenüber anderen Berufsträgern. Daher ist es erforderlich, dass im Rahmen einer Gruppenpraxis die Kartei sowie die Dokumentation getrennt geführt werden.

11.4. Tierärztliche Gemeinschaftspraxis

Im Rahmen der tierärztlichen Kooperationen stellt die Gemeinschaftspraxis die engste Form der Zusammenarbeit dar. Sie ist die klassische Berufsausübungsgemeinschaft unter Tierärzten und wird i. d. R. ausgeübt in der Rechtsform einer GbR oder in der Form einer Partnerschaftsgesellschaft. Im Rahmen der Gemeinschaftspraxis wird die tierärztliche Tätigkeit und Berufsausübung als solche vergesellschaftet, mit der Folge, dass die Tätigkeit des einzelnen Tierarztes nicht für sich selbst erfolgt, sondern für die Gesellschaft. Die Abrechnung gegenüber den Kunden erfolgt also auf Rechnung der Gesellschaft.

Die Ausübung einer tierärztlichen Gemeinschaftspraxis/Berufsausübungsgemeinschaft ist unter Tierärzten zulässig und der Tierärztekammer unverzüglich anzuzeigen (§ 25 MBO Tierärzte).

11.4.1 Vorteile einer Gemeinschaftspraxis

Die Vorteile der gemeinsamen tierärztlichen Berufsausübung sind sowohl rechtlicher als auch wirtschaftlicher und tatsächlicher Natur.

Zunächst bietet der Zusammenschluss mehrerer Tierärzte in der Form einer Gemeinschaftspraxis sämtliche Vorteile, die auch im Rahmen einer reinen Organisationsgemeinschaft – z. B. einer Gruppenpraxis – zu erzielen sind. Die gemeinsame Nutzung von Sach- und Personalmitteln und die gemeinsame Investition in medizinische Gerätschaften und Praxisausstattung ermöglichen die Verteilung des finanziellen Risikos und eine wirtschaftliche Auslastung der vorhandenen Strukturen. Die gemeinsame Teilhabe an Liefer- und Leistungsbeziehungen gegenüber Dritten ermöglicht ebenfalls eine **Kostenminimierung**, da z. B. aufgrund des höheren Bedarfs der Einkauf von Praxisbedarf günstiger gestaltet werden kann.

Darüber hinaus erwachsen wesentliche Vorteile daraus, dass im Rahmen der Gemeinschaftspraxis der Behandlungsvertrag jeweils zwischen dem Kunden und der Gesellschaft abgeschlossen wird. Der Tierhalter ist damit nicht mehr strikt ausschließlich einem bestimmten Behandler zugeordnet, sondern er ist ein Kunde der Gemeinschaftspraxis und seiner Gesellschafter. Unbeschadet des Rechts auf freie Tierarztwahl besteht damit die Möglichkeit der **Behandlung durch mehrere Behandler** in der Gemeinschaftspraxis, ohne dass eine Überweisung an oder Vertretung durch einen Kollegen erfolgen müsste. Die damit einhergehende

Flexibilisierung ermöglicht es den Mitgliedern der Kooperation, eine **Spezialisierung** auf jeweils bestimmte Behandlungsschwerpunkte vorzunehmen und den Kunden gleichwohl ein erweitertes Spektrum an Behandlungen anzubieten. Das Konsilium in problematischen Behandlungsfällen wird darüber hinaus wesentlich erleichtert. Die Zulässigkeit der gegenseitigen Vertretung erlaubt schließlich eine Optimierung der Behandlungszeiten und das Angebot erweiterter Sprechstundenzeiten. Die Praxis bleibt zudem selbst bei Urlaub und Krankheit geöffnet. Nicht zuletzt können durch ein **flexibles System** somit auch private Freiräume geschaffen werden.

11.4.2 Notwendige vertragliche Regelungen

Bei der Ausgestaltung des Gesellschaftsvertrages zur Ausübung einer tierärztlichen Gemeinschaftspraxis sollte besondere Sorgfalt an den Tag gelegt werden. Zum Einen sind die berufsrechtlichen Vorgaben strikt zu beachten, zum Anderen sollten bereits bei der Vertragsgestaltung etwaige Konfliktfälle erörtert werden, um für den Fall des Falles geeignete vertragliche Regelungen zu treffen. Es empfiehlt sich immer, diesbezüglich den Rat eines auf diesem Gebiet erfahrenen Rechtsanwalts einzuholen. Keinesfalls sollten ungeprüft etwaige am Markt angebotene Musterverträge unterzeichnet werden. Diese sind zwar durchaus geeignet, als Diskussionsgrundlage für die Ausgestaltung der einzelnen vertraglichen Regelungen zu dienen, letztlich zeigt jedoch die Erfahrung, dass in jedem Fall individuelle Besonderheiten zu berücksichtigen sind. Auf nachfolgende Punkte sollte im Rahmen der Vertragsgestaltung geachtet werden.

11.4.2.1 Vertragszweck

Der Zeck der Gesellschaft ist im Vertrag zu definieren. Bei einer Gemeinschaftspraxis besteht dieser in der gemeinsamen tierärztlichen Tätigkeit in gemeinsamen Räumen mit gemeinsamer Praxiseinrichtung, Karteiführung, Personal und Abrechnung. Die Beteiligten verpflichten sich, diesen Zweck durch die Leistung von Beiträgen, insbesondere ihrer Arbeitsleistung zu fördern.

11.4.2.2 Einlagen/Beteiligungen/Beiträge

Im Gesellschaftsvertrag ist darüber hinaus festzulegen, welche Einlagen und Beiträge die Gesellschafter zu erbringen haben und wie sie aufgrund dessen am Vermögen der Gesellschaft beteiligt sind. Der Wert einer Praxis setzt sich zusammen aus dem vorhandenen materiellen und immateriellen Vermögen. Zu den materiellen Werten zählen in erster Linie die Praxiseinrichtung, die medizinischen Gerätschaften und ggf. die Praxisräumlichkeiten, der ideelle Wert ergibt sich aus dem bestehenden Kundenstamm (s. Kapitel 12.3.2). Die Vermögensbeteiligung der Partner kann erreicht werden, indem die sich zu einer Gemeinschaftspraxis zusammenschließenden Partner Sach- oder Bareinlagen erbringen, die in das Vermögen der Gesellschaft einfließen. Beispielsweise bringt bei der Zusammenführung zweier Einzelpraxen zu einer Gemeinschaftspraxis jeder Partner Vermögen seiner bisherigen Praxis in die neue Gesellschaft ein. Auch können die Partner gemeinsam Investitionen nach einem festgelegten Schlüssel tätigen oder an den in eine bestehende Praxis eintretenden Partner einen Anteil am bestehenden Praxisvermögen veräußern. Zwingend ist eine gemeinsame Vermögensbildung jedoch nicht – insbesondere in Bezug auf das Anlagevermögen.

Beteiligung am materiellen Vermögen

Weder für die Annahme eines Gesellschaftsverhältnisses noch für die Erfüllung der Voraussetzungen an eine freiberufliche Tätigkeit ist es erforderlich, dass die Gesellschaft tatsächlich über materielles Vermögen verfügt. Der Bestand einer Gesellschaft erfordert die Förderung eines gemeinsamen Zwecks (hier: die gemeinsame Berufsausübung) durch Beitragsleistung der

Gesellschafter. Die zu leistenden Beiträge müssen jedoch nicht zwingend in der Einlage von materiellem Vermögen bestehen, sondern können auch in der Weise erbracht werden, dass die Gesellschafter der Gesellschaft lediglich ihre Arbeitskraft zur Verfügung stellen und auf diese Weise den Gesellschaftszweck fördern. Die zur gemeinsamen Berufsausübung erforderliche Praxisstruktur (Praxisräumlichkeiten, Gerätschaften) kann ebenfalls im Eigentum eines Dritten oder ausschließlich eines Gesellschafters stehen und der Gesellschaft lediglich zur Nutzung zur Verfügung gestellt sein. Dies stellt keine unzulässige Beteiligung eines Dritten dar, so dass auch der **Grundsatz der Niederlassung in eigener Praxis** dem nicht entgegensteht. Solange jeder Partner einer Gemeinschaftspraxis unabhängig von den Eigentumsverhältnissen über die Praxisgerätschaften unbeschränkt im Rahmen seiner Berufsausübung verfügen kann, ist weder die Einbringung der Praxisstruktur in das materielle Gesellschaftsvermögen noch die Beteiligung jedes Gesellschafters hieran erforderlich.

Beteiligung am immateriellen Vermögen

Zu den immateriellen Werten – dem sog. Goodwill – zählt vor allem der über längere Zeit aufgebaute Kundenstamm einer tierärztlichen Praxis und die darin begründete Chance, Einkünfte aus der tierärztlichen Tätigkeit zu erzielen. Tritt ein Tierarzt zu Beginn seiner Niederlassung in die bestehende Einzelpraxis eines anderen Kollegen unter Gründung einer Gemeinschaftspraxis ohne Zahlung einer Kapitaleinlage bzw. entgeltliche Übernahme eines Geschäftsanteils ein, so ist er zunächst nicht am materiellen und immateriellen Vermögen der neu gegründeten Gesellschaft beteiligt. Kommt es auch in der Folgezeit der gemeinsamen tierärztlichen Tätigkeit nicht zu einer Beteiligung des »Juniorpartners« am Vermögen der Gesellschaft, etwa durch Übertragung eines Geschäftsanteils von Seiten des »Seniorpartners«, so stellt sich gleichwohl die Frage, ob auf Seiten des »Juniorpartners« ein sukzessiver Erwerb eines Anteils am Goodwill der Gesellschaft anzunehmen ist. Dies gilt insbesondere mit Blick auf den Umstand, dass auch der ohne Einlage von Sach- oder Barmittel in die Gesellschaft eingetretene Partner durch seine Arbeitsleistung zum Erfolg der Gemeinschaftspraxis beiträgt und im Laufe der Zeit eine werthaltige Kundenbindung aufbaut, insbesondere in Bezug auf »Neukunden«.

Vor dem Hintergrund, dass der freiberuflich tätige Tierarzt am wirtschaftlichen Erfolg seiner Tätigkeit zu partizipieren hat und der ideelle Wert einer Praxis wesentlicher Ausdruck der persönlichen Arbeitsleistung ist, dürfte diese Frage zu bejahen sein. Auch die Rechtsprechung geht davon aus, dass der Erwerb eines Anteils am ideellen Vermögen einer Gesellschaft nicht grundsätzlich von einer Kapitalbeteiligung abhängt, sondern auch »erarbeitet« werden kann. Es empfiehlt sich daher bereits bei der Gestaltung des Gesellschaftsvertrages, diesbezüglich geeignete Regelungen zu treffen, um bei einer Beendigung der gemeinsamen Tätigkeit Streitigkeiten über die Höhe des Anteils am immateriellen Wert und sich etwaig daraus ergebende Abfindungsansprüche zu vermeiden.

→ Hinweis

Eine Beteiligung jedes Gesellschafters am materiellen Vermögen einer Gemeinschaftspraxis ist nicht zwingend erforderlich. Beachtet werden sollte jedoch, dass auch der sog. »Nullbeteiligungsgesellschafter« durch seine Tätigkeit in der Gemeinschaftspraxis sukzessive einen Anteil am Goodwill der Gesellschaft erwirbt, der ggf. im Falle seines Ausscheidens aus der Gemeinschaftspraxis auszugleichen ist. ¶

11.4.2.3 Entscheidungsprozesse in der Gesellschaft

Die **Geschäftsführung und Vertretung** in der Gesellschaft erfolgt nach den gesetzlichen

Regelungen gemeinschaftlich, d. h. gegenüber Dritten können die Gesellschafter letztlich nur gemeinsam handeln. Dies erweist sich jedoch im Rahmen der täglichen Praxisabläufe meist als unpraktikabel.

Praxistipp

Es empfiehlt sich, im Gesellschaftsvertrag eine abweichende Regelung zu treffen, die jedem Gesellschafter die Möglichkeit einräumt, in gewissen Grenzen laufende Geschäfte (z. B. Einkauf von Praxisbedarf) selbst im Namen der Gesellschaft vorzunehmen. Im Innenverhältnis sollte festgelegt werden, bis zu welcher Grenze solche Alleingeschäftsführungs- und Vertretungsrechte bestehen und welche Maßnahmen zwingend unter den Gesellschaftern abzustimmen sind. Grundsätzlich besteht auch die Möglichkeit, die Wahrnehmung der laufenden Geschäftsführung und Vertretung einem Partner zu übertragen und im Übrigen nur die außergewöhnlichen und im Einzelnen zu definierenden Maßnahmen einer Beschlussfassung zu unterstellen. ¶

Grundsätzlich entscheiden die Partner einer Personengesellschaft durch **Beschluss der Gesellschafterversammlung** über sämtliche Angelegenheiten der Kooperation. Nach den gesetzlichen Regelungen gilt hier das Einstimmigkeitsprinzip, wobei die Stimmenverteilung unabhängig von den Beteiligungen am Gesellschaftsvermögen nach Köpfen vorgenommen wird. Bei ungleichen Beteiligungsverhältnissen oder sogenannten Senior-Junior-Partner-Modellen besteht regelmäßig das Bedürfnis, von dieser gesetzlichen Regelung abzuweichen und den Mehrheitsgesellschaftern auch die überwiegende und ausschlaggebende Stimmenanzahl in der Gesellschafterversammlung zuzuweisen. Eine solche Vorgehensweise ist grundsätzlich möglich.

Beachte

Die Rechtsprechung lässt Abweichungen vom Einstimmigkeitsprinzip dann nicht zu, wenn die zu beschließende Maßnahme den Kernbereich der Gesellschafterstellung der Partner betrifft. ¶

So ist z. B. immer unabhängig von den Beteiligungsverhältnissen Einstimmigkeit erforderlich, wenn der Gesellschaftsvertrag geändert werden soll. Auch bedürfen solche Maßnahmen der Einstimmigkeit, durch die das Haftungsrisiko der Partner erhöht wird. Beispielsweise kann die Gesellschaft nicht gegen den Willen eines Partners einen Kredit aufnehmen, für den die Gesellschaft und damit sämtliche Partner haften.

Um sicherzustellen, dass einerseits der Kernbereich der Gesellschafterstellung gewährleistet bleibt und andererseits Minderheitsgesellschafter nicht sämtliche Maßnahmen im Rahmen der Kooperation blockieren können, bedarf es hier einer genauen vertraglichen Regelung. Gemäß § 711 BGB ist jedem Gesellschafter, der nicht zur Geschäftsführung berufen ist, ein Widerspruchsrecht eingeräumt. Es sollte geregelt werden, dass im Falle des Widerspruchs dann eine Entscheidung der Gesellschafterversammlung herbeigeführt werden muss.

Darüber hinaus ist zu berücksichtigen, dass jeder Gesellschafter berechtigt ist, sämtliche Unterlagen der Gesellschaft einzusehen und somit die übrigen Gesellschafter, insbesondere die geschäftsführenden Gesellschafter, zu kontrollieren. Dieses **Einsichts- und Kontrollrecht** kann nicht durch gesellschaftsvertragliche Regelungen ausgeschlossen werden, da es den Kernbereich jeder Gesellschafterstellung betrifft.

11.4.2.4 Regelungen über die Zusammenarbeit

Es bedarf keiner weiteren Erläuterung, dass innerhalb einer Gemeinschaftspraxis jeder

Partner seinen Beruf selbständig und weisungsfrei ausüben können muss. Im Hinblick auf die Freiberuflichkeit der tierärztlichen Tätigkeit entziehen sich sämtliche Aspekte der Berufsausübung als solche immer der Mitbestimmung der jeweils anderen Gesellschafter. Der Grundsatz der freien Tierarztwahl ist daher auch im Rahmen einer Berufsausübungsgemeinschaft uneingeschränkt zu gewährleisten.

Praxistipp

Der Gemeinschaftspraxisvertrag sollte Regelungen über die Verfahrensweise bei längerer Erkrankung eines Partners enthalten. Festzulegen ist, unter welchen Voraussetzungen und in welchem Umfang die anwesenden Partner die Vertretung des erkrankten Partners übernehmen und welchen Einfluss die Überschreitung einer gewissen Abwesenheitsdauer auf den Gewinnanspruch des Erkrankten hat. ¶

Letztlich muss gewährleistet werden, dass sich eine längerfristige Abwesenheit für die Partner im Rahmen der Gewinnverteilung nicht lohnt, da es ansonsten hier zwangsläufig zu Konflikten kommt. Einbußen in Bezug auf den persönlichen Gewinnanteil sollten die Partner z. B. durch den Abschluss von Krankentagegeldversicherungen abfedern.

11.4.2.5 Gewinn- und Verlustverteilung

Die gesetzliche Grundregelung des § 722 BGB, wonach mangels anderweitiger Vereinbarungen eine Verteilung des Ergebnisses der Gesellschaft nach Köpfen erfolgt, dürfte regelmäßig durch vertragliche Regelungen abzuändern sein. Zur Feststellung des Gewinns der Gesellschaft bedarf es zunächst einer Regelung darüber, welche Einnahmen als solche der Gesellschaft zu deklarieren sind. Dies sind sicherlich die Liquidationserlöse aus der gemeinsamen tierärztlichen Tätigkeit. Fraglich ist allerdings, ob und inwieweit auch darüber hinausgehende Einkünfte, z. B. aus Schlachtvieh- und Fleischuntersuchungen, die aufgrund einer persönlichen Beleihung eines Partners erfolgen oder aus sonstigen Nebentätigkeiten in die Gemeinschaftspraxis fließen sollen.

Nach Festlegung der Einnahmen der Gesellschaft bedarf es einer Definition, welche Ausgaben von der Gesellschaft getragen werden und welche Kosten dem persönlichen Bereich der Partner zuzuordnen sind.

Die Regelung des § 722 BGB ist grundsätzlich dispositiv, so dass verschiedenste Gewinnverteilungsmodelle vorstellbar sind, z. B.:

- Gewinnverteilung anhand fester Quoten, ggf. entsprechend der Beteiligungsverhältnisse am Gesellschaftsvermögen;
- leistungsbezogene Gewinnverteilung entsprechend der persönlichen Honorareinnahmen;
- Mischmodelle.

Erfolgt eine Gewinnverteilung nach festen Quoten, so sollte darauf geachtet werden, dass im Rahmen der Regelungen zur Ergebnisverteilung eine Öffnungsklausel aufgenommen wird. Diese ermöglicht eine Anpassung für den Fall, dass die Gewinnbeteiligungsverhältnisse nicht mehr angemessen sind, z. B. aufgrund persönlicher Umstände in der Person eines Partners. Dies könnte der Fall sein, wenn ein Partner aus Altersgründen seine Tätigkeit für die Gesellschaft vermindert, gleichwohl jedoch nach dem Gesellschaftsvertrag zu einem festen prozentualen Verhältnis am Gewinn beteiligt ist.

Hinweis

Gewinnanpassungsklauseln müssen derart konkret gefasst werden, dass diese im Ernstfall auch umzusetzen sind. Ansonsten bedarf es zur Änderung der Gewinnverteilung stets einer einstimmigen Entscheidung der Gesellschafter, da damit eine Änderung des Gesellschaftsvertrages verbunden ist. ¶

11.4.2.6 Beendigung der Gemeinschaftspraxis

Für die Beendigung der Gemeinschaftspraxis gelten die o. g. allgemeinen Grundsätze. Kündigungsfristen und sonstige Gründe für die Beendigung der Gesellschaft oder für das Ausscheiden eines Gesellschafters (z. B. Berufsunfähigkeit, Tod) sind ebenso zu regeln, wie die sich daran anknüpfenden Rechtsfolgen (z. B. Abfindungsansprüche, nachvertragliche Wettbewerbsverbote).

! Kritisch zu betrachten – insbesondere vor dem Hintergrund der erforderlichen Unabhängigkeit der Partner – sind sog. **»Hinauskündigungsklauseln«**. Während nach den gesellschaftsrechtlichen Vorschriften grundsätzlich derjenige aus einer Gesellschaft ausscheidet, der eine ordentliche Kündigung ausspricht, sehen solche Klauseln vor, dass bei einer Kündigung ein bestimmter Partner, zumeist der nicht am Vermögen der Gesellschaft beteiligte Partner, aus der Gesellschaft ausscheidet und die Praxis verlassen muss. Die wirtschaftlichen Interessen, insbesondere die unterschiedlichen finanziellen Engagement der Partner, mögen solche Klauseln rechtfertigen. Die Rechtsprechung geht jedoch davon aus, dass die Möglichkeit eines Partners einer Gesellschaft, einen anderen Partner aus der Gesellschaft hinauszukündigen, mit den Grundsätzen einer partnerschaftlichen Zusammenarbeit nicht zu vereinbaren sind. Zumal das Schicksal des einen Partners in diesem Fall gänzlich vom Gutdünken des anderen Partners abhängig sei. Auf diese Weise werde ein Partner in die Lage versetzt, auf unzulässige Weise mit der Kündigungsdrohung Druck auf den anderen Partner auszuüben. Da ein Partner nach den gesetzlichen Vorgaben nur bei Vorliegen eines wichtigen Grundes in seiner Person aus der Gesellschaft ausgeschlossen werden kann, bedürfen solche darüber hinaus bestehenden »Hinauskündigungsklauseln« einer besonderen vertraglich vorgesehenen Rechtfertigung. Möglich ist eine solche Regelung ausnahmsweise, wenn vertraglich eine befristete Erprobungsphase vorgesehen ist und die Kündigung bis zum Ende der Frist ausgesprochen wird. ¶

11.4.2.7 Abfindung

Im Rahmen von Gemeinschaftspraxisverträgen ist zu berücksichtigen, dass auch der ohne Kapitalbeteiligung beigetretene Gesellschafter durch seine Tätigkeit zumindest einen Anteil am ideellen Vermögen der Gesellschaft erwirtschaftet. Insofern sind für den Fall seines Ausscheidens Abfindungsregelungen zu vereinbaren, unter welchen Voraussetzungen sein Anteil am Goodwill zur Auszahlung gelangt. Es empfiehlt sich darüber hinaus, Regelungen für die Feststellung des Praxiswertes und für die Berechnung der Ausgleichsansprüche festzulegen, um Streitigkeiten hierüber im Nachhinein zu vermeiden. Vor starren Berechnungsformeln ist jedoch zu warnen, da diese sich möglicherweise in Zukunft aufgrund von Marktveränderungen als unangemessene herausstellen könnten, was zum Zeitpunkt des Vertragsschlusses noch nicht absehbar ist. Im Zweifel sollte die Einholung eines verbindlichen Sachverständigengutachtens vorgesehen werden.

! Beachte

→ Ausscheidens- und Abfindungsregelungen sollten angemessen ausgestaltet werden. Abfindungsbeschränkende Regelungen unterliegen der gerichtlichen Inhaltskontrolle. Wird ein Partner unangemessen benachteiligt, so sind die entsprechenden Regelungen als nichtig einzustufen. Dieses kann insbesondere dann der Fall sein, wenn diese sich faktisch als eine unzulässige Kündigungsbeschränkung auswirken, mit der Folge, dass der benachteiligte Partner nur unter Inkaufnahme erheblicher wirtschaftlicher Nachteile in der Lage ist, die Gesellschaft zu verlassen. ¶

→ Hinweis

11.4.2.8 Konkurrenzschutzklausel

Im Rahmen sog. »Konkurrenzschutzklauseln« kann zwischen den Partnern einer Gemeinschaftspraxis für den Fall des Ausscheidens eines Partners aus der Gesellschaft ein nachvertragliches Wettbewerbsverbot vereinbart werden. Darin wird es dem ausscheidenden Partner z. B. untersagt, sich nach seinem Ausscheiden aus der Praxis für einen gewissen Zeitraum erneut in einem bestimmten Umkreis zum bisherigen gemeinsamen Praxissitz niederzulassen.

Grenzen des vertraglichen Wettbewerbsverbots

In der Praxis finden sich häufig Wettbewerbsklauseln, die einer rechtlichen Überprüfung nicht standhalten und als sittenwidrig und damit nichtig zu einzustufen sind. Ausgangspunkt der rechtlichen Beurteilung ist dabei eine umfassende Interessenabwägung zwischen den wirtschaftlichen Interessen der verbleibenden Partner, vor einer Konkurrenz durch den ausgeschiedenen Partner geschützt zu werden und den Interessen des ausgeschiedenen Partners an seiner durch Art. 12 Abs.1 GG geschützten freien Berufsausübung. Da ein nachvertragliches Wettbewerbsverbot vor diesem Hintergrund nicht zur Folge haben darf, dass der ausgeschiedene Partner nach dem Verlassen der Kooperation an einer weiteren Berufstätigkeit schlechthin gehindert wird, ist für die Wirksamkeit von Konkurrenzschutzklauseln erforderlich, dass sie durch ein **schutzwürdiges Interesse** des Berechtigten gerechtfertigt sind und das **räumlich, zeitlich und gegenständlich notwendige Maß** nicht überschritten wird.

Ihre Rechtfertigung finden Wettbewerbs beschränkende Abreden allein in dem anerkennenswerten Bestreben des begünstigten Teils, sich davor zu schützen, dass der andere Teil die Erfolge seiner Arbeit illoyal verwertet oder sich in sonstiger Weise die Freiheit der Berufsausübung missbräuchlich zunutze macht. Sind diese Interessen nicht betroffen, so wird die Freiheit der Berufsausübung unangemessen beschränkt. Derartige vertragliche Abreden sind sittenwidrig und damit nichtig (BGH, NJW 1997, 3089 mit weiteren Nachweisen).

Im Rahmen einer Gemeinschaftspraxis als Berufsausübungsgemeinschaft ist darauf abzustellen, dass es sich bei den Kunden um gemeinsame Kunden der Gesellschaft handelt. Der ausscheidende Gesellschafter erhält i. d. R. für seinen Anteil am ideellen Wert der Gesellschaft, der letztlich in der bestehenden Kundenbindung zur Praxis besteht, regelmäßig eine Abfindung. Insofern ist es nicht gerechtfertigt, dass der ausscheidende Gesellschafter sich die in seiner Person bestehende Kundenbindung, für die er schließlich eine Abfindung erhalten hat, doppelt zunutze macht, indem er unmittelbar versucht, auf diesen Kundenstamm weiterhin Zugriff zu nehmen.

➔ Hinweis

➔ Ein schutzwürdiges Interesse des Begünstigten fehlt im Rahmen reiner Organisationsgemeinschaften; insbesondere bei der Ausübung einer Praxisgemeinschaft, da hier ein gemeinsamer Goodwill auf der Basis eines gemeinsamen Kundenstamms gerade nicht besteht. ¶

Da die Kundenbindung flüchtig ist, bedarf der Konkurrenzschutz einer **zeitlichen Beschränkung.** Im Rahmen einer Gemeinschaftspraxis ist diesbezüglich besonders zu berücksichtigen, dass die Leistungen der Partner im Prinzip austauschbar sind, so dass eine Kundenbindung zu nur einem Behandler weniger stark ausgeprägt ist als z. B. bei einer Einzelpraxis. In der Rechtsprechung ist daher die Tendenz zu erkennen, die zeitliche Obergrenze des Konkurrenzschutzes niedrig anzusetzen. Ein zwei Jahre überschreitendes Wettbewerbsverbot wird insofern nur ausnahmsweise bei Vorliegen besonderer Umstände des Einzelfalls vereinbart werden können.

Die **räumlichen Grenzen** des Konkurrenzschutzes sind an dem jeweiligen Einzugsgebiet der Praxis auszurichten. Die Bestimmung der zulässigen Erstreckung kann daher nur anhand der Umstände des Einzelfalls erfolgen, so dass sich diesbezüglich starre Grenzen nicht festlegen lassen. Grundsätzlich ist davon auszugehen, dass der Umkreis in ländlichen Gebieten weiter gezogen werden kann, als dieses bei Praxen in der Großstadt der Fall ist. Zu berücksichtigen ist darüber hinaus der Spezialisierungsgrad der Praxis, zumal der Einzugsbereich einer ausschließlich auf einen Behandlungsschwerpunkt konzentrierten Praxis regelmäßig größer sein wird, als der einer allgemein ausgerichteten tierärztlichen Praxis (s. a. Kapitel 12.4.11).

In **gegenständlicher bzw. sachlicher Hinsicht** ist streng darauf zu achten, dass der Umfang des Konkurrenzverbotes von den schutzwürdigen Interessen der begünstigten Partner gedeckt ist. Zu weitgehend ist regelmäßig das Verbot, innerhalb der räumlichen und zeitlichen Grenzen auch nur kurzfristige Praxisvertretungen zu übernehmen. Auch das Verbot, als angestellter Tierarzt tätig zu werden, ist im Einzelfall kritisch zu hinterfragen.

Konsequenzen fehlerhafter Wettbewerbsabreden

Überschreitet das vereinbarte nachvertragliche Wettbewerbsverbot die räumlichen, zeitlichen oder gegenständlichen Grenzen, so stellt sich die Frage, inwieweit die getroffene Vereinbarung im Wege der Auslegung auf das zulässige Maß angepasst werden kann (sog. »geltungserhaltende Reduktion«). Ansatzpunkt hierfür bietet zum Einen § 140 BGB (»Umdeutung eines nichtigen Rechtsgeschäfts«) und zum Anderen die regelmäßig im Gesellschaftsvertrag enthaltene sog. **»salvatorische Klausel«**. Hierdurch verpflichten sich die Partner dazu, eine unwirksame Regelung unter Beachtung des Grundsatzes von Treu und Glauben durch eine solche wirksame Klausel zu ersetzten, die sie bei Kenntnis der Unwirksamkeit vereinbart hätten. Soweit lediglich eine übermäßige zeitliche Ausdehnung in Frage steht, wird von der Rechtsprechung i. d. R. eine Reduktion auf das zulässige Maß anerkannt. Problematisch ist demgegenüber die Anpassung einer räumlich unangemessenen Erstreckung. Von den Gerichten wird dieses in vielen Fällen abgelehnt, mit der Folge, dass ein Konkurrenzschutz wegen der Nichtigkeit der entsprechenden Klausel nicht besteht. Insofern ist bei der Ausgestaltung der Konkurrenzschutzklausel Vorsicht geboten. Häufig ist hier weniger mehr.

Sanktionen

Die Einhaltung des vereinbarten (wirksamen) Wettbewerbsverbotes kann durch die Vereinbarung einer Vertragsstrafe abgesichert werden. Die Vertragsstrafe darf nicht unangemessen hoch sein, wobei sich die Angemessenheit wiederum nach den Umständen des Einzelfalls richtet. Empfehlenswert dürfte sein, sich bei der Bestimmung der Vertragsstrafe an dem Anteil des ausscheidenden Partners am ideellen Wert der Gemeinschaftspraxis zu orientieren. Eine unangemessen hohe Vertragsstrafe kann auf Antrag des Verpflichteten durch das Gericht gemäß § 343 BGB herabgesetzt werden.

Wahlweise besteht für den Begünstigten die Möglichkeit, im Hinblick auf die Einhaltung des Konkurrenzschutzes einen Unterlassungsanspruch gegen den Verpflichteten geltend zu machen, welcher ggf. im Wege einer gerichtlichen einstweiligen Verfügung durchgesetzt werden kann.

12 Übertragung einer tierärztlichen Praxis

12.1 Einleitung

Die tierärztliche Praxis ist Grundlage der freiberuflichen Tätigkeit, da die Ausübung des tierärztlichen Berufs an die Niederlassung in einer Praxis gebunden ist (s. § 12 MBO Tierärzte). Die Niederlassung ist danach die Begründung einer selbständigen freiberuflichen tierärztlichen Tätigkeit an einem bestimmten Ort, der mit den notwendigen räumlichen, sachlichen und personellen Voraussetzungen ausgestattet ist (s. Kapitel 3, »Standortwahl«).

Der niederlassungswillige Tierarzt steht somit vor der Frage, ob er diese infrastrukturellen Voraussetzungen im Rahmen einer Praxisneugründung selbst schafft oder ob er eine eingerichtete und ausgeübte Praxis bzw. Praxisbeteiligung erwirbt. Letzteres hat insbesondere den Vorteil, dass der Übernehmer bereits auf einen vorhandenen Kundenstamm sowie auf eine bestehende Organisationsstruktur zurückgreifen kann und auf diese Weise die ansonsten üblichen Anlaufschwierigkeiten vermieden werden können. Aus diesen Gründen ist durchweg auch die Finanzierbarkeit des zu zahlenden Kaufpreises durch die Banken eher gewährleistet, als die Finanzierung einer vollständigen Praxisneugründung mit ungewissem Ausgang. Immerhin lassen sich aus den Ergebnissen der zu übernehmenden Praxis Rückschlüsse auf die mögliche zukünftige Entwicklung der Ertragssituation ziehen.

Der Praxisabgeber ist insbesondere bei der Abgabe der Praxis aus Altersgründen ebenfalls daran interessiert, einen geeigneten Nachfolger zu finden. Zumal die von ihm aufgebaute Praxis einen Wert darstellt, der i. d. R. insbesondere als Bestandteil seiner Altersvorsorge eine erhebliche Rolle spielt.

Insofern stellt die Übertragung der tierärztlichen Praxis für beide Seiten einen wirtschaftlich bedeutsamen Umstand dar. Die wesentlichen Problematiken einer solchen Praxisübertragung aus rechtlicher Sicht werden daher im Folgenden beschrieben.

12.2 Die tierärztliche Praxis als Veräußerungsobjekt

Wer beabsichtigt, eine tierärztliche Praxis zu kaufen oder zu verkaufen, muss sich zunächst darüber klar werden, welches »Gut« überhaupt Gegenstand der rechtlichen Transaktion ist bzw. was konkret auf einen Nachfolger übertragen werden kann. Dabei wird schnell klar, dass es sich bei einer Tierarztpraxis keineswegs um einen einheitlichen Veräußerungsgegenstand handelt. Die Tierarztpraxis in ihrer Gesamtheit besteht vielmehr einerseits aus einer Vielzahl von Anlagegegenständen (z. B. Praxiseinrichtung, medizinische Geräte, Vorräte) und andererseits aus Rechten des Praxisinhabers (z. B. Nutzungsrechte aus dem Mietvertrag, Leasingverträgen, Versicherungsverträgen, Arbeitsverträgen) sowie schließlich und nicht zuletzt aus einem Kundenstamm, der vom Praxisinhaber über lange Jahre aufgebaut wurde.

Allgemein definiert wird die Tierarztpraxis als: »Die Gesamtheit dessen, was die gegenständliche und personelle Grundlage des in freier Praxis tätigen Tierarztes bei der Erfüllung der ihm obliegenden Aufgaben bildet«.

Die Übertragung einer Tierarztpraxis ist daher stets als ein **Unternehmenskauf** zu qualifizieren, wobei sowohl die Vorschriften über den Sachkauf als auch jene über den Rechtskauf Anwendung finden.

12.2.1 Übertragung einer Einzelpraxis

Die Übernahme einer tierärztlichen Einzelpraxis stellt den relevantesten Fall der Praxisübertragung dar (zzt. sind ca. 73 % der praktizierenden Tierärzte in Einzelpraxis niedergelassen, s. Abb. 1.4). Dennoch ist zu erkennen, dass tierärztliche Kooperationen deutlich an Akzeptanz gewinnen.

Für die Übertragung ist der Abschluss eines schuldrechtlichen Kaufvertrages sowie zum Übergabezeitpunkt die dingliche Übereignung der Praxis an den Nachfolger erforderlich, indem diese in tatsächlicher Hinsicht an ihn übergeben wird. Mit der Übergabe wird das gesamte Unternehmen an den Käufer übereignet. Dies umfasst neben dem Anlagevermögen, Umlaufvermögen und Dauerschuldverhältnissen ebenfalls den sog. ideellen Wert, der letztlich in den in der Praxis bestehenden Kundenkontakten seinen Ausdruck findet.

12.2.2 Übertragung eines Praxisanteils

Wird die tierärztliche Praxis gemeinsam mit weiteren Tierärzten ausgeübt, so sind nachfolgend aufgeführte Besonderheiten zu beachten.

Handelt es sich um eine tierärztliche Gemeinschaftspraxis, in der der Praxisabgeber tätig ist, so wird nicht eine tierärztliche Praxis insgesamt, sondern nur ein Anteil an einer solchen an einen Nachfolger übertragen. Zweck der Gemeinschaftspraxis ist die gemeinsame Berufsausübung, so dass nicht nur das Anlagevermögen in das Gesellschaftsvermögen fällt, sondern auch der ideelle Wert. Regelmäßig werden solche Gemeinschaftspraxen in der Rechtsform einer Gesellschaft bürgerlichen Rechts als Personengesellschaft ausgeübt. Gegenstand der Übertragung ist dann das Mitgliedschaftsrecht des ausscheidenden Partners bzw. dessen Gesellschaftsanteil an der Gemeinschaftspraxis. In diesem Fall handelt es sich um einen reinen Rechtskauf. Das Mitgliedschaftsrecht wird an den Käufer im Rahmen eines Abtretungsvertrages abgetreten (§ 398 BGB).

Hinweis

Der Übernehmer tritt an Stelle des ausscheidenden Partners in die Gesellschaft ein, und zwar grundsätzlich zu den Bedingungen des bestehenden Gesellschaftsvertrages. Der Übernehmer tritt insofern in die Rechtsposition des ausscheidenden Partners ein mit der Folge, dass er wie der ausscheidende Partner auch für etwaige Altverbindlichkeiten der Gesellschaft haftet. Bereits vor diesem Hintergrund bedarf es im Rahmen der Vertragsgestaltung einer genauen Analyse der bestehenden wirtschaftlichen und gesellschaftsrechtlichen Verhältnisse. ¶

Die Übertragung des Geschäftsanteils unmittelbar an einen Nachfolger bedarf darüber hinaus der Zustimmung der Mitgesellschafter, zumal diese die gemeinsame Berufausübung mit dem eintretenden Partner fortführen. Liegt diese Zustimmung vor, so bedarf es regelmäßig neben der Verhandlung und Abfassung des Anteilsübertragungsvertrages auch der Neugestaltung oder Überarbeitung des bestehenden Gesellschaftsvertrages.

Auch die tierärztliche Gruppenpraxis (Praxisgemeinschaft) wird i. d. R. in der Rechtsform einer Gesellschaft bürgerlichen Rechts betrieben. Im Gegensatz zur Gemeinschaftspraxis erfolgt die Berufsausübung jedoch nicht gemeinschaftlich (s. Kapitel 11.4). Es liegt vielmehr eine reine Organisationsgemeinschaft vor, welche insbesondere die gemeinsame Nutzung von Praxisinfrastukturen zum Gegenstand hat. Die Berufsausübung als solche erfolgt durch die beteiligten Tierärzte eigenverantwortlich auf Basis jeweils selbständig abgeschlossener Behandlungsverträge mit den Kunden. Insofern findet auch eine gemeinsame Liquidation der erbrachten Leistungen nicht statt. Letztlich handelt es sich lediglich um den Zusammenschluss von Einzelpraxen zur besseren und kostengünstigeren Organisation der Arbeit. Gleichwohl bedarf es bei der Übertragung einer solchen in einer Gruppenpraxis eingebundenen Einzelpraxis auch der Übertragung des Geschäftsanteils an der Gruppenpraxis, was wiederum die Zustimmung der Mitgesellschafter erfordert. Der Kaufvertrag über die Einzelpraxis, mit dem insbesondere dann der bestehende Goodwill/ideelle Wert übertragen wird, beinhaltet insofern auch die Abtretung des Geschäftsanteils an der Gruppenpraxis, was eine besondere vertragliche Gestaltung voraussetzt.

! Bereits bei der Ausgestaltung von Gruppenpraxisverträgen ist darauf zu achten, dass der jeweilige Partner zur Übertragung seines Geschäftsanteils berechtigt ist. Ansonsten läuft er Gefahr, den ideellen Wert seiner aufgebauten Einzelpraxis nicht übertragen zu können, wenn die übrigen Partner sich weigern, einen neuen Partner in die Organisationsgemeinschaft aufzunehmen. ¶

Zu den Einzelheiten der gesellschaftsrechtlichen Gestaltung siehe Kapitel 12.4.

Die nachstehenden Ausführungen zum Praxisübernahmevertrag orientieren sich aufgrund der zahlenmäßig größeren Bedeutung überwiegend an dem Beispiel der Übertragung einer Einzelpraxis.

12.3 Vorbereitung der Praxisübertragung

12.3.1 Planung und Anbahnung der Praxisübertragung

Die Vorbereitungen für die Übertragung einer tierärztlichen Praxis sollten möglichst frühzeitig in die Wege geleitet werden. Auf Seiten des bisherigen **Praxisinhabers** gilt der Grundsatz, dass die beste Übertragungsplanung jene ist, die bereits bei der Praxisgründung beginnt. Vor dem Hintergrund, dass der spätere Übernehmer auf dem vom Praxisabgeber geschaffenen ideellen Wert, d. h. dem vorhandenen Kundenstamm, aufbauen möchte, ist eine möglichst langfristige Standortsicherung der Praxis erforderlich. Insofern ist bereits bei dem Abschluss des Praxismietvertrages ggf. darauf zu achten, dass eine Übertragung der konkreten Praxisräume an einen Nachfolger durch dessen Eintritt in den Mietvertrag möglich ist. Anderenfalls bedarf jede Übertragung der Nutzungsrechte an den Räumlichkeiten der Zustimmung des Vermieters.

! **Beachte**

Besonderheit bei Kooperationen: Wird die Praxis im Rahmen einer Kooperation mit anderen Tierärzten ausgeübt, so sind bereits zu Beginn gesellschaftsvertragliche Regelungen darüber zu treffen, wie und unter welchen Umständen eine Verwertung des Anteils an der Gesellschaft durch einen ausscheidenden Partner erfolgen kann.

Die Vorbereitung der Praxisübertragung muss darauf gerichtet sein, einerseits den Kaufgegenstand für den potentiellen Übernehmer transparent und attraktiv zu machen sowie andererseits die wirtschaftlichen und rechtlichen Voraussetzungen für die Übertragung der Praxis zu schaffen.

Die Planungsphase für die Praxisübertragung sollte auf Seiten des Praxisabgebers dazu genutzt werden, sämtliche betriebswirtschaftliche Daten der Praxis aufzuarbeiten. Der potentielle Übernehmer wird insbesondere an den steuerlichen Abschlüssen bzw. betriebswirtschaftlichen Auswertungen zumindest der letzten 3 Jahre, einer aktuellen Inventarliste sowie einer Zusammenstellung sämtlicher bestehender Dauerschuldverhältnisse – inklusive der Arbeitsverhältnisse – interessiert sein. Die bestehenden Dauerschuldverhältnisse sollten in der Planungsphase daraufhin überprüft werden, inwieweit eine Übertragung auf einen eventuellen Nachfolger in Betracht kommt. Sofern sich im Rahmen der Bestandsaufnahme Mängel herausstellen, besteht bei einem möglichst frühzeitigen Einstieg in die Planungsphase die Möglichkeit, diese zu beheben. So können eventuell festgestellte organisatorische Probleme der Praxis abgestellt, auslaufende Genehmigungen bezüglich genehmigungspflichtiger Medizintechnik verlängert und für die Praxisübertragung erforderliche Zustimmungserklärungen Dritter, z. B. des Vermieters, bereits eingeholt werden.

Schließlich bedarf es auf Seiten des Praxisabgebers der Abklärung seiner Alterssicherung sowie insbesondere der steuerlichen Beratung im Hinblick auf die Festlegung des optimalen Übertragungszeitpunktes.

Die Planungsphase des potentiellen **Übernahmeinteressenten** dürfte sich zumeist wesentlich kürzer gestalten als jene des Praxisabgebers. Der Übernahmeinteressent wird sich zwar nach für ihn geeigneten Praxen umhören. Sobald ihm jedoch ein Angebot vorliegt, ist er oftmals gehalten, innerhalb einer relativ kurzen Frist hierauf zu reagieren.

In der eigentlichen Vorbereitungsphase sind die Einzelheiten der konkreten Praxisübertragung zu regeln. Der Übernahmeinteressent sollte die Angaben des Praxisabgebers überprüfen und feststellen, ob die angebotene Praxis seinen Erwartungen entspricht. Der Praxisabgeber seinerseits wird zu entscheiden haben, ob der Interessent nicht nur seine wirtschaftlichen Vorstellungen erfüllt, sondern auch in Bezug auf die persönlichen und fachlichen Voraussetzungen den Anforderungen der Praxis genügt.

Besonderheit bei Kooperationen: Im Falle der Übertragung eines Anteils an einer Gemeinschaftspraxis oder Gruppenpraxis werden die in der Praxis verbleibenden bisherigen Partner in diese Entscheidung mit einzubeziehen sein.

Um wirtschaftliche Risiken durch »Schnellschüsse« zu vermeiden, bedarf es letztlich auf beiden Seiten einer ausreichenden Planungs- und Überprüfungsphase. Um einen möglichst reibungslosen Übergang der Praxis, insbesondere auch hinsichtlich der Überführung des Kundenstamms zu gewährleisten, empfiehlt sich ggf. eine Zusammenarbeit zwischen dem Übernehmer und dem Abgeber zumindest für eine Übergangszeit (z. B. in Form einer Übergangskooperation). Auf diese Weise können Kundenverluste, die ansonsten regelmäßig bei einer Praxisübertragung zu einem bestimmten Stichtag eintreten, vermieden bzw. abgemindert werden.

12.3.2 Bestimmung des Kaufpreises

Wesentlich in der Vorbereitungsphase der Praxisübertragung ist stets die Ermittlung und Festlegung des Kaufpreises. Der Praxisabgeber hat i. d. R. zumindest eine ungefähre Vorstellung bezüglich des zu realisierenden Wertes seiner Praxis. Einerseits sind ihm sämtliche Daten seiner Praxis bekannt und er weiß, was er über die Jahre etwa in die Medizintechnik investiert hat. Andererseits verfügt er häufig über Informationen darüber, welche Kaufpreise von Kollegen erzielt wurden. Nur selten wird er jedoch einschätzen können, inwieweit seine Kaufpreisvorstellungen zutreffen bzw. ob sich diese am Markt realisieren lassen.

Der Übernahmeinteressent wird seinerseits nicht bereit sein, ungeprüft die Kaufpreisvorstellung des Praxisabgebers zu akzeptieren. Der in Aussicht gestellte Kaufpreis ist ihm gegenüber anhand konkreter Bewertungskriterien plausibel zu machen.

Aufgrund dieser Umstände wird man um eine Bewertung der abzugebenden Praxis nicht herum kommen, zumindest um eine für beide Seiten transparente Diskussionsgrundlage zu schaffen. Eine allgemein verbindliche Methode zur Feststellung des Verkehrswertes einer tierärztlichen Praxis gibt es jedoch ebenso wenig wie einen objektiv richtigen Wert. In der Praxis kommen verschiedene Verfahren zur Anwendung, um sich dem Praxiswert anzunähern, wobei im Wesentlichen zwischen sog. »Umsatzmethoden« und »Ertragswertmethoden« unterschieden wird. Die Eckpunkte werden nachfolgend dargestellt.

Der Wert einer Praxis setzt sich grundsätzlich zusammen aus den Bestandteilen materieller und immaterieller Wert.

12.3.2.1 Bestimmung des materiellen Praxiswertes

Der materielle Wert einer tierärztlichen Praxis umfasst das gesamte Sachanlagevermögen der Praxis, wie Einrichtung, Geräte, Instrumente sowie das sog. »Umlaufvermögen«, z. B. Arzneimittel und sonstiges Verbrauchsmaterial.

Maßgeblich für den Wert des Anlagevermögens ist i. d. R. der sog. »Verkehrswert«. Entscheidend ist danach die Frage, welchen Betrag ein potentieller Übernehmer für die Beschaffung der in der Praxis vorhandenen Gegenstände aufbringen müsste. Dieser Verkehrswert oder auch Zeitwert ist für jedes einzelne Wirtschaftsgut festzustellen. Hierbei kann insbesondere für medizinisch-technische Geräte der Gebrauchtgerätemarkt, soweit vorhanden, Aufschluss über den tatsächlichen Wert geben. Die steuerlichen Buchwerte, die in den Abschreibungsverzeichnissen der jeweiligen Jahresabschlüsse wiedergegeben sind, können zwar als Anhaltspunkte herangezogen werden, geben jedoch letztlich keinen Aufschluss über den tatsächlichen Verkehrswert der einzelnen Anlagegegenstände. Beispielsweise befinden sich häufig Gerätschaften in der Praxis, die zwar steuerlich abgeschrieben sind und somit lediglich noch einen Restbuchwert von 1,– € ausweisen, die andererseits jedoch durchaus noch funktionsfähig sind und von einem Praxisneugründer zunächst angeschafft werden müssten.

Bei der Ermittlung des Zeitwertes bestehen demnach nicht unerhebliche Ermessensspielräume. Dies gilt insbesondere für Geräte, die nicht dem neuesten technischen Stand entsprechen. Ein objektiv richtiger Wert lässt sich häufig kaum feststellen, insbesondere wenn ein Gebrauchtgerätemarkt nicht existiert und die Wiederbeschaffungskosten sich somit nicht ermitteln lassen.

In solchen Fällen wird häufig auf sog. »**Faustformelberechnungen**« zurückgegriffen. Ausgangspunkt solcher Berechnungen sind die objektiv feststellbaren Anschaffungswerte. Pro Jahr der Nutzung werden sodann prozentuale Abzüge vorgenommen. Bei langlebigen Wirtschaftsgütern erfolgt i. d. R. eine 10- bis 20%-ige Restbewertung. Nach den Veröffentlichungen des bpt Informationsdienstes (»Die Ermittlung des Praxiswertes bei Praxisübernahme«) wird folgende Faustformel unverbindlich empfohlen:

	Nutzungsdauer	Abzug pro Jahr
Kleines Instrumentarium	5 Jahre	20 %
Großes Instrumentarium	10 Jahre	10 %
Geräte, Apparate	10 Jahre	10 %
Fachbücher, Sprechfunk, Büromaschinen, Anrufbeantworter	5 Jahre	20 %
Langlebige Geräte, Schränke	15 Jahre	7 %

Hinsichtlich der Verbrauchsmaterialien und insbesondere der in der Praxis bevorrateten Arzneimittel wird i. d. R. der Nettoeinkaufspreis ohne Abzug einer Wertminderung angesetzt, soweit diese noch verwendungsfähig sind.

12.3.2.2 Bestimmung des immateriellen Praxiswertes

Noch schwieriger gestaltet sich die Ermittlung des **immateriellen Praxiswertes.** Unter dem ideellen Wert oder auch Goodwill einer tierärztlichen Praxis ist letztlich das Vertrauensverhältnis zu fassen, das der bisherige Praxisinhaber zu seinen Kunden aufgebaut hat. Der Praxiserwerber geht davon aus, die bisher an die Praxis gebundenen Kunden als eigene Kunden zu gewinnen und somit den ideellen Wert des bisherigen Vertrauensverhältnisses zum Praxisabgeber für sich wirtschaftlich nutzen zu können. Der ideelle Wert der Tierarztpraxis besteht für den Praxisübernehmer daher im Wesentlichen in der Chance, den bestehenden Kundenstamm als Ausgangspunkt für seine eigene tierärztliche Betätigung nutzen zu können. Dabei sollte nicht übersehen werden, dass das persönliche Vertrauensverhältnis zum bisherigen Praxisinhaber das entscheidende Merkmal des bestehenden Goodwills ist. Mit dem Ausscheiden des Praxisinhabers endet dieses persönliche Vertrauensverhältnis, so dass sich der bestehende ideelle Wert schnell verflüchtigen kann. Eine möglichst schonende Übertragung des Goodwills wird häufig nur dann zu bewerkstelligen sein, wenn der Praxisübernehmer und der bisherigen Praxisinhaber zumindest für eine Übergangszeit gemeinsam tätig sind. Auf diese Weise wird der Praxisübernehmer den Tierhaltern bereits als Nachfolger vorgestellt.

Umsatzmethoden

Bei der Bewertung des immateriellen Praxiswertes oder Goodwills wird vielfach auf sog. **Umsatzmethoden** zurückgegriffen. Ausgangspunkt der Bewertung ist dabei i. d. R. ein durchschnittlicher jährlicher Nettoumsatz der Praxis. Dieser dient dann als Ausgangswert für die weiteren Berechnungen.

Der insoweit zunächst maßgebliche **Nettoumsatz** wird i. d. R ermittelt aus den Gesamtumsätzen der Praxis in den letzten drei Jahren. Die Umsatzsteuer ist als erfolgsneutrale Position nicht zu berücksichtigen, da diese als durchlaufender Posten die wirtschaftliche Situation der Praxis nicht beeinflusst. Der Praxisumsatz der betreffenden Jahre ist sodann um solche Einnahmen zu bereinigen, die auf Tätigkeiten beruhen, welche nicht auf den Übernehmer übergehen. Hierzu können Einnahmen aus der Wahrnehmung amtlicher Aufgaben wie z. B. Schlachttier- und Fleischuntersuchungen zählen, da hierfür eine persönliche Beleihung des Tierarztes erforderlich ist, die grundsätzlich nicht übertragen werden kann. Eine Einbeziehung solcher Einnahmen ist allenfalls dann gerechtfertigt, wenn in Bezug auf den Erwerber bereits eine verbindliche Zusage für die Übertragung vorliegt.

Von dem ermittelten durchschnittlichen Nettojahresumsatz sollten dann 40–50 % als **Ausgangswert** für die Bemessung des ideellen Wertes der Praxis zugrunde gelegt werden. Je nach den Gegebenheiten des Einzelfalls sind Zu- oder Abschläge vorzunehmen, wobei sowohl objektiven als auch subjektiven Kriterien Bedeutung zukommen sollen. Als wertbildende Faktoren kommen z. B. in Betracht:

- Die örtliche Lage der Praxis,
- die öffentliche Infrastruktur,
- das Einzugsgebiet der Praxis,
- die soziale und wirtschaftliche Struktur des Kundenstamms,
- die vorhandene Tierarztdichte,
- die Standortsicherheit,
- der Organisations- und Rationalisierungsgrad der Praxis,
- die Dauer der Berufsausübung des Inhabers,
- besondere Fachkenntnisse des Inhabers (Spezialisierungsgrad),
- ggf. Stillstandszeiten der Praxis.

Im Hinblick darauf, dass der Goodwill einer Praxis in starkem Maße von der persönlichen Beziehung des Tierarztes zu seinen Kunden geprägt ist, ist letztlich maßgeblich, ob und inwieweit die begründete Aussicht besteht, dass dieser Kundenstamm die Praxis des Nachfolgers auch in Zukunft frequentieren wird. Die Besonderheit einer besonders starken persönlichen Bindung zwischen einem Arzt und seinen Patienten hat die obergerichtliche Rechtsprechung im ärztlichen Bereich bereits mehrfach dazu veranlasst, den Goodwill gegen null tendierend zu bewerten, da eine Übertragbarkeit auf eine andere Person schlechterdings nicht gegeben war. Dies kann z. B. bei einer »Alterspraxis« der Fall sein, wenn der Kundenstamm gemeinsam mit dem Inhaber gealtert ist und Neukundenzugänge so gut wie nicht mehr zu verzeichnen sind. Die vorzitierte Rechtsprechung dürfte auch für den tierärztlichen Bereich anzuwenden sein.

Ebenfalls zu berücksichtigen ist die Frage, wie sich die Umsätze konkret zusammensetzen. Liegt im Vergleich zur kurativen Tätigkeit ein deutlicher Schwerpunkt auf dem Bereich der **Arzneimittelabgabe**, so wird empfohlen, diesbezüglich eine getrennte Goodwillberechnung vorzunehmen, zumal die Gewinnmargen bei der Arzneimittelabgabe i. d. R. unter einem Goodwillfaktor von 40–50 % anzusiedeln sind. Von den durchschnittlichen Nettoeinnahmen aus der Arzneimittelabgabe werden i. d. R. 20–25 % als Ausgangswert für den diesbezüglichen Goodwill-Anteil angenommen. Dieser Ansatz wird auch für sog. »Hausapothekengesellschaften« verwandt, wenn im Rahmen einer Gemeinschaftspraxis die Arzneimittelabgabe ausgegliedert wurde.

Von solchen Umsatzmethoden existieren letztlich verschiedene Spielarten mit mehr oder weniger geringfügigen Abweichungen. Teilweise erfolgt eine Gewichtung der in die Berechnung einfließenden Nettojahresumsätze, so dass den zeitnäheren Ergebnissen eine größere Bedeutung zukommt.

Die Einfachheit solcher Umsatzmethoden dürfte der Grund dafür sein, dass diese sich in der Praxis einer besonderen Beliebtheit erfreuen. Von den Befürwortern solcher Methoden wird vielfach ins Feld geführt, dass der Umsatz am sichersten festzustellen sei und der Goodwill der Praxis am besten widergespiegelt würde, da der Umsatz in unmittelbarem Verhältnis zu den Kundenkontakten stehe. Andererseits ist zu bedenken, dass es sich bei solchen Umsatzmethoden um sehr grobe Berechnungsweisen handelt, die allenfalls einen Annäherungswert definieren können. Nach Ansicht der Autoren wäre es bei der Anwendung von Umsatzmethoden zumindest erforderlich, den durchschnittlichen Jahresumsatz um den sog. kalkulatorischen Tierarztlohn zu bereinigen. Dies gilt zumindest dann, wenn durch den Durchschnittsumsatz der bestehende Kundenkontakt als Goodwill der Praxis dargestellt werden soll. Die Arbeitskraft des Tierarztes selbst stellt letztlich kein Element des immateriellen Wertes dar, da er diese auch anderweitig, z. B. in einem Anstellungsverhältnis, hätte einsetzen können. Ein entsprechender Abzug ist z. B. im Rahmen der sog. »Ärztekammermethode« für die Bewertung von Arztpraxen vorgesehen, die 1987 von der Bundesärztekammer veröffentlicht wurde (Deutsches Ärzteblatt 1987, Seite 926 ff.).

Ertragswertverfahren

Aus betriebswirtschaftlicher Betrachtungsweise werden die Umsatzmethoden als nicht sachgerecht kritisiert. Der Grund hierfür liegt vornehmlich darin, dass diese Umsatzmethoden ausschließlich von einer **Vergangenheitsbetrachtung** ausgehen. Gerade für den Käufer einer Praxis sind solche Vergangenheitsbetrachtungen jedoch nicht ausschlaggebend. Entscheidend ist für ihn vielmehr, ob und in welcher Weise sich seine Investition in die Praxis rentiert, insbesondere im Vergleich zu anderen Anlagealternativen. Letztlich gilt der Grundsatz: »Der Kaufmann gibt für das Vergangene nichts«. Die Spielarten des betriebswirtschaftlichen Ertragswertverfahrens orientieren sich daher an einer **zukunftsgerichteten Betrachtungsweise**. Die Bewertung anhand des Ertragswertverfahrens ist bei der Bewertung gewerblicher Unternehmen in der Betriebswirtschaftslehre üblich und anerkannt. Um die Besonderheiten einer freiberuflichen Praxis angemessen abzubilden, bedarf es demgegenüber jedoch einiger Modifikationen.

Vom Grundsatz her werden zur Ermittlung des Wertes die künftig nachhaltig entnehmbaren Überschüsse auf Basis von bereinigten Vergangenheitswerten prognostiziert und auf das

Bewertungsjahr abgezinst. Eine getrennte Ermittlung von Substanzwert und ideellem Wert findet nicht statt. Dem Substanzwert kommt im Rahmen dieser einheitlichen Bewertung keine eigenständige Bedeutung zu. Entscheidend ist allein, welchen Ertrag ein potentieller Erwerber in Zukunft mit dem Unternehmen im Vergleich zu einer anderen Kapitalanlage erwirtschaften kann.

Es wird in folgenden Schritten vorgegangen:

1) Die Gewinnermittlungen der Vergangenheit werden um außergewöhnliche Positionen und den Unternehmerlohn bereinigt sowie ggf. um kalkulatorische Positionen ergänzt, um für jedes Betrachtungsjahr den tatsächlich erzielten Überschuss **(Rohgewinn)** zu ermitteln

2) Aus den berechneten Überschüssen wird ein durchschnittlicher Wert **(Barwert)** ermittelt.

3) Der durchschnittliche Überschuss wird für eine angenommene **Nutzungsdauer** mit einem Basiszinssatz und einem Risikozuschlag auf den Bewertungsstichtag abgezinst.

Zu 1) Ausgangspunkt der Berechnung sind anders als bei den Umsatzmethoden die in der Vergangenheit (3 bis 5 Jahre) erzielten **Praxisgewinne**, die in den Jahresabschlüssen ausgewiesen sind. Für jedes der Bewertung zugrunde liegende Jahr sind jedoch Korrekturen vorzunehmen, um den jeweiligen Rohgewinn zu ermitteln, zumal der ausgewiesene steuerliche Gewinn regelmäßig von einer Vielzahl individueller Faktoren abhängig ist. Folgende Punkte sind dabei zu beachten:

- In den Praxisausgaben etwaig enthaltene **privat bedingte Aufwendungen** (z. B. Ehegattengehälter, privat genutzte PKW) sind aus den Kosten herauszurechnen.
- **Außergewöhnliche Erträge** (z. B. Zinseinnahmen, Einnahmen aus Anlageverkäufen, Auflösung von Ansparabschreibungen etc.) sind aus den Einnahmen zu eliminieren.
- Die steuer- und handelsrechtlich zulässige **Abschreibung** auf Anlagegegenstände beruht auf den ursprünglichen Anschaffungs- und Herstellungskosten und damit auf vergangenheitsbezogenen Werten. Diese historischen Kosten ermöglichen letztlich keinen Schluss auf den **zur Substanzerhaltung tatsächlich erforderlichen Aufwand**. Die steuerliche Abschreibung wird daher durch einen kalkulatorischen jährlichen Aufwand ersetzt. Dieser beruht auf den zu ermittelnden tatsächlichen Wiederbeschaffungskosten, die entsprechend der tatsächlichen Nutzungsdauer bezogen auf die jeweiligen Vermögensgegenstände umgelegt werden. Hieraus ergibt sich anstelle der steuerlichen Abschreibung eine kalkulatorische Abschreibung bezogen auf das im Anlagevermögen gebundene Kapital.
- Gewinnmindernd zu berücksichtigen ist darüber hinaus eine angemessene **kalkulatorische Verzinsung** des im Anlagevermögen durchschnittlich gebundenen Kapitals, welches für Investitionen zur Substanzerhaltung erforderlich ist. Regelmäßig wird hier angenommen, dass durchschnittlich die Hälfte des einzusetzenden Kapitals der Verzinsung unterworfen wird. Anzusetzen ist ein marktüblicher Zinssatz.
- Da der Grundsatz der Substanzwerterhaltung durch die beiden erstgenannten Punkte berücksichtigt wurde, sind in den Gewinnermittlungen die enthaltenen **Finanzierungskosten** wieder hinzuzusetzen.
- Da der **Unternehmerlohn** das rechnerische Entgelt für die Tätigkeit des Praxisinhabers darstellt, ist es wirtschaftlich notwendig, diese Position ertragsmindernd zu berücksichtigen. Dieses Entgelt hat mit dem Wert des Unternehmens, insbesondere mit dem zu erzielenden Überschuss, nichts zu tun, da der Praxisinhaber den Gegenwert für seine Tätigkeit auch erhalten hätte, wäre er in einem Anstellungsverhältnis tätig gewesen.

Zu 2) Nach Berücksichtigung der oben genannten Zu- und Abschläge ergibt sich der jeweils maßgebliche **Rohertrag p. a.**, aus dem ein Jahresdurchschnitt zu bilden ist. Dieser Barwert entspricht dem tatsächlich aus dem Unternehmen zu erzielenden Überschuss.

Zu 3) Dieser Überschuss ist nunmehr für die angenommene »**Nutzungsdauer**« hochzurechnen, wobei zur Ermittlung des Praxiswertes der Überschuss mit einem **Basiszinssatz** (= durchschnittlich am Kapitalmarkt zu erzielende Zinsen) und einem **Risikozuschlag** bezogen auf den Bewertungszeitraum abgezinst wird. Der Risikozuschlag auf den Basiszinssatz dient dazu, etwaig bestehende Unsicherheitsfaktoren bezogen auf die zukünftige Entwicklung der konkreten Praxis oder des Marktsegments der Praxis insgesamt auszugleichen. Die Summe der abgezinsten Jahresroherträge bezogen auf die angenommene »Nutzungsdauer« stellt sodann den Wert der Praxis dar.

Fraglich ist, für welche »Nutzungsdauer« die Berechnung zu erfolgen hat. Konkret ist zu entscheiden, wie lange der aufgebaute Goodwill d. h. der bestehende Kundenstamm noch dem Praxisabgeber zuzuordnen ist, so dass er ein Entgelt dafür verlangen kann. Im Vergleich zur Bewertung gewerblicher Unternehmen bedarf die Ertragswertmethode bei der Anwendung auf freiberufliche Praxen hier einer Modifikation. Der Goodwill gewerblicher Unternehmen spiegelt sich stark in vorhandenen Kunden-, Liefer-, Lizenzverträgen etc. wieder und ist somit als langfristiger Wertbestandteil anzusehen. Anerkannt ist insofern, dass die Kapitalisierung des Überschusses als »ewige Rente« oder für die Dauer von mehr als zehn Jahren erfolgen kann, da der vom Abgeber geschaffene Goodwill insoweit nachhaltig fortwirkt und für den Erwerber nutzbar ist. Tierärzten und anderen Freiberuflern ist demgegenüber i. d. R. eine langfristige vertragliche Bindung von Kunden nicht möglich. Der Goodwill einer tierärztlichen Praxis wird vornehmlich durch das Vertrauensverhältnis zwischen den beteiligten Vertragspartnern geprägt. Dieses Vertrauensverhältnis ist grundsätzlich flüchtiger Natur und bedarf der intensiven Pflege durch den potentiellen Übernehmer der Praxis. Der Goodwill ist insofern eher als kurzfristig anzusehen. Aus diesem Grund wird i. d. R. eine Kapitalisierung für einen Zukunftszeitraum von max. bis zu fünf Jahren vorgenommen. Die genaue Festlegung ist letztlich eine Sache des Einzelfalls

Die vorstehende Darstellung skizziert lediglich grob die Grundsätze des modifizierten Ertragswertverfahrens, von dem ebenfalls verschiedene Varianten bestehen. Gerade die Komplexität der betriebswirtschaftlichen Unternehmensbewertung dürfte ein Grund dafür sein, weshalb häufig auf die verhältnismäßig einfachen Umsatzmethoden zurückgegriffen wird. Soweit keine Einigkeit über den Praxiswert hergestellt werden kann, empfiehlt es sich, nicht zuletzt vor dem Hintergrund der häufig im Raum stehenden hohen Investitionssummen, auf eine Bewertung durch einen spezialisierten und unabhängigen Sachverständigen zurückzugreifen.

12.4 Notwendige vertragliche Regelungen des Praxiskaufvertrages

Im Folgenden werden einige wesentliche Gestaltungselemente des Praxiskaufvertrages dargestellt.

12.4.1 Vorverträge

Häufig sind sich die Parteien eines Praxisübernahmevertrages bereits zu einem relativ frühen Stadium ihrer Verhandlungen zumindest insoweit einig, dass die Praxis von einem bestimmten Bewerber übernommen werden soll. Möglicherweise steht sogar bereits der anvisierte Zeitpunkt der Praxisübertragung fest, während andere Punkte, wie z. B. der konkrete Kaufpreis, noch weiterer Verhandlungen bedürfen. In dieser Situation kommt häufig der Wunsch auf, zumindest den erreichten Verhandlungsstand in einem Vorvertrag festzuschreiben. Der Verkäufer möchte eine verbindliche Zusage des Erwerbers, dass dieser die Praxis definitiv übernimmt, um auf diese Weise Planungssicherheit zu erlangen; der Erwerber seinerseits möchte sicher gehen, dass ihm andere Konkurrenten nicht mehr in die Quere kommen. Die in dieser Situation abgefassten »Absichtserklärungen« haben jedoch häufig in rechtlicher Hinsicht keinerlei Relevanz.

Bei einem Vorvertrag im Rechtssinne handelt es sich um einen schuldrechtlichen Vertrag, der die Verpflichtung zum späteren Abschluss eines Hauptvertrages begründet (Palandt/Heinrichs, Bürgerliches Gesetzbuch [Kommentierung zum BGB], Einführung vor § 145, Randnummer 19). Daraus ergeben sich Konsequenzen für den wesentlichen Inhalt eines Vorvertrages, sofern aufgrund dessen ein Anspruch auf Abschluss des Hauptvertrages ggf. gerichtlich durchgesetzt werden soll (z. B. bei einem grundlosen Abbruch der Verhandlungen durch eine Seite).

➔ **Hinweis**

➔ Der Vorvertrag muss, sofern er den von den Parteien beabsichtigten Sicherungszweck erfüllen soll, ein solches Maß an Bestimmtheit aufweisen, dass im Streitfall der Inhalt des Hauptvertrages, notfalls im Wege der ergänzenden Vertragsauslegung, richterlich festgestellt werden kann (BGH, NJW-RR 1993, 139 ff.). Der Inhalt eines Vorvertrages muss daher über reine Absichtserklärungen hinausgehen und eine Einigung über die wesentlichen Inhalte des abzuschließenden Hauptvertrages enthalten. Lässt sich der Inhalt des noch abzuschließenden Hauptvertrages nicht mit hinreichender Bestimmtheit feststellen, so ist der Vorvertrag unwirksam. ¶

Da also ohnehin die wesentlichen Punkte der Einigung Gegenstand des hinreichend konkretisierten Vorvertrages sein müssen, lässt sich die Notwendigkeit zum Abschluss eines Vorvertrages kaum noch erkennen. Vielmehr sollte vor diesem Hintergrund sofort der Abschluss des Hauptvertrages angestrebt werden. Hinsichtlich einzelner noch klärungsbedürftiger Punkte wird man sich ggf. durch die Aufnahme von Bedingungen helfen können.

12.4.2 Konkretisierung des Kaufgegenstandes und Gegenstand des Praxisübernahmevertrages

Der Praxisübernahmevertrag dient dazu, die Praxis als Gesamtheit auf einen Nachfolger zu übertragen. Der Vertrag muss daher alles, was im Sinne der o. g. Definition Grundlage der tierärztlichen Tätigkeit ist, so genau wie möglich erfassen. Eine Formulierung, wonach die Praxis mit allem, was als Bestandteil und Zubehör gilt, verkauft wird, ist keineswegs ausreichend. Der sachenrechtliche Bestimmtheitsgrundsatz verlangt, dass die zu übertragenden Gegenstände hinreichend bestimmt und zudem die Ansprüche aus dem Vertrag ggf. gerichtlich durchsetzbar sein müssen. Eine Klage wäre jedoch mangels vollstreckungsfähigen Antrags nicht zulässig, wenn das Begehren, nämlich die Übertragung bestimmter Gegenstände und Rechte, nicht hinreichend bestimmt werden kann, weil der Vertrag hierüber keine Aussagen trifft.

Es empfiehlt sich daher, hinsichtlich der zu übertragenden Anlagegegenstände ein genaues **Inventarverzeichnis** zu erstellen und als Anlage zum Vertrag zu nehmen. Es sollte dabei nicht ungeprüft auf das zu steuerlichen Zwecken erstellte Anlagenverzeichnis zurückgegriffen werden, zumal sich darin häufig Gegenstände befinden, die gerade nicht übertragen werden sollen (z. B. der PKW, der im Praxisvermögen geführt wird) oder andere Wirtschaftsgüter, die bereits nicht mehr in der Praxis vorhanden sind.

Darüber hinaus sollte aufgenommen werden, dass sich der Kaufvertrag ebenfalls auf die zum Übergabestichtag vorhandenen Vorräte und Arzneimittel (Umlaufvermögen) erstreckt.

Hinweis

Das 13. Gesetz zur Änderung des Arzneimittelgesetzes vom 20.08.2005 hat die bislang bestehende Rechtsunsicherheit bezüglich der Übertragung der vorhandenen Arzneimittel auf den Praxiserwerber beseitigt. Während vor der Gesetzesänderung vereinzelt die Auffassung vertreten wurde, eine solche Übertragung scheitere an den arzneimittelrechtlichen Vorgaben, hat der Gesetzgeber nunmehr mit der Neufassung des § 43 Abs. 6 AMG klargestellt, dass Arzneimittel im Rahmen der Übergabe einer tierärztlichen Praxis an den Nachfolger im Betrieb der tierärztlichen Hausapotheke abgegeben werden dürfen. ¶

Wenn und soweit das Umlaufvermögen nicht in einer Anlage konkretisiert werden soll, sollte der Verkäufer sich zumindest verpflichten, zum Übergabezeitpunkt einen mittleren Bestand aufrecht zu erhalten, damit durch den Käufer zum Zeitpunkt der Praxisübernahme nicht zunächst sämtliche Vorräte aufzufüllen sind.

Der Vollständigkeit halber ist klarzustellen, dass neben den materiellen Werten auch sämtliche ideellen Werte – nämlich der Kundenstamm – Gegenstand der Praxisübertragung sind. Schließlich ist zu definieren, welche Dauerschuldverhältnisse auf den Käufer übergehen.

12.4.3 Kaufpreis

Neben der konkreten Bestimmung des Kaufgegenstandes ist wesentliches Element des Kaufvertrages die Einigung über den zu entrichtenden Kaufpreis. Auf die unterschiedlichen Methoden der Wertbestimmung wurde bereits eingegangen (s. Kapitel 12.3.2). Unabhängig von der angewandten Methode basiert der letztlich ausgehandelte Kaufpreis jedoch im Wesentlichen auf den Angaben und den Unterlagen des Verkäufers. Im Hinblick auf mögliche Gewährleistungsansprüche oder Ansprüche des Käufers wegen des Fehlens zugesicherter Eigenschaften, insbesondere für den Fall, dass sich die Angaben des Verkäufers als falsch herausstellen sollten, z. B. weil die angegebenen Umsätze nicht zutreffen oder bestimmte Praxiskosten nicht angegeben wurden, ist die Basis der Kaufpreisermittlung im Vertrag zu konkretisieren. Im Praxisübernahmevertrag sollte dokumentiert werden, von welchen Werten die Parteien bei der Kaufpreisermittlung ausgegangen sind (Umsätze, Kosten etc.). Der Käufer sollte sich vom Verkäufer garantieren lassen, dass die angegebenen Zahlen korrekt sind – insbesondere dass die angegebenen Umsätze tatsächlich erzielt wurden und auf einer ordnungsgemäßen Abrechnung beruhen. Auch sollte er sich die Vollständigkeit der angegebenen laufenden Kosten zusichern lassen.

Praxistipp

Häufig findet sich in Praxiskaufverträgen eine Aufteilung des Kaufpreises in den Anteil für den materiellen und den ideellen Wert der Praxis. Zwar bedarf es einer solchen Aufsplittung aus zivilrechtlichen Gründen nicht, sie ist jedoch sinnvoll wegen der unterschiedlichen steuerlichen Abschreibungsfristen bezüglich des übernommenen Anlagevermögens einerseits und des Goodwills andererseits. Der Steuerberater des Käufers wird es gegenüber dem Finanzamt regelmäßig leichter haben, die vorgenommene Aufteilung durchzusetzen, wenn diese bereits im Kaufvertrag festgelegt ist. Darüber hinaus erleichtert es ggf. die Durchsetzung von Gewährleistungsansprüchen, wenn deutlich wird, wie die Parteien die unterschiedlichen Wirtschaftsgüter bewertet haben und wie diese Werte in den Gesamtkaufpreis eingeflossen sind. ¶

12.4.4 Fälligkeit und Sicherung des Kaufpreises

Der Praxiskaufvertrag muss eine Regelung darüber enthalten, wann der Kaufpreis zur Zahlung fällig ist. Mangels abweichender vertraglicher Regelung ist der Kaufpreis gemäß § 271 BGB sofort, d. h. mit Abschluss des Kaufvertrages fällig und in einer Summe zu zahlen (§ 266 BGB). Der Verkäufer hat ein Interesse daran, den Kaufpreis zu dem Zeitpunkt zu erhalten, in dem er die Praxis an den Käufer übergibt. Die Übertragung des Eigentums an dem materiellen Praxisvermögen erfolgt regelmäßig unter dem Vorbehalt der vollständigen Zahlung des Kaufpreises (**Eigentumsvorbehalt**).

Praxistipp

Der Verkäufer sollte sich im Praxisübergabevertrag ein **Rücktrittsrecht** für den Fall vorbehalten, dass der Käufer mit der Zahlung des Kaufpreises in Verzug gerät. Ist der Käufer zahlungsunfähig und kann der vereinbarte Kaufpreis nicht beigetrieben werden, so hat der Verkäufer dann zumindest noch die Möglichkeit, die Praxis zurückzunehmen und sie im Wege der Schadensminderung anderweitig zu verwerten. ¶

Vorsicht

Da sich der vereinbarte Eigentumsvorbehalt lediglich auf das materielle Vermögen erstreckt, sollte hinsichtlich des Kaufpreises eine Zahlung in mehreren Raten vereinbart werden. Der Verkäufer sollte hierbei eine **Verrechnungsabrede** dahingehend treffen, dass die Raten zunächst auf den ideellen Praxiswert und sodann auf die materiellen Praxiswerte angerechnet werden.

Praxistipp

Für den Fall, dass der Käufer mit einer Rate in Zahlungsrückstand gerät, sollte eine sog. »Verfallklausel« in den Vertrag aufgenommen werden, wonach der dann verbleibende Restbetrag sofort in einer Summe zur Zahlung fällig wird. ¶

Das Todesfallrisiko des Käufers kann durch eine Todesfallrisikoversicherung abgedeckt werden, welche die Gesamtverbindlichkeiten des Käufers aus dem Praxisübernahmevertrag abdeckt. Der Auszahlungsanspruch aus der Versicherung ist an den Verkäufer zur Sicherheit abzutreten.

Zur weiteren Absicherung der Kaufpreiszahlung wird zumindest die Vorlage einer **selbstschuldnerischen Bankbürgschaft** innerhalb einer bestimmten Frist nach Vertragsunterzeichnung erforderlich sein. Die Bürgschaft sollte zahlbar sein auf erstes Anfordern unter Verzicht auf die Einrede der Vorausklage. Um Streitigkeiten über den Inhalt der Bürgschaftsurkunde zu vermeiden, empfiehlt es sich, ein mit der finanzierenden Bank abgestimmtes Muster der Bürgschaftserklärung zum Praxisübernahmevertrag zu nehmen. Für den Fall, dass die vereinbarte Sicherheit nicht fristgemäß vorgelegt wird, sollte der Verkäufer sich ein Rücktrittsrecht vom Praxiskaufvertrag ausbedingen. Auch wenn die Bankbürgschaft für den Käufer mit weiteren Kosten in Höhe von 1–3 % p. a. der Bürgschaftssumme verbunden ist, sollte auf sie nicht verzichtet werden. Gegebenenfalls können diese Kosten bei der Bestimmung des Kaufpreises berücksichtigt werden.

Eine bloße **Finanzierungsbestätigung** der finanzierenden Bank, die häufig alternativ von Käuferseite angeboten wird, bietet keinen Ersatz für eine selbstschuldnerische Bankbürgschaft. Hiermit wird lediglich bescheinigt, dass die Kaufpreissumme auf Abruf bereitgestellt ist. Einen eigenen Anspruch kann der Verkäufer hieraus jedoch nicht herleiten. ¶

12.4.5 Übergang von Arbeitsverhältnissen

Gemäß § 613a BGB tritt derjenige, der durch Rechtsgeschäft den Betrieb eines anderen erwirbt, per Gesetz in alle Rechte und Pflichten aus den im Zeitpunkt des Übergangs bestehenden Arbeitsverhältnissen ein. Da es sich bei dieser Vorschrift um eine Arbeitnehmerschutzvorschrift handelt, kann der Übergang der Arbeitsverhältnisse weder im Praxisübernahmevertrag, noch im Arbeitsvertrag ausgeschlossen werden (BGH, NJW 1982, 1607).

Der Übergang der Arbeitsverhältnisse auf den Erwerber erfolgt darüber hinaus unabhängig davon, ob schriftliche Arbeitsverträge bestehen. Erfasst sind daher ebenfalls Aushilfsarbeitsverhältnisse, faktische Arbeitsverhältnisse (also Arbeitsverhältnisse, welchen kein wirksamer schriftlicher Vertrag zugrunde liegt), Ausbildungsverhältnisse, Ehegattenarbeitsverhältnisse, ruhende Arbeitsverhältnisse (z. B. wegen Mutterschaft) und gekündigte Arbeitsverhältnisse, solange die Kündigungsfrist läuft.

Eine aus Anlass des Betriebsübergangs ausgesprochene **Kündigung** ist unwirksam. Selbst Aufhebungsverträge wurden vom Bundesarbeitsgericht in Einzelfällen wegen eines Verstoßes gegen § 613a BGB als nichtig angesehen. Die Aufhebung des Arbeitsverhältnisses aus Anlass des Betriebsübergangs erfolgt in diesem Sinne, wenn der Inhaberwechsel das wesentliche Motiv der Beendigung des Arbeitsverhältnisses darstellt. Ob daneben noch weitere Gründe für die Beendigung des Arbeitsverhältnisses vorliegen, spielt in diesem Fall keine Rolle. Die Kündigung oder vertragliche Aufhebung aus anderen Gründen als dem Betriebsübergang bleibt demgegenüber unberührt.

Es gelten die allgemeinen Regelungen zur personen-/verhaltens- bzw. betriebsbedingten Kündigung sowie des Kündigungsschutzgesetzes.

→ Hinweis

Der gesetzliche Übergang des Arbeitsverhältnisses hat für den Arbeitnehmer zur Folge, dass sein Vertragspartner gesetzlich ausgetauscht und er nunmehr mit einem anderen Arbeitgeber konfrontiert wird. Aufgrund der damit verbundenen Änderungen des Arbeitsvertrags ist der Arbeitnehmer berechtigt, dem Übergang des Arbeitsverhältnisses zu widersprechen. Der **Widerspruch** hindert den Übergang des Arbeitsverhältnisses, so dass dieses weiterhin mit dem bisherigen Arbeitgeber, dem Praxisverkäufer, fortbesteht. ¶

Gemäß § 613a Abs. 5 BGB sind der bisherige Arbeitgeber und der neue Inhaber verpflichtet, die von dem Übergang betroffenen Arbeitnehmer **vor** dem Übergang schriftlich über folgende Punkte zu informieren:

- Den Zeitpunkt oder den geplanten Zeitpunkt des Übergangs,
- den Grund für den Übergang,
- die rechtlichen, wirtschaftlichen und sozialen Folgen des Übergangs für den Arbeitnehmer,
- die hinsichtlich der Arbeitnehmer in Aussicht genommenen Maßnahmen.

Die Widerspruchsfrist des Arbeitnehmers beträgt ab Zugang der Unterrichtung einen Monat. Der Widerspruch hat schriftlich innerhalb dieser Frist zu erfolgen und kann gegenüber dem bisherigen Arbeitgeber oder dem neuen Inhaber erklärt werden. Erfolgt keine ordnungsgemäße Unterrichtung der Arbeitnehmer, so wird die Widerspruchsfrist nicht in Gang gesetzt. Dies hat zur Folge, dass die Arbeitnehmer jederzeit widersprechen können, solange keine Verwirkung dieses Anspruchs eingetreten ist, was nach den Umständen des Einzelfalles zu beurteilen ist.

Hinweis

Erfolgt der Widerspruch, so bleibt das bisherige Arbeitsverhältnis mit dem Praxisverkäufer bestehen. Diesem verbleibt jedoch das Recht, eine ordentliche betriebsbedingte Kündigung vor dem Hintergrund der Praxisaufgabe auszusprechen. ¶

Der Praxiserwerber wird durch den Betriebsübergang Schuldner und Gläubiger aller bisher entstandenen Pflichten und Rechte aus dem Arbeitsverhältnis. Dieses gilt insbesondere auch für rückständige Lohnansprüche einschließlich aller Nebenleistungen, die zuvor der Praxisabgeber gewährt hat. Im Gegenzug geht der Anspruch auf Arbeitsleistung auf den Erwerber über.

Beachte

Der Verkäufer und bisherige Arbeitgeber haftet als Gesamtschuldner neben dem neuen Inhaber für Verbindlichkeiten aus dem Arbeitsverhältnis, die vor dem Zeitpunkt des Übergangs entstanden sind, wenn diese vor Ablauf eines Jahres nach diesem Zeitpunkt fällig werden. Er kann sich insofern der Haftung für rückständige Ansprüche aus dem Arbeitsverhältnis nicht entziehen. Werden diese erst nach dem Übergabezeitpunkt fällig, so haftet der bisherige Praxisinhaber gegenüber den Arbeitnehmern nur *pro rata temporis* (§ 613a Abs. 2 Satz 2 BGB). ¶

Da es sich bei § 613a BGB um eine Arbeitnehmerschutzvorschrift handelt, gilt diese Regelung nur für das Außenverhältnis zwischen dem Arbeitgeber und dem Arbeitnehmer. Sofern der Erwerber und der Veräußerer keine gesonderte Regelung hierüber treffen, haften sie im Innenverhältnis zu gleichen Teilen (§ 426 Abs. 1 BGB).

Beachte

Konsequenzen für die Vertragsgestaltung
Aufgrund der oben beschriebenen Konsequenzen ist dem Übergang der Arbeitsverhältnisse im Rahmen der Vertragsgestaltung besondere Bedeutung beizumessen. Zunächst sind alle Arbeitnehmer der Praxis vollständig zu erfassen. Diesbezüglich ist besondere Sorgfalt an den Tag zu legen; erfahrungsgemäß werden häufig sog. »ruhende Arbeitsverhältnisse« vergessen, d. h. von Mitarbeitern, die sich in der Elternzeit befinden. Dies hindert den Übergang des Arbeitsverhältnisses jedoch nicht. Es empfiehlt sich, die **schriftlichen Arbeitsverträge als Anlage** zum Praxisübernahmevertrag zu nehmen. Existieren solche schriftlichen Verträge nicht, sollte der Inhalt des mündlichen Arbeitsvertrages im Praxisübernahmevertrag oder in einer Anlage schriftlich fixiert werden. Mindestinhalt einer solchen Auflistung sollte sein:

- Der Name des Mitarbeiters,
- das monatliche Bruttogehalt,
- die Anzahl der jährlich zu zahlenden monatlichen Gehälter,
- die genaue Funktion in der Praxis,
- die Anzahl der Urlaubstage,
- die Dauer der Betriebszugehörigkeit,
- die wöchentliche Arbeitszeit. ¶

Weiterhin sollte eine Regelung darüber getroffen werden, wie die zum Zeitpunkt der Praxisübergabe noch nicht fälligen Ansprüche aus dem Arbeitsverhältnis (z. B. Weihnachtsgratifikation, 13. Monatsgehalt, Abgeltung des Urlaubsanspruchs, Urlaubsgeld) im Innenverhältnis zwischen dem Praxisabgeber und dem Erwerber aufgeteilt werden. Es empfiehlt sich zudem, die Verpflichtung des Praxisabgebers aufzunehmen, dass er zwischen Vertragsschluss und Übergabe keine Veränderungen in den Arbeitsverhältnissen – etwa die Einstellung neuer Mitarbeiter oder Lohnerhöhungen – vornimmt bzw. dass solche Maßnahmen nur mit vorheriger Zustimmung des Käufers möglich sind.

Häufig bestehen Arbeitsverhältnisse mit dem Ehegatten des Praxisabgebers. Der Käufer wird i. d. R. kein Interesse daran haben, die Arbeitsverhältnisse mit nahen Angehörigen des Praxisabgebers zu übernehmen. Eine Kündigung kommt jedoch aus den oben genannten Gründen nicht in Betracht.

Es sollte geregelt werden, dass sich der Verkäufer bezüglich der Arbeitsverträge mit Angehörigen dazu verpflichtet, einen Aufhebungsvertrag mit den entsprechenden Angehörigen zu schließen. Da aufgrund der restriktiven Rechtsprechung die Wirksamkeit eines solchen Aufhebungsvertrages nicht gewährleistet werden kann, sollte eine Regelung dahingehend aufgenommen werden, dass der Praxisabgeber den Käufer im Innenverhältnis von allen Ansprüchen der betreffenden Angestellten freistellt, sofern diese Ansprüche aus § 613a BGB gegen den Erwerber geltend machen sollten. ¶

Zusätzlich besteht beim Abschluss eines Aufhebungsvertrages bezüglich eines Arbeitsverhältnisses mit Familienangehörigen ggf. die Möglichkeit, eine steuerlich interessante Abfindung zu zahlen. Gemäß § 3 Nr. 9 EStG sind Abfindungen wegen vom Arbeitgeber veranlasster oder ausgesprochener Auflösung des Dienstverhältnisses bis zur Höhe von 7.200,– € steuerfrei. Sofern der Arbeitnehmer das 50. Lebensjahr vollendet hat und das Dienstverhältnis mindestens 15 Jahre bestand, erhöht sich der Steuerfreibetrag auf maximal 9.000,– €, bei Vollendung des 55. Lebensjahres und einer Mindestdienstzeit von 20 Jahren sogar auf 11.000,– € (Stand 21.06.2005).

Schließlich sollte eine Zusicherung des Verkäufers dahingehend aufgenommen werden, dass er aus Anlass des Betriebsübergangs keinem Mitarbeiter gekündigt hat und dass die in der Aufstellung aufgeführten Arbeitsverhältnisse vollständig sind. Sollten die Angaben des Verkäufers insofern nicht zutreffen, haftet er zumindest im Innenverhältnis für die dem Käufer daraus entstehenden Schäden.

12.4.6 Praxismietvertrag

Der Übernehmer einer tierärztlichen Praxis wird ein großes Interesse daran haben, die tierärztliche Tätigkeit zumindest vorübergehend weiter in den bisherigen Praxisräumlichkeiten auszuüben. Nur bei Aufrechterhaltung der bisherigen Praxis an der gewohnten Anlaufstelle für die Kunden, wird es ihm möglich sein, den von ihm erworbenen Goodwill wirtschaftlich auszuschöpfen. Der Aspekt der »eingetretenen Wege« ist insbesondere bei Kleintierpraxen im Hinblick auf den zu übernehmenden Kundenstamm von Bedeutung. Der Praxisabgeber selbst dürfte, sofern er nur Mieter der Räumlichkeiten ist, ebenfalls ein Interesse daran haben, aus dem bestehenden Mietvertrag entlassen zu werden und die Verpflichtungen hieraus auf den Erwerber zu übertragen.

Praxistipp

Günstigstenfalls ist im Mietvertrag bereits eine Regelung enthalten, die es dem Praxisabgeber gestattet, den Erwerber ohne Zustimmung des Vermieters als neuen Mieter in den Vertrag eintreten zu lassen. Der Mietvertrag ist daher **vor Abschluss** des Praxisübernahmevertrages daraufhin zu überprüfen, ob und ggf. wie das Nutzungsrecht an den Praxisräumlichkeiten auf den Erwerber übertragen werden kann.

Ist in dem Mietvertrag ein Eintrittsrecht des Erwerbers unter Entlassung des Praxisabgebers aus der Haftung nicht vorgesehen (wie im überwiegenden Teil der Fälle), so ist die Zustimmungserklärung des Vermieters erforderlich. Gegebenenfalls ist auch ein neuer Mietvertrag abzuschließen.

Praxistipp

Die Zustimmungserklärung des Vermieters sollte in jedem Fall schriftlich eingeholt werden. Liegt sie zum Zeitpunkt des Vertragsschlusses noch nicht vor, sollte der Praxisübernahmevertrag unter die aufschiebende Bedingung der Zustimmung des Vermieters oder des Abschlusses eines neuen Mietvertrages gestellt werden. Keinesfalls sollte sich der Erwerber mit der Erklärung des Praxisabgebers zufrieden geben, der Vermieter habe sein Einverständnis bereits erklärt oder er werde die Einverständniserklärung einholen und nachreichen.

Ist der Praxisabgeber selbst Eigentümer der Praxisimmobilie, sollten der Mietvertrag und der Praxisübernahmevertrag zeitgleich vorbereitet und unterzeichnet werden. Der Mietvertrag seinerseits sollte unter den Vorbehalt der Durchführung des Praxisübernahmevertrages gestellt werden. Auf diese Weise wird der Gefahr vorgebeugt, dass ein rechtsgültiger Mietvertrag abgeschlossen wird, die Praxisübertragung selbst letztendlich aber scheitert. ¶

Im Rahmen der Übernahme des Mietvertrages muss auf jeden Fall geprüft werden, welche weitergehenden Verpflichtungen hiermit übernommen werden. Regelmäßig ist der Mieter bei Beendigung des Mietvertrages verpflichtet, die Räumlichkeiten in den ursprünglichen Zustand zurückzuversetzen. Da solche Rückbauverpflichtungen i. d. R. mit erheblichen wirtschaftlichen Belastungen verbunden sind, sollte vor dem Eintritt in den Mietvertrag eine wirtschaftliche und rechtliche Abklärung erfolgen.

Weitergehende Ausführungen zum Praxismietvertrag siehe Kapitel 9.3.

12.4.7 Versicherungsverträge

Im Zusammenhang mit dem Praxisbetrieb bestehen regelmäßig mehrere Versicherungsverträge. Diese werden nach personenbezogenen und sachbezogenen Verträgen unterschieden.

Personenbezogen ist insbesondere die Berufshaftpflichtversicherung. Solche Verträge gehen, da sie an eine bestimmte Person gebunden sind, nicht auf den Erwerber über.

Auf **sachbezogene** Versicherungsverträge, z. B. die Feuerversicherung, die Geräteversicherung oder die Diebstahlversicherung, sind die §§ 69, 70 VVG (Versicherungsvertragsgesetz) anwendbar. Diese Verträge gehen per Gesetz auf den Nachfolger über. Sowohl die Versicherungsgesellschaft als auch der Erwerber der Praxis und damit der versicherten Sachen sind berechtigt, die Verträge innerhalb eines Monates ab Kenntniserlangung von dem Verkauf bzw. von dem Bestand der Versicherung zu kündigen. Es empfiehlt sich daher, die bestehenden Versicherungsverträge in dem Praxisübernahmevertrag aufzuführen und die Versicherungsgesellschaft zu informieren.

12.4.8 Sonstige Dauerschuldverhältnisse und Übernahme von Verbindlichkeiten

Neben den bereits aufgeführten Verträgen bestehen häufig eine Vielzahl weiterer Dauerschuldverhältnisse wie Miet-, Leasing- oder Wartungsverträge hinsichtlich der vorhandenen Medizintechnik. Auch die Übernahme des Telefonvertrages ist regelmäßig für den Erwerber wegen der den Tierhaltern bekannten Telefonnummer von erheblichem Interesse. Welche Verträge vom Erwerber übernommen werden, ist eine Frage des Einzelfalls. Ein automatischer Übergang auf den Erwerber erfolgt i. d. R. nicht. Häufig wird der Praxisabgeber jedoch ein Interesse an der Übernahme der Verträge haben, deren Kündigung ihm nicht möglich ist, damit er aus den daraus resultierenden Verpflichtungen entlassen wird. Der Eintritt des Erwerbers in diese Verträge bedarf jedoch stets der Zustimmung der anderen Vertragspartei.

Es empfiehlt sich, die Verträge, welche vom Erwerber fortgeführt werden sollen, konkret im Praxisübernahmevertrag aufzuführen und als Anlage zum Vertrag zu nehmen. Für den Fall, dass die andere Vertragspartei dem Eintritt des Erwerbers unter Entlassung des Praxisabgebers nicht zustimmt, der Vertrag aber gleichwohl fortgeführt werden soll, ist der Praxisabgeber im Außenverhältnis seinem Vertragspartner weiter verpflichtet.

Im Innenverhältnis sollte eine Regelung dahingehend getroffen werden, dass der Erwerber die Verbindlichkeiten aus diesen Verträgen übernimmt und den Praxisabgeber von einer Inanspruchnahme freistellt. ¶

Im Praxisübernahmevertrag sollte darüber hinaus klargestellt werden, dass sonstige Verbindlichkeiten des Verkäufers, die nicht ausdrücklich aufgeführt werden, nicht übernommen werden.

12.4.9 Übergabe, Gefahrübergang, Rechnungsabgrenzung

Mit der Übergabe der Kaufsache an den Käufer geht die Gefahr der Verschlechterung (Mangel oder Beschädigung) oder des Untergangs (Zerstörung) der verkauften Sachen auf diesen über. Der Käufer bleibt demgemäß auch dann zur vollen Kaufpreiszahlung verpflichtet, wenn einzelne Kaufgegenstände nach Gefahrübergang beschädigt werden. Unter der Übergabe versteht man rechtlich die Einräumung des Besitzes im Sinne der tatsächlichen Herrschaftsgewalt an den Käufer.

Um im Nachhinein Streitigkeiten über die Vollständigkeit und Funktionsfähigkeit bzw. Verwendbarkeit des übernommenen Inventars und der Vorräte zu vermeiden, sollte die Übergabe durch beide Vertragsparteien in einem Übergabeprotokoll dokumentiert werden.

Praxistipp

Die bis zum Übergabestichtag entstandenen Honoraransprüche stehen dem Verkäufer zu. Für nicht abgeschlossene Behandlungsfälle, die vom Käufer fortgeführt werden, sollte eine Rechnungsabgrenzung auf Basis des erreichten Behandlungsstandes vorgenommen werden.

12.4.10 Zustimmungserfordernis Dritter

Lebt der Praxisverkäufer mit seinem Ehepartner im gesetzlichen Güterstand der Zugewinngemeinschaft, so ist die Regelung des § 1365 BGB zu beachten. Danach kann ein Ehegatte sich nur mit Einwilligung des anderen Ehegatten verpflichten, über sein Vermögen im Ganzen zu verfügen. Ausreichend ist, wenn es bei dem Rechtsgeschäft im Wesentlichen um das ganze Vermögen des Ehegatten geht (Palandt/Brudermüller, Bürgerliches Gesetzbuch [Kommentierung zum BGB], § 1365, Randnummer 6). Ein Vertrag, der ohne die erforderliche Einwilligung abgeschlossen wurde, ist bis zu dessen Genehmigung schwebend unwirksam. Wird die Genehmigung seitens des anderen Ehegatten verweigert, ist der Vertrag nichtig.

Da es sich bei einer zu übertragenden Praxis regelmäßig um einen erheblichen Vermögenswert handelt, sollte stets genau überprüft werden, ob die Regelung des § 1365 BGB eingreift. Im Zweifel sollte der Praxiskaufvertrag vom Ehegatten des bisherigen Praxisinhabers mit unterzeichnet werden.

Wird statt einer Einzelpraxis der Anteil an einer Gemeinschafts- oder Gruppenpraxis erworben, die in der Rechtsform einer Gesellschaft bürgerlichen Rechts geführt wird, so bedarf die Übertragung des Mitgliedschaftsrechts der Zustimmung der übrigen Partner zum Eintritt des Erwerbers in die Gesellschaft.

12.4.11 Konkurrenzschutz

Der Praxiserwerber zahlt den vereinbarten Kaufpreis zu einem großen Teil für die Übernahme des Goodwills der vom Praxisabgeber eingeführten Praxis. Die Chance, den vorhandenen Kundenstamm zum Aufbau der eigenen Erwerbsmöglichkeiten zu nutzen, kann vom Praxiserwerber jedoch nur dann ungestört wahrgenommen werden, wenn der bisherige Praxisinhaber nicht unmittelbar nach der Übergabe wieder mit ihm in Wettbewerb um die Gunst der Tierhalter tritt. Aus diesem Grunde ist es für den Erwerber unverzichtbar, dass der Praxisabgeber sich einer Konkurrenzschutzklausel in der Form eines sog. »**Rückkehrverbotes**« unterwirft.

Praxistipp

Zwar geht die Rechsprechung davon aus, dass bei der Zahlung eines Kaufpreises für einen vorhanden Goodwill der Konkurrenzschutz dem Vertrag auch ohne eine ausdrückliche Erwähnung immanent ist, jedoch sollte aus Gründen der Rechtsklarheit nicht auf die Formulierung einer ausdrücklichen Konkurrenzschutzklausel verzichtet werden. ¶

Die Rechtswirksamkeit einer Wettbewerbsklausel wird von der Rechtsprechung stets im Wege einer Interessenabwägung beurteilt. Das schutzwürdige Interesse des Berechtigten an der ungestörten Nutzung des erworbenen Goodwills ist dem durch Art. 12 Abs. 1 GG garantierten Grundrecht der Berufsfreiheit des Verpflichteten gegenüberzustellen. Das Interesse des Berechtigten an dem Schutz vor Wettbewerb überwiegt nur dann, wenn die vereinbarte Regelung in zeitlichem, räumlichem und sachlichem Umfang als angemessen zu beurteilen ist. Der vereinbarte Konkurrenzschutz darf sich also nicht als ein dauerhaftes Berufsverbot zu Lasten des Verpflichteten auswirken.

Die Grenzen des zeitlich, räumlich und sachlich Angemessenen können nicht abstrakt bestimmt werden, sondern sind stets anhand der Umstände des Einzelfalls zu beurteilen. Zu beachten ist, dass eine geltungserhaltende Reduktion der vereinbarten Grenzen, d. h. eine richterliche Anpassung der Konkurrenzschutzklausel auf das zulässige Maß, nur im Hinblick auf die zeitliche Komponente vorgenommen wird. Wird dagegen die räumliche Komponente zu weit erstreckt, so führt dies zur Nichtigkeit der Wettbewerbsklausel. Entscheidend ist letztlich, dass lediglich der wesentliche Einzugsbereich der zu übertragenden Praxis vom Wettbewerbsverbot erfasst wird. Diesbezüglich bestehen zwischen Klein- und Großtierpraxen erhebliche Unterschiede. Des Weiteren kann grundsätzlich davon ausgegangen werden, dass der Umkreis in ländlichen Gebieten weiter gezogen werden kann, als dies bei Praxen in Großstädten der Fall ist. Zu berücksichtigen ist auch der Spezialisierungsgrad der Praxis, da der Einzugsbereich einer ausschließlich auf bestimmte Behandlungsschwerpunkte konzentrierten Praxis größer ist.

Unter Zugrundelegung dieser Kriterien hat der Bundesgerichtshof z. B. bei einer tierärztlichen Gemeinschaftspraxis die Erstreckung des Umkreises auf 30 km, gerechnet vom Sitz der Praxis, als sittenwidrig und damit nichtig beurteilt *(BGH Urteil vom 14.07.1997, Az. II ZR 238/96; NJW 1997, S. 3089)*. Dem aus der ländlichen Tierarztpraxis ausgeschiedenen Partner wurde in diesem Fall vertraglich jede tierärztliche Tätigkeit in diesem Umkreis untersagt; unabhängig davon, ob damit tatsächlich eine Konkurrenzsituation zur bisherigen Praxis herbeigeführt würde. Vor diesem Hintergrund ist davor zu warnen, die räumliche Erstreckung des Konkurrenzverbots zu überdehnen, indem ohne nähere Prüfung der tatsächlichen Lage vor Ort ein weiträumiger Zirkelschlag um die Praxis erfolgt.

Regelmäßig werden Konkurrenzschutzklauseln mit der Sanktion einer Vertragsstrafe verbunden. Die Angemessenheit der Höhe der verwirkten Vertragsstrafe unterliegt ebenfalls der richterlichen Überprüfung. Erweist sie sich als unverhältnismäßig hoch, so wird sie vom Gericht auf Antrag des Betroffenen herabgesetzt. Die Angemessenheit der Vertragsstrafe beurteilt sich wiederum im Einzelfall am Interesse des Begünstigten, der Art des Verstoßes sowie dem Verschuldensgrad auf Seiten des Verletzers. Angemessen dürfte es sein, die Höhe der Vertragsstrafe am Kaufpreis für den ideellen Wert der Praxis zu orientieren.

Alternativ zur Vertragsstrafe steht dem Begünstigten ein Anspruch auf Unterlassen gegen den Verletzter zu, der ggf. im Wege einer einstweiligen Verfügung durchgesetzt werden kann. Entscheidet sich der Begünstigte jedoch für die Geltendmachung der Vertragsstrafe, so ist der Anspruch auf Unterlassen ausgeschlossen. Da die Vertragsstrafe einen pauschalierten Schadensersatz darstellt, ist die Geltendmachung eines die Vertragsstrafe übersteigenden Schadens von einem entsprechenden, im Einzelfall schwer zu erbringenden Nachweis abhängig.

12.4.12 Formerfordernisse

Der Praxiskaufvertrag ist als solcher nicht formbedürftig.

Vorsicht

Von rein mündlichen Vertragsabschlüssen ist im Hinblick auf die Vielzahl der zu regelnden Sachverhalte dringend abzuraten. Es gilt das Gebot der Schriftlichkeit, da nur so die beiderseitigen Rechte und Pflichten umfassend dokumentiert werden können. Hierdurch können spätere Streitigkeiten über den Inhalt der Vereinbarung vermieden werden. ¶

Da jede Praxisübertragung individuelle Aspekte enthält, sollte nicht ungeprüft auf angebotene Musterverträge zurückgegriffen werden. Diese können zwar als Diskussionsgrundlage für die individuelle Ausgestaltung dienen, häufig ergeben sich im Einzelfall jedoch Besonderheiten, die in Musterverträgen nicht berücksichtigt sind.

Praxistipp

Es empfiehlt sich, in Fragen der konkreten Ausgestaltung der Praxisübernahme sowohl einen Rechtsanwalt als auch einen Steuerberater hinzuzuziehen. ¶

Soll neben der Praxis auch die Praxisimmobilie erworben werden, so ist § 311b BGB einschlägig. Danach bedarf ein Vertrag, durch den sich der eine Teil verpflichtet, das Eigentum an einem Grundstück zu übertragen oder zu erwerben, der **notariellen Beurkundung**. Diese Beurkundungspflicht erstreckt sich jedoch nicht nur auf das Hauptgeschäft, sondern auf alle wesentlichen Nebenabreden. Da die Praxisimmobilie ohne die darin befindliche Praxis nicht erworben worden wäre, ist damit auch der Praxisübernahmevertrag beurkundungspflichtig. Da es sich insgesamt um ein einheitliches Geschäft handelt, sind alle Nebenabreden von der Beurkundungspflicht erfasst.

Werden Nebenabreden nicht beurkundet, obwohl sie in Abhängigkeit zum Hauptgeschäft stehen, führt dies zur Nichtigkeit des gesamten Geschäfts, auch wenn der Grundstückskaufvertrag notariell beurkundet wurde. Der Formmangel wird erst durch Auflassung und Eintragung im Grundbuch beseitigt. Bis zu diesem Zeitpunkt kann sich jede Vertragspartei auf den Formmangel berufen und den Vertrag damit zum Scheitern bringen. In der Praxis empfiehlt es sich daher, sämtliche Nebenabreden in den Vertragstext aufzunehmen.

12.4.13 Vertragliche Absicherung von Risiken zwischen Vertragsunterzeichnung und Übergabe der Praxis

Im Rahmen der Verhandlungen erweist es sich häufig als schwierig, den Blick auf mögliche Komplikationen zwischen Vertragsunterzeichnung und Übergabezeitpunkt zu richten. Gleichwohl sollten Regelungen darüber getroffen werden, was im Fall des Todes oder der Berufsunfähigkeit des Erwerbers oder des Veräußerers vor dem Zeitpunkt der Praxisübertragung geschehen soll.

Für den Fall, dass der Praxisabgeber vor dem Übertragungszeitpunkt seinen Beruf nicht mehr ausüben kann, sollte günstigstenfalls vorgesehen werden, dass der Erwerber die Praxis dann bereits zu einem früheren Zeitpunkt übernimmt. Kann der Übertragungszeitpunkt aus Gründen in der Person des Käufers (z. B. wegen eines laufenden Anstellungsverhältnisses) nicht vorgezogen werden, so kommt die Einstellung einer Praxisvertretung zur Aufrechterhaltung des Praxisbetriebs in Betracht. Dies sollte im Einvernehmen beider Vertragsparteien erfolgen. Sollte trotz alledem ein Stillstand der Praxis bis zum Übergabestichtag eintreten, so kann dies ggf. einen Anspruch des Käufers auf Minderung des Kaufpreises auslösen.

Erhebliche Probleme treten auf, wenn der Käufer berufsunfähig wird oder verstirbt. Er bzw. seine Erben haben dann regelmäßig kein Interesse mehr an der Übernahme der Praxis. Andererseits erscheint es ebenfalls nicht sachgerecht, dieses Risiko ausschließlich dem Praxisabgeber aufzubürden, zumal die Gefahr besteht, dass er beim Abschluss eines weiteren Kaufvertrages nicht den ursprünglich vereinbarten Kaufpreis erhält. Auf Seiten des Käufers besteht die Möglichkeit, das Berufsunfähigkeits- und Todesfallrisiko durch eine entsprechende Versicherung abzusichern. Eine sachgerechte Lösung dürfte sein, dass den Erben bzw. dem berufsunfähigen Käufer zwar ein Rücktrittsrecht vom Vertrag eingeräumt wird, er jedoch für die möglichen Schäden haftet, die dem Praxisabgeber hieraus erwachsen.

12.4.14 Absicherung durch eine »Salvatorische Klausel«?

Zweifelhaft ist, inwieweit den bestehenden Unsicherheiten durch die Verwendung einer sog. »Salvatorischen Klausel« vorgebeugt werden kann. Eine solche ist regelmäßig Bestandteil des Vertrages und bestimmt, dass die Unwirksamkeit einzelner Vertragsbestimmungen die Wirksamkeit der übrigen Bestimmungen nicht berührt (z. B. wenn einzelne Bestandteile bei Vertragsabschluss bereits ungültig waren oder wenn sie später, z. B. durch Gesetzesänderung, ungültig werden). Darüber hinaus verpflichten sich die Vertragspartner, eine unwirksame Bestimmung durch eine solche zu ersetzen, die unter Beachtung des Grundsatzes der Vertragstreue von den Vertragspartnern vereinbart worden wäre, wenn sie von der Unwirksamkeit der betreffenden Regelung zum Zeitpunkt des Vertragsschlusses Kenntnis gehabt hätten.

Eine solche Regelung schützt die Vertragspartner jedoch nicht in jedem Fall vor einer Unwirksamkeit des Gesamtvertrages. Ist ein Teil eines Rechtsgeschäfts nichtig, so bestimmt § 139 BGB, dass von einer Nichtigkeit eines Rechtsgeschäfts dann auszugehen ist, wenn nicht anzunehmen ist, dass der Vertrag auch ohne seinen nichtigen Teil vorgenommen sein würde. Bezieht sich der Mangel auf eine wesentliche Regelung, so kann dies auf den gesamten Vertrag durchschlagen.

12.5 Steuerliche Aspekte der Praxisübertragung

Vor Unterzeichnung des Praxisübernahmevertrages empfiehlt es sich dringend, hinsichtlich der steuerlichen Fragestellungen den Rat eines Steuerberaters einzuholen.

Zu den Einkünften des Verkäufers aus selbständiger Arbeit gehört auch der Gewinn, der bei der Veräußerung des Vermögens oder eines selbständigen Teils des Vermögens oder eines Anteils am Vermögen erzielt wird, das der selbständigen Arbeit dient (§ 18 Abs. 3 Satz 1 EStG). Bei der Veräußerung der gesamten Praxis oder einer Teilpraxis wird unter bestimmten Voraussetzungen ein **Freibetrag** gewährt. Darüber hinaus sind **Tarifvergünstigungen** vorgesehen.

Die Inanspruchnahme dieser steuerlichen Vorteile setzt voraus, dass der Abgeber das **55. Lebensjahr** vollendet hat oder als dauernd berufsunfähig im sozialversicherungsrechtlichen Sinne anzusehen ist. Eine Veräußerung der Praxis liegt dann vor, wenn eine **endgültige Übertragung** der wesentlichen Grundlagen der Praxis in einem einheitlichen Vorgang stattfindet und der Veräußerer eine **freiberufliche Tätigkeit beendet**.

➔ Zu den wesentlichen Grundlagen der freiberuflichen Praxis gehört insbesondere der Kundenstamm. Es ist also steuerschädlich, wenn der Verkäufer nach Übertragung der Praxis wieder konkurrierend tätig wird und so wesentliche Teile der immateriellen Wirtschaftsgüter für sich weiter nutzbar macht. ¶

Die Veräußerung einer Teilpraxis bedingt, dass organisatorisch im Wesentlichen selbständige Teile mit einem jeweils eigenen Kundenkreis veräußert werden. Nach der Rechtsprechung des Bundesfinanzhofes kann die Praxis eines Tierarztes auf diese Weise jedoch nicht in wesensmäßig verschiedene berufliche Tätigkeiten aufgeteilt werden, z. B. wenn neben der Behandlung von Großtieren auch die Betreuung von Kleintieren Gegenstand der Praxis ist.

Veräußerungsgewinne sind beim Verkäufer im Veräußerungsjahr zu versteuern. Aus diesem Grund wird der Übertragungszeitpunkt häufig aus einkommensteuerlichen Gründen auf den Anfang eines neuen Kalenderjahres gelegt; zumal der Verkäufer in diesem Jahr nach Aufgabe der Praxis keine anderweitigen Einkünfte aus freiberuflicher Tätigkeit mehr hat.

Die Aufwendungen des Käufers für den Erwerb der tierärztlichen Praxis können von ihm abgeschrieben werden. Bezüglich der Abschreibungs-/Nutzungsdauer werden regelmäßig unterschiedliche Abschreibungsfristen zugrunde gelegt. Die Praxisveräußerung unterliegt als solche nicht der gesetzlichen Umsatzsteuer.

➔ **Hinweis**

➔ Der Übernehmer haftet gemäß § 75 Abs. 1 AO (Abgabenordnung) bei Übertragung eines Unternehmens im Ganzen (hierzu zählen auch freiberufliche Praxen) neben dem Erwerber für alle Betriebssteuern (Umsatz-, Gewerbe-, Lohnsteuer), die im Jahr vor der Übertragung entstanden sind. ¶

➔ **Hinweis**

Die Haftung erstreckt sich auch auf die Erstattung von Steuervergünstigungen. Vor diesem Hintergrund ist dringend anzuraten, vor Abschluss des Praxisübernahmevertrages genaue Feststellungen über etwaig noch bestehende Steuerschulden zu treffen. Im Innenverhältnis sollte eine Freistellungserklärung des Verkäufers erfolgen.

Da der Erwerber umsatzsteuerlich an die Stelle des Verkäufers tritt, können für ihn Konsequenzen bezüglich einer erforderlich werdenden Berichtigung des Vorsteuerabzugs entstehen, weil eine eventuelle Umsatzsteuerberichtigungspflicht nach der Praxisveräußerung den Erwerber trifft. Es empfiehlt sich, diesbezüglich entsprechende Zusicherungen des Veräußerers in den Vertrag aufzunehmen, dass von ihm alle für die Durchführung der Vorsteuerberichtigung erforderlichen Angaben nach Maßgabe des § 15a UStG vollständig und richtig gemacht wurden und er bei Verletzung dieser Zusicherung dem Erwerber auf Schadensersatz haftet.

12.6 Leistungsstörungen beim Praxiskauf

12.6.1 Mängel der Tierarztpraxis

Der Verkäufer einer Sache haftet grundsätzlich dem Käufer für die Mangelfreiheit des Kaufgegenstandes. Gemäß § 433 Abs. 1 Satz 2 BGB ist der Verkäufer verpflichtet, dem Käufer die Ware frei von Sach- und Rechtsmängeln zu verschaffen. Die kaufrechtlichen Vorschriften über die Gewährleistung bei Sach- und Rechtsmängeln sind gemäß § 453 Abs. 1 BGB auf den Praxiskauf als Unternehmenskauf entsprechend anzuwenden.

Für den Unternehmenskauf kann man drei übergreifende Fehlerkategorien bilden:

1) Der Verkäufer hat **fehlerhafte Angaben** gemacht.
2) Zum Unternehmensvermögen gehörende **Sachen bzw. Rechte sind mangelhaft.**
3) Die Praxis ist als **Unternehmen** insgesamt **»mangelhaft«**.

Dabei kann nicht immer eine klare Abgrenzung zwischen den einzelnen Fehlerkategorien vorgenommen werden; häufig treten Fehler aus den einzelnen Kategorien nebeneinander auf.

Übertragen auf die tierärztliche Praxis liegt ein Fehler der ersten Kategorie vor, wenn der Verkäufer bei den Vertragsverhandlungen falsche Umsatzzahlen angibt. Sind dagegen medizinische Apparaturen defekt und damit nicht für den Betrieb der Tierarztpraxis geeignet, ist ein Gegenstand des Unternehmensvermögens fehlerhaft. Ein Mangel der Tierarztpraxis als Unternehmen im Ganzen könnte schließlich in ihrem schlechten Ruf bzw. dem dadurch bedingten nicht mehr vorhandenen Kundenstamm liegen.

Grundsätzlich liegt ein **Sachmangel** gemäß § 434 BGB vor, wenn die Kaufsache bei Gefahrübergang, d. h. zum Zeitpunkt der Übergabe, nicht die vereinbarte Beschaffenheit aufweist. Ist eine Vereinbarung über die Beschaffenheit der Sache nicht getroffen worden, so ist die Kaufsache mangelfrei, sofern sie sich für die nach dem Vertrag vorausgesetzte Verwendung eignet. Ansonsten ist sie mangelfrei, wenn sie sich für die gewöhnliche Verwendung eignet und eine Beschaffenheit aufweist, die bei Sachen der gleichen Art üblich ist und die der Käufer nach der Art der Sache erwarten kann. Der Begriff der Beschaffenheit in § 434 BGB umfasst dabei auch tatsächliche, wirtschaftliche und rechtliche Beziehungen der Kaufsache zur Umwelt. Das heißt, sowohl die Umsätze und Erträge einzelner Geschäftsjahre, als auch die Ertragsfähigkeit eines Unternehmens können zur geschuldeten Beschaffenheit gehören. Voraussetzung ist allerdings, dass im Kaufvertrag auch eine entsprechende Beschaffenheitsvereinbarung getroffen wurde. Ist im Kaufvertrag festgehalten, dass das verkaufte Unternehmen in den zurückliegenden Geschäftsjahren bestimmte Umsätze oder Erträge erzielt hat, ist dies eine Beschaffenheitsvereinbarung. Treffen diese Angaben nicht zu, ist das verkaufte Unternehmen nicht vertragsgemäß und der Verkäufer haftet gemäß den §§ 434 ff. BGB. Demgegenüber werden Angaben des Verkäufers über zukünftige Erträge nicht von den Vorschriften des Gewährleistungsrechts erfasst. In solch einem Falle haftet der Verkäufer nur, wenn er eine selbständige Garantie gemäß § 311 BGB übernommen hat, was regelmäßig nicht der Fall ist.

Demgegenüber liegt ein **Rechtsmangel** der Kaufsache vor, wenn Dritte in Bezug auf die Sache Rechte gegenüber dem Käufer geltend machen können, die nicht im Kaufvertrag vereinbart waren (§ 435 BGB). Ein Rechtsmangel liegt damit vor, wenn die Sache vom Verkäufer zur Sicherung von Darlehen an einen Dritten, z. B. die Hausbank, übereignet worden ist. Auch baupolizeiliche Nutzungsbeschränkungen, z. B. das Fehlen der erforderlichen Nutzungsänderungsgenehmigung beim Betrieb einer Tierarztpraxis in einem Wohnhaus oder ein ausgelaufener Mietvertrag über die Praxisräumlichkeiten, können einen Rechtsmangel in Bezug auf das Unternehmen Tierarztpraxis darstellen.

Sofern einzelne Gegenstände und Rechte des Unternehmensvermögens mangelhaft sind, stellt sich die Frage, unter welchen Voraussetzungen auch das **verkaufte Unternehmen** als **»mangelhaft«** anzusehen ist. Nach der Gesetzeslage vor der Schuldrechtsreform konnte der Fehler eines Kaufgegenstandes nur dann die Mangelhaftigkeit des Unternehmens verursachen, wenn dieser so gravierend war, dass er auf das gesamte Unternehmen durchschlug und dadurch dessen wirtschaftliche Grundlage berührte.

Nach der heutigen Gesetzeslage können die Parteien ohne Weiteres vereinbaren, dass sämtliche Gegenstände des Unternehmensvermögens frei von Sachmängeln sind. Solch eine Erklärung wird der Verkäufer einer Tierarztpraxis jedoch i. d. R. nicht abgeben, da es sich bei den übertragenen Gerätschaften meist um gebrauchte Geräte handelt. Regelmäßig erfolgt insoweit ein **Gewährleistungsausschluss**. Ist eine solche Beschaffenheitsvereinbarung nicht getroffen worden, kann schließlich ein Sachmangel gemäß § 434 Abs. 1 Satz 2 Nr. 1 BGB vorliegen. Dazu müsste das Unternehmen in Folge des mangelhaften Einzelgegenstandes nicht für die nach dem Vertrag vorausgesetzte »Verwendung« geeignet sein. Die vertraglich vorausgesetzte Verwendung des Kaufgegenstandes Tierarztpraxis dürfte i. d. R. darin bestehen, dass der Erwerber in der erworbenen Praxis seine tierärztlichen Leistungen uneingeschränkt erbringen kann. Dies dürfte auch die gewöhnliche Verwendung darstellen, die der Käufer erwarten darf. Es gilt demnach ein subjektiver Maßstab und es kommt ganz entscheidend darauf an, was die Parteien vereinbart haben. Allerdings gehören gemäß § 434 Abs. 1 S. 3 BGB zur vertraglich geschuldeten Beschaffenheit der Kaufsache überdies Eigenschaften, die der Käufer nach den öffentlichen Äußerungen des Verkäufers – also etwa Beschreibungen in einer Anzeige – erwarten kann.

Hinweis

Je detaillierter etwaige Beschaffenheitsvereinbarungen sind, desto eher lassen sich spätere Streitigkeiten vermeiden. So sollten Beschaffenheitsvereinbarungen in den Vertrag aufgenommen werden, durch welche die für die Parteien Wert bildenden Faktoren des Kaufgegenstandes Tierarztpraxis eine Konkretisierung erfahren. Im Rahmen solcher Regelungen sollte z. B. klargestellt werden, in welchem Zustand sich vorhandene medizinische Apparaturen befinden. ¶

Sofern dem Verkäufer Funktionsstörungen bekannt sind, sollten diese ebenfalls in den Vertrag aufgenommen werden. Gemäß § 444 BGB kann sich der Verkäufer auf einen Haftungsausschluss für Mängel nicht berufen, wenn er diese arglistig verschwiegen oder eine Garantie übernommen hat.

12.6.2 Aufklärungspflichten des Verkäufers

Neben den Gewährleistungsrechten kann der Käufer u. a. dann Schadensersatzansprüche geltend machen, wenn der Verkäufer bestehende Aufklärungspflichten verletzt. Aufklärungspflichten des Verkäufers zugunsten des Käufers bestehen insbesondere in Bezug auf solche Umstände, die für den Käufer erkennbar von ausschlaggebender Bedeutung für den Kaufabschluss sind. Eine Aufklärungspflicht des Verkäufers eines Unternehmens wird von der Rechtsprechung z. B. dann angenommen, wenn die Umsätze des Unternehmens kurz vor Vertragsschluss erheblich gesunken sind oder sich die Grundlagen der Kaufpreisberechnung geändert haben. Dasselbe dürfte gelten, wenn die Nutzbarkeit der Praxisräumlichkeiten nicht gewährleistet ist. In solch einem Falle würde der Verkäufer gegen eine aus dem Schuldverhältnis bestehende Pflicht verstoßen und sich gemäß § 280 Abs. 1 BGB schadensersatzpflichtig machen. Ebenso kann sich der Verkäufer schadensersatzpflichtig machen, wenn er ungeprüft Tatsachenbehauptungen »ins Blaue hinein« aufstellt. Mit weit reichenden »Anpreisungen« sollte man sich daher zurückhalten.

12.6.3 Rechtsfolgen

Liegt ein Sach- oder Rechtsmangel im Sinne der §§ 434, 435 BGB vor, kann der Käufer die in § 437 BGB bezeichneten Rechte geltend machen. Danach hat der Käufer zunächst einmal einen Anspruch auf **Nacherfüllung**. Dieser Anspruch ist gegenüber Schadensersatzansprüchen, dem Rücktritt oder der Minderung vorrangig. Eine Nachlieferung kommt i. d. R. in Betracht, wenn einzelne Gegenstände des Unternehmensvermögens mangelhaft sind. So ist der Verkäufer grundsätzlich dazu verpflichtet, defekte oder untaugliche Geräte nachzuliefern, sofern diesbezüglich kein wirksamer Gewährleistungsausschluss vereinbart wurde. Die Beseitigung oder die Nachlieferung kann der Verkäufer lediglich dann verweigern, wenn die Nacherfüllung mit unverhältnismäßigen Kosten verbunden ist.

Scheitert die Nacherfüllung oder wird diese vom Verkäufer abgelehnt, kommen für den Käufer entweder der **Rücktritt** vom Vertrag oder die **Minderung des Kaufpreises** als alternativ nebeneinander stehende Gestaltungsrechte in Betracht. Die Rückabwicklung eines Praxiskaufvertrages bringt jedoch häufig eine Reihe von Schwierigkeiten mit sich. So wird das Unternehmen regelmäßig durch Entscheidungen des Käufers verändert. Es können Investitionen vorgenommen, Praxispersonal gewechselt oder das Dienstleistungsangebot verändert werden. Darüber hinaus schadet ein mehrmaliger Inhaberwechsel dem Ruf einer Tierarztpraxis. In der Vertragspraxis wird das Rücktrittsrecht des Käufers daher häufig für die Zeit nach Vollzug des Kaufvertrages ausgeschlossen oder erheblich eingeschränkt. Auf der anderen Seite sieht auch das Gesetz eine Reihe von Einschränkungen der Rücktrittsmöglichkeiten vor. So hat der Verkäufer, wie bereits erwähnt, u. a. das »Recht zur zweiten Andienung« und damit die Möglichkeit, die Rückabwicklung durch eine nachträglich ordnungsgemäße Erfüllung seiner Pflicht abzuwenden. Darüber hinaus ist der Rücktritt vom Vertrag gemäß § 323 Abs. 5 BGB ausgeschlossen, wenn die Pflichtverletzung unerheblich ist. Damit wurde die im alten Gewährleistungsrecht enthaltene Bagatellgrenze zumindest für den Fall des Rücktritts beibehalten. Danach kamen Gewährleistungsansprüche bei geringfügigen Mängeln, die für die Gebrauchstauglichkeit der Kaufsache nicht erheblich waren, nicht in Betracht. Dennoch bleibt es dabei, dass die Rückabwicklung eines Praxiskaufes in der Praxis äußerst kompliziert ist. So stellt sich die Frage, welche gezogenen Nutzungen ersetzt, welche Investitionen übernommen werden müssen und wie etwa der Eigenanteil des Käufers am Unternehmenserfolg zu bemessen ist.

Alternativ zu einem Rücktritt kann der Kaufpreis gemindert werden. Die Voraussetzungen der Minderung entsprechen denen des Rücktritts mit dem Unterschied, dass eine Minderung auch bei unerheblichen Mängeln möglich ist. Bei der Minderung wird der Kaufpreis in dem Verhältnis herabgesetzt, in welchem zur Zeit des Vertragsschlusses der Wert des Unternehmens im mangelfreien Zustand zu dem wirklichen Wert gestanden hätte. Insofern kann es jedoch schwierig sein, den wirklichen und den hypothetischen Unternehmenswert zu ermitteln. Hier helfen konkrete Angaben zu den von den Parteien vorgenommen Bewertungen im Praxiskaufvertrag.

Letztlich kann der Käufer neben dem Rücktritt und der Minderung zusätzlich Schadensersatz statt der Leistung verlangen, wenn der Verkäufer die Pflichtverletzung, d. h. die Mangelhaftigkeit des Kaufgegenstandes, zu vertreten hat, ihm also zumindest fahrlässiges Handeln vorgeworfen werden kann (§§ 280, 281 BGB). Weiterhin gibt es den Schadensersatz wegen Verzögerung der Leistung, wenn z. B. eine verspätete Übergabe der Praxis erfolgt und dem Käufer dadurch Umsatzeinbußen entstehen. Ein Schadensersatz neben der Leistung kommt in Betracht, wenn der Verkäufer z. B. wesentliche Informationen bzgl. der Praxis vorenthält und dem Käufer aufgrund der Unkenntnis ein Schaden entsteht. Schließlich kann der Käufer den Ersatz nutzloser Aufwendungen verlangen (z. B. Vertragskosten). In jedem Fall ist der Käufer so zu stellen, wie er bei ordnungs- und vertragsgemäßer Leistung des Verkäufers gestanden hätte.

12.6.4 Verjährung

Die Gewährleistungsansprüche des Käufers wegen eines Sach- oder Rechtsmangels des Unternehmens verjähren nach § 438 Abs. 1 Nr. 3 BGB grundsätzlich in zwei Jahren, soweit sie sich auf die Nacherfüllung (§§ 437 Nr. 1, 439 BGB) oder auf Schadens- bzw. Aufwendungsersatz (§§ 437 Nr. 3, 440, 280 ff. BGB) beziehen. Die Verjährung beginnt beim Sachkauf nach § 438 Abs. 2 BGB mit der Übergabe bzw. Ablieferung der Kaufsache. Das Rücktritts- und Minderungsrecht des Käufers (§§ 437 Nr. 2, 440, 323 BGB) unterliegt hingegen keiner Verjährung. Die Ausübung beider Rechte ist jedoch nach §§ 438 Abs. 4 und 5, 218 Abs. 1 BGB unwirksam, wenn die der Ausübung zugrunde liegenden Gewährleistungsansprüche verjährt sind.

13 Praxisinsolvenz

13.1 Aktuelle Situation

Derzeit geraten auch Tierarztpraxen zunehmend in wirtschaftliche Notsituationen. Dies hängt häufig zusammen mit der Zahlungsunfähigkeit bzw. -willigkeit der Tierbesitzer. Nicht selten zahlen Tierbesitzer tierärztliche Rechnungen entweder gar nicht oder erst nach einem längeren Zeitraum bzw. erst nach Durchführung eines gerichtlichen Mahnverfahrens. In den meisten Fällen tritt jedenfalls eine erhebliche zeitliche Verzögerung ein. Genau dies ist – gemeinsam mit einer evtl. sinkenden Auftragslage und einer zunehmenden Konkurrenzsituation – häufig der Beginn eines finanziellen Teufelskreislaufs. Viele Tierärzte haben aus verschiedensten privaten und insbesondere praxisbezogenen Gründen Verbindlichkeiten. So müssen z. B. ein Existenzgründungsdarlehen (Zinsen und Tilgung) oder eine das Darlehen sichernde Lebensversicherung bedient werden. Ferner bestehen offene Rechnungen von Seiten diverser Arzneimittelfirmen. Zum Teil befindet sich die Praxis auch in angemieteten Räumlichkeiten, so dass die Miete monatlich fällig wird. Vielleicht hat der Tierarzt soeben ein neues Röntgen- oder Ultraschallgerät oder ein neues Praxisfahrzeug erworben. Schließlich muss das Praxispersonal regelmäßig entlohnt werden. All diese Verbindlichkeiten bleiben auch dann bestehen, wenn die Umsätze – gleich aus welchen Gründen – zurückgehen.

Häufig wird versucht, die Gläubiger »tröpfchenweise« zu befriedigen. So werden häufig »Stillhaltevereinbarungen« mit einigen Gläubigern getroffen, um die bei anderen Gläubigern bestehenden Verbindlichkeiten (insbesondere der Bank oder der Lebensversicherung) bezahlen zu können. Nicht selten müssen auch die Praxisangestellten unregelmäßige Gehaltszahlungen in Kauf nehmen. In den schlimmsten Fällen werden sogar die Arbeitnehmerbeiträge zur Sozialversicherung nicht abgeführt, obwohl dadurch ein Straftatbestand verwirklicht wird.

All diese Maßnahmen reichen häufig nicht aus, um die Situation in den Griff zu bekommen. Vielmehr steigt der Schuldenberg immer weiter an, während die Rückzahlungsmöglichkeiten immer weiter sinken. Viele Banken kündigen dann die Darlehensverträge während der vereinbarten Laufzeit und machen Vorfälligkeitszinsen geltend. Andere Gläubiger machen ihre offenen Forderungen gegenüber der Praxis gerichtlich geltend, erwirken einen gerichtlichen Vollstreckungstitel und betreiben anschließend die Zwangsvollstreckung. Im erfolglosen Fall droht die Verpflichtung zur **Abgabe einer eidesstattlichen Versicherung**. Der private und finanzielle Druck auf den Tierarzt steigt immer weiter an. So geraten Tierarztpraxen zunehmend in den Bereich der Zahlungsunfähigkeit – wie im Übrigen auch Arzt- und Zahnarztpraxen.

13.2 Außergerichtlicher Vergleich mit den Gläubigern

Bei einer wirtschaftlichen Krise aufgrund von (drohender) Zahlungsunfähigkeit bieten sich dem Tierarzt wie auch jedem Einzelunternehmer gesetzliche Möglichkeiten zur Abwehr und Bereinigung seiner Verbindlichkeiten.

Praxistipp

In Absprache mit einem in Sanierungs- und Insolvenzfragen erfahrenen Rechtsanwalt sollte der Tierarzt in einer solchen Situation abwägen, ob ein außergerichtlicher Vergleich mit den Gläubigern (sog. »Moratorium«) möglich oder aber die Einleitung eines gerichtlichen Insolvenzverfahrens sinnvoll ist. ¶

Einer solchen Prüfung muss in aller Regel zunächst eine **seriöse Liquiditätsplanung** vorausgehen, die sowohl die berufliche als auch die private Situation erfasst. Mit dem Berater sollte zudem erörtert werden, in welcher Weise die kurzfristig fälligen Verbindlichkeiten bedient und welche Verbindlichkeiten noch begründet werden dürfen. Ziel muss es sein, eine verbindliche Vereinbarung mit den Gläubigern zu treffen. Im Ergebnis läuft ein solcher Vergleich darauf hinaus, sämtliche Gläubiger zumindest anteilig mit einer vereinbarten Quote zu befriedigen. In der Praxis stellt sich diese Vergütungsquote im Rahmen des Moratoriums für die Gläubiger i. d. R. günstiger dar, als die Vergütungsquote im Rahmen eines gerichtlichen Insolvenzverfahrens.

Der Tierarzt sollte sodann penibel darauf achten, die vergleichsweise vereinbarten Zahlungsmodalitäten einzuhalten, damit der Vergleich Bestand haben kann.

Vorsicht

Bei Insolvenz lauern strafrechtliche Fallen, z. B. das Nichtabführen von Sozialversicherungsbeiträgen der Arbeitnehmer sowie das Bestellen von Ware, ohne zu wissen, ob die Rechnung bezahlt werden kann. ¶

13.3 Gerichtliches Insolvenzverfahren

Ist ein außergerichtlicher Vergleich mit den Gläubigern nicht möglich oder wirtschaftlich nicht sinnvoll, bietet sich die Schuldenbereinigung durch Einleitung eines Insolvenzverfahrens an. Hierbei handelt es sich um ein gesetzlich festgelegtes Verfahren. Seit dem 01.01.1999 gilt ein einheitliches Insolvenzrecht für das gesamte Bundesgebiet. Das bis dahin gültige Konkurs-, Vergleichs- und Gesamtvollstreckungsrecht wurde durch die **Insolvenzordnung** abgelöst. Der Grundgedanke des Insolvenzverfahrens besteht darin, die Gläubiger eines Schuldners (des Tierarztes) gemeinschaftlich zu befriedigen, indem das Vermögen des Schuldners verwertet und der Erlös verteilt oder in einem Insolvenzplan eine abweichende Regelung, insbesondere zum Erhalt der Praxis, getroffen wird (§ 1 InsO). Somit hat auch das neue Insolvenzrecht das vorrangige Ziel, die Forderungen von Gläubigern so gut wie möglich zu erfüllen. Zusätzlich eröffnet es aber Schuldnern nunmehr die Möglichkeit eines wirtschaftlichen Neuanfangs, wenn sie zahlungsunfähig sind oder ihre Zahlungsunfähigkeit zumindest droht.

13.3.1 Insolvenzeröffnungsverfahren

Die Durchführung eines gerichtlichen Insolvenzverfahrens ist an gesetzlich normierte Voraussetzungen gebunden. Zunächst muss der Schuldner (also der Tierarzt) als Träger der zu verwertenden Vermögensmasse insolvenzfähig im Sinne der §§ 11 ff. InsO sein. Ein Insolvenzverfahren kann über das Vermögen jeder natürlichen Person wie auch über das Vermögen einer Gesellschaft ohne Rechtspersönlichkeit eröffnet werden. Eine Tierarztpraxis wird im Regelfall als Einzelpraxis oder aber als Gesellschaft bürgerlichen Rechts (Praxisgemeinschaft, Gemeinschaftspraxis) oder als Partnerschaftsgesellschaft geführt. Somit ist sowohl der in einer Einzelpraxis tätige Tierarzt als auch die Gesellschaft bürgerlichen Rechts als solche insolvenzfähig.

Ein Insolvenzverfahren kann ferner nur eröffnet werden, wenn ein **Eröffnungsgrund** vorliegt (§ 16 InsO). Eröffnungsgründe sind danach: Zahlungsunfähigkeit, drohende Zahlungsunfähigkeit und Überschuldung. Der Tierarzt als Schuldner ist zahlungsunfähig, wenn er nicht in der Lage ist, die fälligen Zahlungsverpflichtungen zu erfüllen (§ 17 Abs. 2 InsO). Zahlungsunfähigkeit ist i. d. R. anzunehmen, wenn der Tierarzt als Schuldner seine Zahlungen eingestellt hat. In § 18 InsO hat der Gesetzgeber als Insolvenzgrund auch die drohende Zahlungsunfähigkeit anerkannt. Der Schuldner soll damit in einem frühen Stadium, in dem entsprechende Sanierungsbemühungen noch Aussicht auf Erfolg haben, ein Insolvenzverfahren einleiten können. Der Tierarzt als Schuldner droht zahlungsunfähig zu werden, wenn er voraussichtlich nicht in der Lage sein wird, die bestehenden Zahlungspflichten zum Zeitpunkt ihrer Fälligkeit zu erfüllen.

Ein weiterer Insolvenzgrund ist die Überschuldung. Eine Überschuldung liegt vor, wenn das Vermögen des Schuldners die bestehende Verbindlichkeit nicht mehr deckt. Ein Insolvenzantrag wegen Überschuldung kann jedoch nur von juristischen Personen und Gesellschaften ohne Rechtspersönlichkeit, bei denen keine natürliche Person unbegrenzt haftet, gestellt werden. Der Insolvenzgrund der Überschuldung dürfte daher in praktischer Hinsicht bei Tierarztpraxen keine Bedeutung haben.

Liegt ein Insolvenzgrund vor, setzt die Eröffnung eines Insolvenzverfahrens ferner einen **Insolvenzantrag** nach § 13 Abs. 1 InsO voraus. Antragsberechtigt ist grundsätzlich der Tierarzt als Schuldner und jeder Gläubiger (z. B. die finanzierende Bank, das Finanzamt, Warenlieferer). Der Insolvenzantrag kann formlos gestellt werden – auch mündlich zu Protokoll des zuständigen Amtsgerichtes. Der Gläubiger hat anders als der Schuldner seine Forderung und den Eröffnungsgrund glaubhaft zu machen. Sieht sodann der Insolvenzrichter den Antrag als zulässig an, ist der Schuldner zwingend von Amts wegen anzuhören.

Um bis zur Entscheidung über den Antrag auf Eröffnung des Insolvenzverfahrens eine für den Gläubiger nachteilige Veränderung der Vermögenslage des Tierarztes als Schuldner zu verhindern, sieht die Insolvenzordnung in § 21 InsO die Anordnung von Sicherungsmaßnahmen durch das Insolvenzgericht vor. Dazu gehören die Bestellung eines vorläufigen **Insolvenzverwalters**, die Auferlegung eines allgemeinen Verfügungsgebots und die Untersagung von Maßnahmen der Zwangsvollstreckung gegen den Schuldner. Darüber hinaus kann das Gericht den Schuldner zwangsweise vorführen oder unter bestimmten Voraussetzungen nach Anhörung in Haft nehmen lassen.

Der vorläufige Insolvenzverwalter prüft dann, ob tatsächlich der Insolvenzgrund der Zahlungsunfähigkeit oder drohenden Zahlungsunfähigkeit vorliegt. Er prüft darüber hinaus, ob ausreichend Masse, also verwertbares Vermögen, vorhanden ist, um die Kosten des Verfahrens zu decken. Bei Anordnung des vorläufigen Insolvenzverfahrens kann das Gericht gegenüber dem Schuldner ein Verfügungsverbot (sog. »starker vorläufiger Insolvenzverwalter«) anordnen. In der Konsequenz kann dann der Schuldner nicht mehr über sein Vermögen verfügen, sondern nur noch der vorläufige Insolvenzverwalter. In den meisten Fällen wird das Gericht einen sog. »Zustimmungsvorbehalt« (sog. »schwacher vorläufiger Insolvenzverwalter«) anordnen. Dies bedeutet, dass der Schuldner ohne Zustimmung des Insolvenzverwalters nicht mehr über sein Vermögen verfügen kann. Geschäfte des Schuldners bedürfen damit der Zustimmung des vorläufigen Insolvenzverwalters.

13.3.2 Das eröffnete Insolvenzverfahren

Sofern genügend Insolvenzmasse vorhanden ist, erlässt das Gericht einen Beschluss, mit dem das Insolvenzverfahren eröffnet wird. In dem Beschluss wird der Insolvenzverwalter bestellt. Dabei ist das Insolvenzgericht grundsätzlich nicht an die Vorschläge der Gläubiger oder des Schuldners gebunden, sondern entscheidet nach seinem Ermessen. In den meisten Fällen wird der vorläufige Insolvenzverwalter auch im eröffneten Verfahren als Verwalter bestellt werden.

Die Eröffnung des Insolvenzverfahrens wird von Amts wegen bekannt gegeben und im Register und in Handelsbücher eingetragen. In dem Eröffnungsbeschluss bestimmt das Gericht ferner den Termin für die Gläubigerversammlung, in der auf Grundlage des Berichts des Insolvenzverwalters über den Fortgang des Insolvenzverfahrens beschlossen wird (sog. »Berichtstermin«).

Der Insolvenzverwalter hat im Rahmen des Insolvenzverfahrens vielfältige Rechte und Pflichten. Seine Hauptaufgabe besteht darin, für eine ordnungsgemäße Verwaltung des Vermögens, die Verwertung des Vermögens, die Einziehung von Forderungen, die Anmeldung und Prüfung der Forderungen sowie für eine Befriedigung aller Gläubiger zu sorgen.

Neben der Befriedigung von Forderungen der Gläubiger hat das Insolvenzverfahren – sofern wirtschaftlich möglich – grundsätzlich die Fortführung und Sanierung der Praxis und eine Restschuldbefreiung zum Ziel. Dabei sind verschiedene Wege der **Schuldenbereinigung** möglich.

13.3.2.1 Regelabwicklung

Eine Möglichkeit der Schuldenbereinigung besteht darin, dass die Tierarztpraxis im Rahmen des Insolvenzverfahrens durch den Tierarzt unter Aufsicht des Insolvenzverwalters fortgeführt wird. Aus dem monatlich erzielten Gewinn muss der Tierarzt dann den über einen Pfändungsfreibetrag hinausgehenden Betrag an den Insolvenzverwalter abführen. Der Verwalter begleicht mit diesen Beträgen die Kosten des Insolvenzverfahrens und zahlt eventuelle Überschüsse an die Gläubiger aus.

Sofern die Befriedigung der Gläubiger durch Fortführung der Praxis nicht möglich erscheint, sieht die Insolvenzordnung im schlimmsten Falle einerseits die Liquidation des Vermögens und die Verteilung des Erlöses und andererseits die Übertragung der Praxis oder von Teilen des Praxisinventars auf Dritte und die anschließende Verteilung des Kaufpreises an die Gläubiger vor.

Nach Zweckerreichung, also der (überwiegenden) Befriedigung der Gläubiger, wird das Insolvenzverfahren durch Beschluss des Insolvenzgerichts aufgehoben. Der Tierarzt erhält dann die Verwaltungs- und Verfügungsbefugnis zurück. Gleichzeitig entfällt das während der Dauer des Insolvenzverfahrens zugunsten des Tierarztes bestehende Prozessverbot sowie das Verbot der Durchführung der Zwangsvollstreckungen durch die Gläubiger. Der Tierarzt sieht sich sodann erneut – jetzt wieder eigenverantwortlich – den möglichen weiteren Forderungen der Gläubiger ausgesetzt. Der Tierarzt kann allerdings unter bestimmten Voraussetzungen auf Antrag eine sog. **»Restschuldbefreiung«**, also eine Befreiung von den verbliebenen Verbindlichkeiten erlangen. Dabei kann es sich um solche Verbindlichkeiten handeln, die bereits vor der Insolvenzeröffnung bestanden oder die von dem Insolvenzverwalter eingegangen wurden. Dazu muss der Tierarzt über längere Zeit – i. d. R. 6 Jahre – bestimmte Verpflichtungen erfüllen. Insbesondere muss er den pfändbaren Teil seines Einkommens an einen Treuhänder abtreten. Die Beträge werden sodann an die Gläubiger verteilt. Verhält sich der Tierarzt während der sog. »Wohlverhaltensperiode« redlich, erteilt das Gericht nach Ablauf dieser Frist die Restschuldbefreiung und erlässt damit die noch bestehenden Schulden. Einem wirtschaftlichen Neuanfang steht dann nichts mehr im Wege.

13.3.2.2 Insolvenzplanverfahren

Neben der Schuldenbereinigung im Rahmen der sog. »Regelabwicklung« kann eine Verwertung des Vermögens auch einvernehmlich auf der Grundlage eines Insolvenzplans erfolgen. Entweder mit dem Ziel, die Praxis als solche zu erhalten und zu sanieren, sie zu übertragen oder zu liquidieren.

Bei dem Insolvenzplan handelt es sich um einen Vergleich mit dem Ziel, abweichend von den gesetzlichen Regelungen eine einvernehmliche Lösung zur Bewältigung der Insolvenz zu finden. Ein Insolvenzplan kann sowohl vom Insolvenzverwalter als auch vom Schuldner (Tierarzt) dem Gericht und den Gläubigern zur Abstimmung vorgelegt werden. Der Plan ist i. d. R. darauf gerichtet, die oben genannte Zeit von 6 Jahren bis zur Restschuldbefreiung zu verkürzen. Wichtigste Voraussetzung des Insolvenzplans ist dabei, dass die Gläubiger durch den Plan besser gestellt werden, als bei der Regelabwicklung des Insolvenzverfahrens.

Praxistipp

Beabsichtigt der Tierarzt die Erstellung eines Insolvenzplanes, sollte er diesen möglichst schon mit dem Insolvenzantrag verbinden. Durch die frühzeitige Vorlage eines Plans wird die Arbeit des Insolvenzverwalters und dessen Entscheidung zur Aufrechterhaltung des Praxisbetriebes erleichtert. ¶

Sofern der Insolvenzplan keine anderweitige Regelung vorsieht, wird der Tierarzt, wenn er der im Insolvenzplan vorgesehenen Befriedigung der Insolvenzgläubiger nachkommt, von den restlichen Verbindlichkeiten gegenüber diesen Gläubigern befreit. Eine Restschuldbefreiung auf Antrag ist daher nicht erforderlich.

Vorsicht

Der Insolvenzplan unterliegt strengen formellen und materiell-rechtlichen Voraussetzungen und muss zunächst vom Insolvenzgericht angenommen werden, bevor er den Gläubigern zur Abstimmung vorgelegt wird. ¶

Aus diesem Grunde sollte der Tierarzt dringend einen erfahrenen Rechtsanwalt mit dessen Erstellung beauftragen. Dadurch können einerseits frühzeitig die Erfolgsaussichten und Risiken eingeschätzt werden. Andererseits wird das Risiko einer gerichtlichen Ablehnung des Planes minimiert.

13.4 Fazit

Es kann nur dringend geraten werden, nicht erst im Falle der Insolvenz rechtlichen Rat einzuholen, sondern sich bereits im Krisenfall möglichst frühzeitig beraten zu lassen, um die gesetzlichen Möglichkeiten bei einer drohenden Insolvenz abzuwägen. Schon im Vorfeld eines Insolvenzverfahrens gibt es für den Betroffenen Möglichkeiten, gestaltend auf das weitere Schicksal seiner Praxis Einfluss zu nehmen und sich vom Druck der Gläubiger zu befreien. Wenn eine außergerichtliche Schuldenbereinigung nicht erfolgreich verlaufen ist oder nicht erfolgreich verlaufen kann, kann das gerichtliche Insolvenzverfahren als Grundlage für eine Sanierung des Praxisbetriebes und die Schuldenbereinigung des Tierarztes und somit als Möglichkeit eines wirtschaftlichen Neuanfangs dienen.

14 Stichwortverzeichnis

Abfindung 122, 134, 142, 145
Abmahnung 119
Abrechnung 27, 30f., 33, 128, 138, 140f., 159
–, Behandlungserfolg 28
–, Behandlungsvertrag 27
–, Dienstvertrag 28
–, Doppelbewertung 32
–, Durchsetzbarkeit 37
–, Gebühren *siehe dort*
–, Grundsätze 27
–, Honorar *siehe dort*
–, Kostenvoranschlag 35
–, Mahnung 36
–, Mahnverfahren 37
–, Nachtzeit 31
–, Praxiskosten 33
–, Reiseentschädigung 33
–, schriftliche Vereinbarung 31
–, Tierarztrechnung 34
–, Verjährung 40
–, Vertragspartner 28
–, Verzug 37
–, Vollstreckung 38
–, Wegegeld 33
–, Werkvertrag 28
–, Zeitfaktor 32
–, Zurückbehaltungsrecht 40
–, Zwangsvollstreckung 38
Allgemeine Geschäftsbedingungen 73
Änderungskündigung 117–119
Ankaufsuntersuchung 4, 69f., 74
Anklage 91
Anlagevermögen 153, 159
Anzeigepflicht 14, 87, 89
Approbation 4, 7–11, 24, 89f., 135
–, Antrag 7
–, Behörde 7f.
–, Erteilung 7
–, Rücknahme 8
–, Ruhen 9
–, Urkunde 7
–, Verzicht 10
–, Voraussetzungen 7
–, Widerruf 8f.
–, Widerrufsbescheid 8
Arbeitgeber 105–118, 120, 123–125, 161–163
Arbeitnehmer 14, 105–119, 121–125, 161–163, 176
Arbeitsrecht 4, 105–126
Arbeitsvertrag 105–113, 120, 161
–, Abfindung 122
–, Abmahnung 119
–, Abschluss 106
–, Arbeitgeber 105
–, Arbeitnehmer 105
–, Arbeitsort 108
–, Arbeitszeit 107
–, arglistige Täuschung 106
–, Assistenten 112
–, Aufhebungsvertrag 122
–, Auszubildende 112
–, Beschäftigungsverbot 117
–, Direktionsrecht 108
–, Ehegatte 110f.
–, Fragerecht 106
–, Gratifikation 108
–, Grundlagen 105
–, Kündigung siehe dort
–, Lohnfortzahlung 109
–, Nebentätigkeit 108
–, Praxiserwerb 125
–, Praxisvertreter 112
–, Probezeit 107
–, Schlechtleistung 112f.
–, Schriftformklausel 110
–, Sperrzeit 123
–, Urlaub 109
–, Urlaubsgeld 108
–, Vergütung 108
–, Weihnachtsgeld 108
–, Zeugnis 123
arglistige Täuschung 106
Arzneimittelrecht 4, 79f.
Assistenten 46, 55, 57, 61, 112, 118, 129
Aufhebungsvertrag 122
Aufklärungspflicht 50f., 53, 171
aufschiebende Wirkung 8f.
außerordentliche Kündigung 114
Auszubildende 14, 112f., 117f.

Behandlung
–, -(s)erfolg 28, 60, 81
– –, Kontrolle 82
–, -(s)fehler 15, 43, 46f., 49f., 54–56, 60–62, 64f.
– –, grober 55
– –, Kausalzusammenhang 50, 54f., 61, 64
–, Kostenvoranschlag 35
–, -(s)schwerpunkt 20
–, -(s)unterlagen 53–55, 59, 64
–, -(s)vertrag 27f., 70, 136, 140
Beiträge 15, 17, 33, 102, 131, 133, 141f.
Berufsanfänger 4
Berufsausübungsgemeinschaften 131
Berufsgenossenschaft 14
Berufsgericht 26, 34, 90
Berufsgerichtsbarkeit 26
Berufsgerichtsverfahren 26
Berufshaftpflichtversicherung 15, 43, 61, 110, 164
Berufsordnung 13, 17–20, 22–25, 29, 53, 130
Berufspflichten 15, 17f., 26
–, Verletzung 23
Berufsunfähigkeit 15, 99, 103, 145, 168
–, -(s)versicherung 15
Berufsverbot 8f., 79, 89f., 166
Beschäftigungsverbot 117
Beschäftigungsverhältnis
–, geringfügiges 14
Beteiligung
–, Gewinn- 134, 137, 144
–, Verlust- 134, 137

–, Vermögens- 141f.
betriebsbedingte Kündigung 121
Betriebsübergang 161
Beweislast 54f.
–, -umkehr 54
BSE-Test 88
Bundestierärztekammer 11, 13, 17f., 20, 27, 53, 76f.
Bundesverfassungsgericht 9, 19, 21, 128
Bußgeldbescheid 92

Dienstbereitschaften 12
Dienstvertrag 27f., 44f., 70, 105f.
Direktionsrecht 108
Dispensierrecht 80f., 84
Dokumentation 53, 55, 58, 62, 75, 77, 86, 140
–, -(s)mangel 55
–, -(s)pflicht 14, 53, 58

Eidesstattliche Versicherung 39
Ehegatten
–, -arbeitsverhältnis 161
–, -arbeitsvertrag 110f.
–, -gehalt 156
Eigentumsverletzung 45
Eignung
–, fachliche 106
–, gesundheitliche 8f., 106
–, körperliche 106
–, persönliche 106
–, Räumlichkeiten- 95, 103
Einzelpraxis 3, 12, 128, 133, 139, 142, 146, 150f., 165, 176
Ermächtigung 18

Fachtierarzt 18f., 25
Finanzamt 14, 111, 159, 177
Finanzierungskonzept 13
Fleischbeschau 11, 88
Fleischhygienerecht 4f., 79, 88, 120
Fleischuntersuchung 2, 5, 120
Fortbildung 3, 17f., 21, 33
–, -(s)pflicht 18
Fortsetzungsklausel 134
Fragerecht 106
Freiberuflichkeit 128f., 136, 144
Freiheitsstrafe 9, 79f., 83–88
Futtermittelrecht 79, 89

Gebietsbezeichnung 18
Gebühren 7, 17, 27, 30, 32f., 35f., 38
–, -höhe 30–32
–, -inhalt 33
–, -ordnung 27, 30, 32, 34f.
–, -satz 30f.
–, -unterschreitung 34
–, -verzeichnis 27, 30, 32, 35
Geeignetheit *siehe* Eignung
Gefahrübergang 68, 165, 170
Geldbuße 26
Geldstrafe 9, 79f., 83–88
Gemeinschaftspraxis 3, 12, 99, 128, 130, 137–147, 150, 152, 155, 165f., 176
–, -vertrag
– –, Abfindung 145
– –, Beteiligung 141
– –, Gewinn- und Verlustverteilung 144
– –, Hinauskündigungsklausel 145
– –, Konkurrenzschutzklausel 146
– –, Kündigung 145
– –, Zusammenarbeit 143
Gerichtsverfahren 62f., 65, 102
Geschäftsführung 132
Gesellschaft bürgerlichen Rechts 131
Gesellschaftsrecht 4
Gesellschaftsvermögen 132
Gesellschaftsvertrag 131, 147
gesetzliche Krankenkasse 14
Gewährleistung 17, 159, 170
–, Anspruchsverjährung 173
Gewerbe 22
–, -ordnung 22
Gewinn
–, -anpassungsklausel 144
–, -beteiligung 134, 137, 144
–, -feststellung 144, 156
–, Veräußerungs- 169
–, -verteilung 133f., 144
GmbH 12, 22f., 131f., 136f.
Goodwill 101, 139, 142, 145f., 151, 153–155, 157, 163, 166
Gratifikation 108
Großtierpraxis 2, 166
Gruppenpraxis 3, 12, 22f., 127, 129–132, 136–140, 150–152, 165
Gutachtenmangel 71–73

Haftpflichtversicherung 31, 60–63
Haftung 28, 43–77, 103, 126, 132f., 135f., 139, 162f., 169
–, -(s)ausschluss 73f.
–, -(s)grundlagen 44
–, -(s)risiko 4, 74, 132, 143
Handeltreiben mit Arzneimitteln 84
Hausapotheke
–, tierärztliche 14, 86
Hilfskräfte 11
Hinauskündigungsklausel 145
Honorar 27f., 33, 48
–, -anspruch 36
– –, Verjährung 40f.

Immaterieller Praxiswert 142, 153f.
Impfstoffe 80, 86f.
Insolvenz 175–179
–, -antrag 177
–, Eröffnungsgrund 176
–, -gericht 177, 179
–, -grund 177
–, -masse 177
–, Moratorium 175
–, -ordnung 176–178
–, -plan 176, 178f.
–, -planverfahren 178
–, Regelabwicklung 178
–, Schuldenbereinigung 179
–, Überschuldung 176
–, -verfahren 176
– –, gerichtliches 176
–, Vergleich

– –, außergerichtlicher 175
–, -verwalter 177
–, Zahlungsunfähigkeit 175
Interessensschwerpunkt 20
Internet
–, Werbemöglichkeiten 24f.
Inventar *siehe* Praxisinventar
Investitionen 11, 33, 36, 96, 103, 111, 141, 156, 172

Kammergesetze 18, 137
Kapitalgesellschaften 138
Kaufpreis 11, 68f., 73, 77, 101, 152, 157, 159f., 166–168, 172
Kaufuntersuchung 67–77
–, Allgemeine Geschäftsbedingungen 73
–, Ankaufsuntersuchung 69
–, Fahrlässigkeit 72
–, Gefahrübergang 68
–, Haftung 67
– –, -(s)ausschluss 73
–, Kaufrecht 67
–, Mängel 67–70
– –, -beseitigung 72
–, Nacherfüllung 72
–, Pferdekauf 4
–, Schadensersatzanspruch 68
–, Umfang 74
–, Untersuchungsprotokoll 75
–, Untersuchungsvertrag 70
–, Verkaufsuntersuchung 69
–, Vorsatz 72
–, Werkvertrag 70
Kaufvertrag *siehe* Praxiskaufvertrag
Kausalzusammenhang bei Behandlungsfehler 50, 54f., 61, 64
Kleintierpraxis 2f., 163
Konkurrenzschutz 140
–, -klausel 101, 146f., 166
Kooperation(en) 3, 12, 127–147
–, Auseinandersetzung 134
–, Beendigung 133
–, Berufsausübungsgemeinschaft 127
–, Einzelpraxis 12
–, Fortsetzungsklausel 134
–, Freiberuflichkeit 128
–, Gemeinschaftspraxis 12, 128, 140
–, Geschäftsführung 132
–, Gesellschaftsvermögen 132
–, Gesellschaftsvertrag 131
–, Gewinn 133
–, GmbH 12, 22f., 131f., 136f.
–, Goodwill 142
–, Grundsatz der Niederlassung 129
–, Gruppenpraxis 12
–, Haftung 132
–, Kapitalgesellschaften 138
–, Limited 12
–, Organisationsgemeinschaften 127
–, Partnerschaftsgesellschaft 12, 131, 134f., 139f., 176
–, Personengesellschaften 137
–, Praxisgemeinschaft 12, 138
–, Praxisschild 129
–, Praxissitz 129
–, rechtliche Rahmenbedingungen 128
–, Verlustverteilung 133
–, Vertretung 132
Kostenvoranschlag 35
Krankentagegeldversicherung 15
Krankenversicherung 15
Krankheit 15, 40, 86, 88
Kundenstamm 11, 103, 140–142, 146, 149, 151, 154, 157, 159, 163, 166, 169f.
Kündigung 28, 97, 102, 104f., 107, 110, 113–122, 125f., 133, 135, 145, 161–164
–, Abfindung 122
–, Änderungs- 117–119
–, außerordentliche 114
–, betriebsbedingte 121
–, -(s)fristen 114
–, ordentliche 114
–, personenbedingte 119
–, -(s)schutz 116
–, -(s)schutzgesetz 118
–, -(s)schutzklage 121f.
–, soziale Rechtfertigung 119
–, verhaltensbedingte 120

Landestierärztekammer 17–19, 23–25, 29, 53
Lebensversicherung 15, 175
–, Risiko- 15
Limited 12
Lohnfortzahlung 109

Mahnung 36f., 41
Mahnverfahren 36–38, 41
Mangel
–, Dokumentations- 55
–, Gutachten- 71–73
–, kaufrechtlicher 67–70
–, Sorgfalts- 80
Marktsituation 2
materieller Praxiswert 141, 153, 159
Mietrecht 4, 95–104
–, Bedeutung 95
–, Ein- und Umbauten 100
–, Hausapotheke
– –, tierärztliche 96
–, Instandhaltung 100
–, Konkurrenzschutzklausel 101
–, Lebenshaltungskostenindex 97
–, Mietdauer 96
–, Mietsicherheiten 98
–, Mietvertrag 95–104, 149, 151, 163f., 170
–, Mietzins 97
–, Nebenkosten 97
–, Praxiskooperation 99
–, Praxisschild 100
–, Schönheitsreparaturen 100
–, Schutzvorschriften 95
–, Verlängerungsoptionen 97
–, Vertragszweck 95
–, Wertsicherungsklausel 97
Mitarbeiter 11, 105, 110, 124, 129, 138, 162
Musterberufsordnung 11, 13, 15, 17f., 20, 23, 53

Nacherfüllung 68, 72, 172f.
Nebentätigkeit 108
Niederlassung 2, 4, 11–14, 17, 24, 129f., 136, 142, 149

–, -(s)freiheit 13
Notfalldienst 22

Öffentlicher Dienst 1
ordentliche Kündigung 114
Ordnungswidrigkeit 80, 86, 89, 91f.
Organisationsgemeinschaften 127, 130, 146

Partnerschaftsgesellschaft 12, 131, 134f., 139f., 176
personenbedingte Kündigung 119
Personengesellschaften 131f., 135, 137
Pferdekauf 4, 67, 70
Praxisausstattung 15, 24, 140
Praxisbezeichnung 21
Praxiserwerb 125
Praxisfinanzierung 13
Praxisform 3, 12f.
Praxisgemeinschaft 12, 138–140, 146, 150, 176
Praxisinsolvenz siehe Insolvenz
Praxisinventar 11, 165, 178
–, -verzeichnis 151, 158
Praxiskaufvertrag
–, Arbeitnehmer 161
–, Genehmigung 165
–, Gewährleistung 170
–, Kaufpreis 159
–, Praxismietvertragübernahme 163
–, Vorvertrag 157
Praxiskonzept 13
Praxiskosten 32f., 121, 159
Praxismarketing 19
Praxismietvertrag 95–104, 149, 151, 163f., 170
Praxisneugründung 11, 149
Praxisöffnungszeiten 19
Praxisort 11
Praxisräumlichkeiten 15, 95–98, 101, 129, 141f., 163, 170f.
–, Geeignetheit 95, 103
Praxisschild 2, 19, 24, 100, 129
Praxissitz 11, 13f., 118, 129f., 146, 149
Praxisübernahme 11, 125f., 159, 167
–, -vertrag 101, 151, 158–162, 164f., 167
– –, Vorvertrag 157
Praxisübertragung 149–173
–, Anlagevermögen 153
–, Arbeitsverhältnisse 161
–, Ehegatte 165
–, Einzelpraxis 150
–, Ertragswertverfahren 155
–, Fälligkeit 160
–, Formerfordernisse 167
–, Gewährleistung 159, 170
–, Goodwill 154
–, Inventarverzeichnis 158
–, Kaufpreis 152, 159
–, Konkurrenzschutzklausel 166
–, Kündigung 161
–, Praxisanteil 150
–, Praxisinhaber 151
–, Praxismietvertrag 163
–, Praxisübernahmevertrag 158
–, Praxiswert
– –, immaterieller 153
– –, materieller 153
–, Rechnungsabgrenzung 165
–, Salvatorische Klausel 168
–, Umsatzmethoden 154
–, Unternehmenskauf 149
–, Versicherungsverträge 164
–, Vertragsgestaltung 162
Praxisunterbrechungsversicherung 15
Praxisversicherung 15
Praxisvertreter *siehe* Vertretung
Praxiswert
–, immaterieller 142, 153f.
–, materieller 141, 153, 159
Probezeit 107

Qualifikation 25, 77
–, Klinikleiter 23
–, -(s)nachweis 8, 24
–, Sachverständiger 64
Qualitätsmanagement 4

Rechnung *siehe* Tierarztrechnung
Rechtsgeschäft 29, 37, 132, 161, 165
Reiseentschädigung 33f.
Risikoaufklärung 51f., 65
Risiko-Lebensversicherung 15
Röntgenanlagen 14
Rüge 26

Sachverständigengutachten 54, 63–65
Salvatorische Klausel 147, 168
Schadensersatzanspruch 15, 44, 51, 54, 61, 70–72, 104, 110, 113, 171
Schadensmanagement 59
Schlechtleistung 112f.
Schriftformklausel 110
Schuldrechtsmodernisierungsgesetz 4
Sofortvollzug 8f.
Sorgfaltsmangel 80
Sorgfaltsmaßstab
–, objektiver 46
Spezialisierung 2f., 12, 18, 25, 127, 141
Sprechstunde 11, 141
Sperrzeit 123
Strafrecht 17, 79–93
–, Abgabe nicht zugelassener Arzneimittel 85
–, Abgabe von Arzneimitteln zu Dopingzwecken 85
–, Anklage 91
–, Arzneimittelrecht 79f.
–, Bußgeldbescheid 92
–, Dispensierrecht 80
–, Durchsuchung 90, 92
–, Einstellung 91
–, Fleischhygienerecht 79, 88
–, Freiheitsstrafe 83
–, Futtermittelrecht 79, 89
–, Geldstrafe 83
–, Handeltreiben 84
–, Hauptverfahren 91
–, Hausapotheke
– –, tierärztliche 86
–, Impfstoffe 86
–, Inverkehrbringen
– –, Arzneimittel 84f.
– –, Impfstoffe 86f.
– –, untaugliches Fleisch 88

–, Ordnungswidrigkeit 91
–, Strafbefehl 91
–, Straftat 83
–, Therapienotstand 82
–, Tierseuchenrecht 79, 86–88
–, Vernehmung 90
–, Versuch 84
–, Vorverfahren 90
Straftat 9, 83, 89–93
Strafverfahren 26
Studium 1

Tätigkeitsschwerpunkt 20, 25
Teilgebietsbezeichnung 18f.
Therapienotstand 81–83, 85
Tierärztekammer 13, 17–19, 22–25, 31, 63, 130f., 138, 140
Tierarzthaftung 43–65
–, Aufklärungspflicht 50
–, Behandlung 44
– –, -(s)fehler 46
– – –, grober 55
– –, -(s)unterlagen 53
–, Beweislast 54
– –, -umkehr 54
–, Dienstvertrag 44
–, Dokumentation
– –, -(s)mangel 55
– –, -(s)pflicht 53
–, Eigentumsverletzung 45
–, Gerichtsverfahren 63
–, Haftpflichtversicherung 60
–, Haftungsgrundlagen 44
–, Kaufuntersuchung *siehe dort*
–, Kausalzusammenhang 50
–, Prophylaxe 56
–, Risikoaufklärung 52
–, Sachverständigengutachten 64
–, Schadensersatzanspruch 44
–, Schadensmanagement 59
–, Sorgfaltsmaßstab
– –, objektiver 46
–, Wunschbehandlungen 58
Tierärztliche Klinik 22–26, 52, 56
–, Gewerbe 22
–, Richtlinien 23
–, Zulassung 24
Tierarztrechnung 28, 34, 41
Tierseuchenbekämpfung 11, 121
Tierseuchenkasse 31
Tierseuchenrecht 79, 86–88

Umwidmungskaskade 4, 86f.
Unfall 15
Unfallversicherung 15
–, gesetzliche 14f.
Unterlassungserklärung
–, strafbewehrte 22
Unternehmenskauf 170
Untersuchungsvertrag 70, 73
Unwürdigkeit 8f., 90
Unzuverlässigkeit 8f., 90
Urlaub 109, 141, 162
–, -(s)geld 109

Veräußerungsgewinn 169
Vergütung 108, 137
verhaltensbedingte Kündigung 120
Verjährung
–, Gewährleistungsansprüche 173
–, Honoraransprüche 40f.
Verkaufsuntersuchung 69f.
Verlust
–, -beteiligung 134, 137
–, -verteilung 133, 144
–, Zulassungs- 135
Vermögensbeteiligung 141f.
Versicherung(en) 15
–, Berufshaftpflicht- 15, 43, 61, 110, 168
–, Berufsunfähigkeits- 15
–, Haftpflicht- 31, 60–63
–, Kranken- 15
–, Krankentagegeld- 15
–, Lebens- 15, 175
– –, Risiko- 15
–, Pflicht- 15
–, Praxis- 15
–, Praxisunterbrechungs- 15
–, Unfall- 14f.
Versorgungswerk 26
Vertretung 1f., 11f., 22, 61, 112, 127, 132, 138–144
Verwaltungsakt 17
Verwaltungsgericht 17, 22, 26
Verzug 37, 160
Veterinärbehörden 4
Veterinärverwaltung 2
Vollstreckung 8, 38
–, -(s)bescheid 38, 41
Vorbehalt 160, 164
Vorsatz 72f.

Wegegeld 33
Weihnachtsgeld 109
Weiterbildung 17–20
–, -(s)ordnung 17f., 24f.
Werbung 19–26, 136
–, (im) Internet 24f.
–, vergleichende 21
–, Werbemaßnahmen 19, 21, 25
–, Werbemöglichkeiten 4, 20, 24
–, Werbeverbot 22f.
– –, berufsrechtliches 20, 23
– –, privatrechtliches 22
– –, tierärztliches 20, 23
Wertsicherungsklausel 97
Werkvertrag 28, 44, 70f.
Wettbewerbsklausel 161
Widerspruch (gegen)
–, Approbationswiderruf 8
–, Arbeitsverhältnisübertragung 161f.
–, Mahnbescheid 38
Wunschbehandlungen 58

Zahlungsunfähigkeit 175–177
Zeugnis 105, 117, 123f.
Zurückbehaltungsrecht 40
Zusatzbezeichnung 18f., 24f.
Zuverlässigkeit 8, 121
Zwangsvollstreckung 38f., 41, 175, 177